Matlab/Simulink
应用基础与提高

李　晖　林志阳/主编

科学出版社
北京

图书在版编目（CIP）数据

Matlab/Simulink 应用基础与提高/李晖，林志阳主编. —北京：科学出版社，2016.3

ISBN 978-7-03-030793-4

Ⅰ. ①M…　Ⅱ. ①李…　②林…　Ⅲ. ①计算机辅助计算–Matlab 软件
Ⅳ. ①TP391.75

中国版本图书馆 CIP 数据核字（2016）第 039946 号

责任编辑：郭勇斌　邓新平 / 责任校对：贾伟娟
责任印制：徐晓晨 / 封面设计：黄华斌

科学出版社 出版
北京东黄城根北街 16 号
邮政编码：100717
http://www.sciencep.com

北京中石油彩色印刷有限责任公司 印刷
科学出版社发行　各地新华书店经销
*
2016 年 3 月第　一　版　开本：720×1000　1/16
2017 年 1 月第二次印刷　印张：18 1/2
字数：373 000

定价：55.00 元

（如有印装质量问题，我社负责调换）

前　言

Matlab 是一门以矩阵和向量运算为基础的高级语言，它不仅提供了具有强大数值运算、图形处理以及集成化的各类工具箱，还提供了大量的专业库函数，已成为 21 世纪科学计算和工程设计的主要软件之一。

随着 Matlab 版本的不断更新、功能不断完善，其应用领域越来越广泛。当前，国内许多高等学校开设的相关课程，如信号与系统、数字信号处理、数字图像处理和通信原理等，都采用了 Matlab 软件进行课堂教学、课程设计和毕业设计等。此外，许多做学术研究的学者或教师，利用 Matlab 软件进行仿真实验，发表各种学术论文。由于 Matlab 软件在国内应用十分普遍，因此，许多高等学校都开设了 Matlab 软件（或语言）相关的基础课程。

本书按照本科课程大纲的要求编写，符合相关专业发展的需要，教材体系科学，内容简洁实用。除了个别章节介绍基本思想外，其余章节都配有典型的例题，实用性强，且代码均经过调试。另外，本书根据相关专业的需要，编排了傅里叶分析、信号与系统建模、仿真等章节，丰富教学内容。

全书注重基础，深入浅出，实用性强。在内容编排上，精简了不必要的部分，重点讲解了 Matlab 最基本的内容，对于较复杂的内容，也做了详细的讲解和实例引导。此外，针对同一问题，提出了不同的分析方法，以便学生更好地理解相关问题。另外，读者可通过科学出版社获取相关教学资源，或直接与作者联系。

全书共 25 章，主要包括数组及其运算、Matlab 基本运算、数据分析、数值分析和图形绘制、M 文件函数、插值和拟合、傅里叶分析和仿真建模等，基本上涵盖了本科生应掌握该课程的主要内容。

本书第 1～3，9，11，12，18～21，24～25 章由李晖编写，第 4～8，10，11，13～17，22～23 章由林志阳编写。

感谢科学出版社对本书编写提出宝贵意见与支持。

本书的出版得到了海南大学科研启动基金项目（kyqd1536）、海南大学教育教改研究项目（hdjy1535）、海南省教育厅高等学校科学研究项目（Hnky2016ZD-5）的资助，对此，表示感谢。

由于作者水平有限，书中难免有不妥之处，敬请各位读者批评指正。

编　者

2015 年 10 月

目　　录

基　础　篇

提　高　篇

精 通 篇

基　础　篇

第1章 引　　言

在欧美各高等学校，Matlab 已成为线性代数、自动控制理论、数字信号处理、时间序列分析、动态系统仿真、图像处理等诸多课程的基本教学工具，也是本科生、硕士生和博士生必须掌握的基本技能。在设计研究单位和工业部门，Matlab 被广泛地用于研究和解决各种具体的工程问题。

20 世纪 70 年代中期，Cleve Moler 博士及其同事在美国国家基金会的资助下，开发了 LINPACK 和 EISPACK 的 Fortran 语言子程序库，这两个程序库代表了当时矩阵运算的最高水平。

到了 20 世纪 70 年代后期，身为美国新墨西哥州大学计算机系系主任的 Cleve Moler，在给学生上线性代数课时，为了让学生能使用这两个子程序库，同时又不用在编程上花费过多的时间，开始着手用 Fortran 语言为学生编写使用 LINPACK 和 EISPACK 的接口程序，他将这个程序取名为 Matlab，其名称是由 Matrix 和 Laboratory（矩阵实验室）两个单词的前三个字母所合成。

1978 年，Matlab 面世了。这个软件获得了很大的成功，受到了学生的广泛欢迎。在此后的几年里，Matlab 在多所大学里作为教学辅助软件使用，并作为面向大众的免费软件广为流传。

将 Matlab 商品化的是 Jack Little。当 Stanford 大学引入 Matlab 软件时，Jack Little 正在该校主修自动控制专业，并有机会接触当时的 Matlab 软件，直觉告诉他，这是一个具有巨大发展潜力的软件。因此他在毕业后不久，就开始用 C 语言重新编写了 Matlab 的核心。在 Cleve Moler 的协助下，于 1984 年成立 MathWorks 公司，首次推出 Matlab 商用版。在商用版推出的初期，Matlab 就以其优秀的品质（高效的数据计算能力和开放的体系结构）占据了大部分数学计算软件的市场，原来应用于控制领域里的一些封闭式数学计算软件包（如英国的 UMIST、瑞典的 LUND 和 SIMNON、德国的 KEDDC）纷纷被淘汰或在 Matlab 基础上重建。

Cleve Moler

在公司初创的五年里，Jack Little 非常辛苦，身兼数职（董事长、总经理、推销员、程序开发员等），但公司一直稳定发展，从当初的一个人，到 1993 年的 200 人，到 2000 年的 500 余人，至 2005 年公司员工已达到了 1300 人，不但打败其他竞争软件，而且前景一片欣欣向荣。根据 Jack Little 个人说法，Matlab 早期成功的两大因素是：选用了 C 语言及选定 PC 为主要平台，这似乎和微软的成功有相互呼应之妙。

Jack Little

MathWorks 公司，目前仍然是私人企业，并未上市，这和 Jack Little 个人理念有关，他认为 Matlab 的设计方向应该一直是以顾客的需求与软件的完整性为首要目标，而不是以盈利为主要目的，因此，Matlab 一直是在稳定中求进步，不会因为上市而遭受股东左右其发展方向。这也是为什么 Matlab 新版本总是姗姗来迟的原因，因为他们不会因为市场的需求而推出不成熟的产品。此外，由于 Jack Little 保守的个性，也使得 MathWorks 不曾跨足 Matlab/Simulink 以外的行业，当前商场上纷纷扰扰的并购或分家，MathWorks 完全像是绝缘体。

Cleve Moler 至今仍是该公司的首席科学家，70 多岁高龄的他，还常常亲自撰写程序，非常令人佩服。如果你有数值运算方面的高水平问题，寄到 MathWorks 后，大部分还是会由 Cleve Moler 亲自回答。在 1994 年，Pentium 芯片曾发生 Fdiv 的 bug，当时 Cleve Moler 是第一个以软件方式解决此 bug 的人，曾一时脍炙人口。

Matlab 就是这样经过了 40 多年的专门打造、30 多年的千锤百炼，它以高性能的数组运算（包括矩阵运算）为基础，不仅实现了大多数数学算法的高效运行和数据可视化，而且提供了非常高效的计算机高级编程语言，在用户可参与的情况下，各种专业领域的工具箱不断开发和完善，Matlab 取得了巨大的成功，已广泛应用于科学研究、工程应用，用于数值计算分析、系统建模与仿真。

与 Maple、Mathematica 数学计算软件相比，Matlab 以数值计算见长。而 Maple 等以符号运算见长，能给出解析解和任意精度解，但处理大量数据的能力远不如 Matlab。Matlab 软件功能之强大、应用之广泛，使其成为 21 世纪最为重要的科学计算语言之一。

第 2 章　Matlab 的基本特性

Matlab 语言主要有以下几个特点：

（1）语法规则简单。尤其对于内定的编程规则，与其他编程语言（如 C、Fortran 等）相比，Matlab 更接近于常规数学表示。对于数组变量的使用，不需声明类型，无需预先申请内存空间。

（2）Matlab 基本的语言环境提供了数以千计的计算函数，极大地提高了用户的编程效率。如一个 FFT 函数即可完成对指定数据的快速傅里叶变换，这一任务如果用 C 语言来编程实现，至少要用几十条 C 语言才能完成。

（3）Matlab 是一种脚本式（scripted）的解释型语言，无论是命令、函数或变量，只要在命令窗口的提示符下键入，并"回车（Enter）"，Matlab 都予以解释执行。

（4）平台无关性（可移植性）。Matlab 软件可以运行在很多不同的计算机系统平台上，如 Windows Me/NT/2000/XP、很多不同版本的 UNIX 以及 Linux。无论你在哪一个平台上编写的程序都可以在其他平台上运行，对于 Matlab 数据文件也一样，是与平台无关的。极大保护了用户的劳动，方便了用户。其绘图功能也是与平台无关的。无论任何系统平台，只要 Matlab 能够运行，其图形功能命令就能正常运行。

2.1　Matlab 用户界面

Matlab 用户界面主要包括菜单栏、工具栏、命令窗口、工作空间、历史命令窗口、当前文件夹窗口、Start 菜单和 Help 等，如图 2-1 所示。

1. 菜单栏

菜单栏从左至右含有 7 个子菜单，分别涉及文件、编辑、配置、调试、桌面布局、窗口、帮助这 7 个方面。

2. 工具栏

工具栏有 11 个按钮，从左至右功能依次是新建、打开一个 Matlab 文件，剪切、复制、粘贴、撤销和恢复上一次操作，以及打开 Simulink 窗口、打开 GUI 窗口、打开 Profiler 窗口、打开 Matlab 帮助窗口。Help 按钮右侧的下拉列表用于设置当前工作路径。

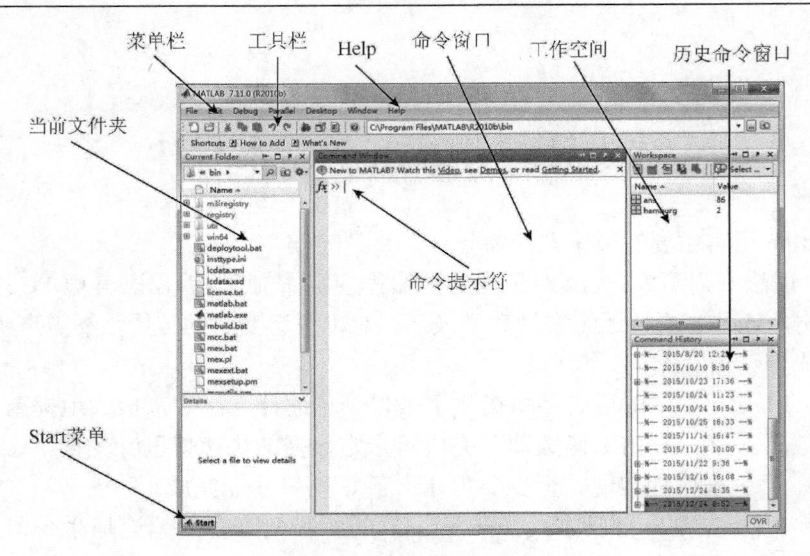

图 2-1 Matlab 用户界面

3. 命令窗口

当 Matlab 启动完成，显示出了 Command window 窗口后，窗口处于准备编辑状态。符号“>>”为命令提示符，说明系统处于准备状态。当用户在“>>”后面输入表达式或 Matlab 命令，按 Enter 键之后，系统将给出表达式运算结果或命令执行结果，然后继续处于系统准备状态。

4. 工作空间

工作空间显示当前内存中存放的变量名、变量存储数据的维数、变量存储的字节数、变量类型说明等。工作空间窗口有自己的工具条，从左至右依次为：新建变量、打开选择的变量、载入数据文件、保存、删除变量。

如果忘记了变量名，可以使用 who 命令来查询变量列表。

```
>>who
 Your variables are:
 ans          drink          french_fries    hamburg
```

如果用 whos 命令来查询，则显示：

```
>>whos
Name          Size          Bytes          Class          Attributes
a             1x1           8              double
drink         1x1           8              double
```

```
french_fries    1x1         8           double
hamburg         1x1         8           double
```

5. 历史命令窗口

在默认情况下，历史命令窗口会保留自安装以来所有执行过的命令的历史记录，并记录命令执行的时间和日期。这些命令可供用户查询，所有保留的命令都可以单击后执行。

Matlab 使用光标键↑↓←→来调用之前使用过的命令，如按一次↑键，则在提示符处调出上一次的命令。以相似的方式按↓键，则向后遍历命令。而且，在提示符处输入一条前面已知命令的头几个字符，然后按↑键，可以立即调出具有这些相同头几个字符的最近的一条命令。按←键和→键可以在命令行内移动光标，编辑命令。

6. 当前文件夹窗口

用来显示或改变当前目录，可以显示当前目录下的文件，还提供搜索。

7. Start 菜单

单击 Start 按钮，可以看到 Matlab 的多种功能，如 Matlab、Toolboxes、Simulink、Shortcuts（热键）、Help、Demos 等。

8. Help

在命令窗口输入 help，点击菜单栏中的 Help 或工具栏“帮助”按钮，可以获得用户想要的各种帮助信息。也可以联机进入 MathWorks 公司网站（www.mathworks.com）获得关于 Matlab 开发应用和技术支持的信息。

2.2 简单数学运算

Matlab 可以进行数学运算。举一个简单例子：去麦当劳吃饭，点了 2 个单价 22.5 元的汉堡、2 杯单价 4.5 元的饮料和 4 份单价 8 元的薯条，问这顿饭总共花销是多少？

使用 Matlab 求解时，一种方法是用户在提示符“>>”下直接输入：

```
>>2*22.5+2*4.5+4*8
ans=
    86
```

其中，ans 是结果 answer 的缩写。注意，Matlab 通常不考虑空格，运算的优先级也遵照通用的运算优先规则：表达式从左到右执行，幂运算具有最高优先级，乘法和除法具有相同的优先级，加法和减法具有相同的最低优先级。括号可用来改变通用的优先次序，由最内层括号向外执行。Matlab提供的基本的代数运算，见表2-1。

表2-1　基本的代数运算

运算	符号	举例
加法	+	a+b
减法	–	a–b
乘法	*	a*b
除法	/或\	a/b=b\a
幂	^	a^b

另一种方法是将数据存储到“变量”中进行求解，例如：

```
>>hamburg=2
hamburg=
        2
>>drink=2
drink=
     2
>>french_fries=4
french_fries=
             4
>>cost= hamburg*22.5+ drink*4.5+french_fries*8
cost=
    86
```

利用Matlab中的三个变量hamburg、drink和french_fries来存储三类物品的数量。其中，Matlab命名规则要求变量名必须是一个词，所以使用下划线定义变量french_fries。

2.3　保存和检索数据

Matlab可以存储和加载数据。通过File菜单中Save Workspace As…菜单项打开一个标准的文件界面来保存当前所有变量；同样可通过File菜单中Import Data…菜单项打开一个文件界面以加载以前存储的变量。保存变量不会将其从Matlab变量空间中删除，加载以前存储的数据将覆盖Matlab当前工作空间中同名变量的值。

另外，在命令窗口使用save和load两个命令，同样可以存储和加载数据，例如：

```
>> save
```

以二进制格式将所有变量存储到 matlab.mat 文件中。

```
>> save variables
```

以二进制格式将所有变量存储到 variables.mat 文件中。

```
>> save variableshamburgdrinkfrench_fries
```

以二进制格式将变量 hamburg、drink 和 french_fries 存储到 variables.mat 文件中。

```
>> save variableshamburgdrinkfrench_fries -ascii
```

以 8 位 ASCII 格式将变量 hamburg、drink 和 french_fries 存储到 variables.mat 文件中。ASCII 格式文件可以用常见的文本编辑器进行编辑。注意，ASCII 文件没有扩展名.mat。

```
>> save variableshamburgdrinkfrench_fries -ascii -double
```

以 16 位 ASCII 格式将变量 hamburg、drink 和 french_fries 存储到 variables.mat 文件中。

2.4　数值显示格式

数值显示格式见表 2-2 所示。

表 2-2　数值显示格式

命令	数值显示结果	说明
format short	0.3333	缺省
format long	0.333333333333333	16 位
format short e	3.3333e–001	5 位浮点格式指数形式
format long e	3.333333333333333e–001	双精度为 15 位浮点格式，单精度为 7 为浮点格式，指数形式
format short g	0.33333	5 位定点或浮点格式
format long g	0.333333333333333	对双精度，显示 15 位定点或浮点格式；对单精度，显示 7 位定点或浮点格式
format short eng	333.3333e–003	至少 5 位加 3 位指数
format long eng	333.333333333333e–003	16 位加至少 3 位指数
format hex	3fd5555555555555	十六进制
format bank	0.33	定点货币形式
format+	+	显示正、负
format rational	1/3	有理数近似

【例 2.1】　改变数值显示格式。

显示如下数据[–3.3 8.111111 700000 0 6.65]。可以通过菜单项改变显示的格式，如紧凑显示（Numeric display/compact）或松散显示（Numeric display/loose），操作界面见图 2-2。具体操作步骤为：单击菜单栏中的 File 下拉菜单 Preferences，选择对话框中的 Command Window 选项，然后从 Command Window Preferences 窗口中的 Text display 复选框里选择相应的数值显示格式。

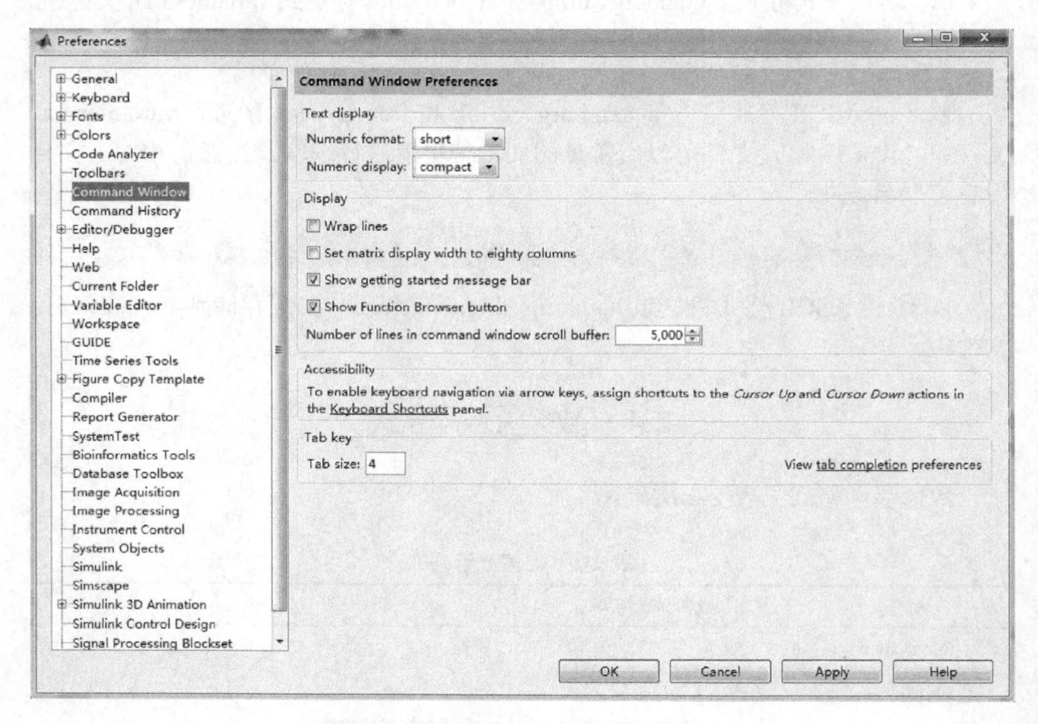

图 2-2　通过菜单项改变数值显示格式

需要注意的是，在选择不同的显示格式时，不会改变数值的大小，只是改变显示。

2.5　变量命名规则

前面已经说明变量名不能含有空格，Matlab 有自己的变量命名规则，见表 2-3。用户可以直接给变量赋值，以改变变量原来的数值。format 并不影响 Matlab 如何计算和存储变量的值。对浮点型变量的计算，即单精度或双精度，按合适的浮点精度进行，与变量的显示无关。对整型变量采用整型数据。整型变量总是根据不同的类（class）以合适的数据位显示，例如，3 位数字显示 int8 范围–128：127。

表 2-3　变量命名规则

变量命名规则	说明/举例
变量名不能含有空格	a_b、ab 是正确的变量名
变量名区分大小写字母	Apple、apple、APPLE、appLe 是不同变量
变量名必须以字母打头，之后可以使用下划线和任意字母、数字	z1、z_1 是不同变量

除了这些命名规则，Matlab 还有几个特殊的变量，见表 2-4。在 Matlab 启动后，特殊变量就被赋予了相应的数值，除非用户对特殊变量值进行了重新赋值，或者使用 clear 命令清除该变量；但是下一次启动后，特殊变量仍将被赋予缺省的数值。

表 2-4　特殊变量表

特殊变量	取值
ans	用于最近一次存储结果的变量名
pi	圆周率
eps	计算机的最小数，当和 1 相加就产生一个比 1 大的数
flops	浮点运算数
Inf	无穷大，如 1/0
NaN	不定量，如 0/0
i 和 j	$i = j = \sqrt{-1}$
nargin	所有函数的输入变量数目
nargout	所有函数的输出变量数目
realmin	最小可用正实数
realmax	最大可用正实数

【例 2.2】　请在 Matlab 命令窗口依次输入 pi、eps、realmin 和 realmax，观察这四个变量的数值大小。

clear 命令会删除工作空间中所有变量，如果希望删除某一个或几个变量，可以采用，例如：

```
>>clear hamburg
```

删除 hamburg 变量；

```
>>clear hamburg drink
```

删除 hamburg 和 drink 变量。

2.6 注释和标点

某一行中，百分号后所有的文字为注释，例如：

```
>>hamburg=2 %number of hamburgs
```

多条命令可以放在同一行，只要被逗号或分号分隔开，例如：

```
>>hamburg=2, drink=2, french_fries=4
```

逗号要求显示，分号禁止显示。

连续三个点“…”表示剩下的语句将在下一行出现，例如：

```
>>cost= hamburg*22.5+ drink*4.5+…
french_fries*8
```

但是，变量名不能被分隔，例如：

```
>>co…
st= hamburg*22.5+ drink*4.5+french_fries*8
```

这样是错误的。

同样的，注释语句不能续行，例如：

```
>>hamburg=2 %number of …
hamburgs
??? Undefined function or variable 'hamburgs'.
```

可以使用组合键“Ctrl+C”中断 Matlab 的运行。

2.7 复 数

对于复数，在 Matlab 中不需要特殊处理或声明，例如：

```
>>a1=4-3i;
>>a2=4-3j;
>>a3=2*(3-sqrt(-1)*2);
>>a4=sqrt(-3);
>>a5=7+cos(0.06)*i;
```

对于 Matlab 来说，cos (0.06) i 无意义，因此要在 i 或 j 之前加乘号。

```
>>a6=i^2
 a6=
      -1
```

作为复数，考虑将复数的直角坐标和极坐标进行转化的欧拉恒等式

$$M\angle\theta \equiv M\cdot e^{i\theta}=a+bi \tag{2-1}$$

其中，极坐标形式由幅值 M 和相角 θ 给出，而直角坐标形式由 a+bi 给出。两者之间的关系为

$$\begin{aligned} M &= \sqrt{a^2+b^2} \\ \theta &= \arctan(b/a) \\ a &= M\cos\theta \\ b &= M\sin\theta \end{aligned} \tag{2-2}$$

在 Matlab 中，极坐标和直角坐标之间的转换可以利用 real、imag、abs 和 angle 函数来实现，例如：

```
>>c1=2-2i;
>>mag_c1=abs(c1)
 mag_c1=
        2.8284
>>angle_c1=angle(c1)
 angle_c1=
          -0.7485
>>deg_c1=angle_c1*180/pi
 deg_c1=
        -45
>>real_c1=real(c1)
 real_c1=
        2
>>imag_c1=imag(c1)
 imag_c1=
        -2
```

Matlab 中 abs 函数可以计算实数的绝对值，或者复数的幅值。Matlab 以弧度为单位计算角度。

2.8　数 学 函 数

Matlab 支持的常用函数在表 2-5 中列出。

表 2-5　常用函数

函数	说明
abs（x）	绝对值或复数的幅值
sin（x）	正弦
cos（x）	余弦
asin（x）	反正弦
acos（x）	反余弦
sinh（x）	双曲正弦
cosh（x）	双曲余弦
asinh（x）	反双曲正弦
acosh（x）	反双曲余弦
tan（x）	正切
atan（x）	反正切
atan2（x）	四象限内反正切
tanh（x）	双曲正切
atanh（x）	反双曲正切
angle（x）	四象限内取复数相角
exp（x）	指数函数
gcd（x，y）	整数 *x* 和 *y* 的最大公约数
lcm（x，y）	整数 *x* 和 *y* 的最小公倍数
log（x）	自然对数
log10（x）	常用对数
rem（x，y）	除后余数：rem（x，y）给出 *x*/*y* 的余数
sqrt（x）	平方根
sign（x）	符号函数：返回自变量的符号
real（x）	复数实部
imag（x）	复数虚部
ceil（x）	对+∞方向取整
fix（x）	对零方向取整
floor（x）	对–∞方向取整
round（x）	四舍五入到最接近的整数
conj（x）	复数共轭

2.9　脚 本 文 件

对于简单的问题，在 Matlab 命令窗口输入命令是有效的，但是当命令行数增加或者希望经常修改几个变量值的时候，在命令窗口键入命令就显得非常麻烦。

脚本文件（或称为 M 文件）允许用户将一系列命令放在一个文本文件（扩展名为.m）中，这样可以运行文件中的指令，也可以打开和修改这个脚本文件，如将下述指令存储在 example01.m 中，

```
% One example of a m file
hamburg=2;
drink=2;
french_fries=4;
cost= hamburg*22.5+ drink*4.5+french_fries*8
```

当这个文件以 M 文件 example01.m 形式存储在 Matlab 相应目录中，可以在命令窗口键入 example01 以执行该文件中的所有命令；也可以打开并显示该文件并点击 run 按钮以执行文件中的命令。M 文件中的命令可以访问 Matlab 工作空间中的所有命令，且 M 文件所创建的变量也将成为工作空间中的一部分。

事实上，Matlab 赋予当前变量和内置 Matlab 命令高于 M 文件名的优先级，即若一条命令 example01，如果不是当前的 Matlab 变量或内置命令，Matlab 就将试图打开文件 example01.m；如果找到 example01.m 文件就执行其中的命令，就像在命令窗口提示符输入的一样。

echo on 命令可以使 Matlab 在读入和运行 M 文件时，将命令显示或响应到命令窗口上，而 echo off 命令则关闭这种响应，echo 命令用来切换响应状态。

对于 M 文件特别有用的命令及其功能见表 2-6。

表 2-6　文件管理功能

命令	说明
disp（x）	显示 x 变量的值
echo	控制命令窗口对脚本文件命令的响应
input	提示用户输入
keyboard	暂时把控制权交给键盘
pause	暂停，直至用户按任意键
pause（n）	暂停 n 秒
Waitforbuttonpress	暂停，直至用户按鼠标或键盘键

【例 2.3】 运行如下命令，看运行结果。

```
>>hamburg=2;
>>disp(hamburg);
>>drink=input('Enter the number of drinks>');
```

当执行 keyboard 命令时，出现“K>>”提示符，提醒用户控制权已暂时传递给键盘了。

2.10　文 件 管 理

Matlab 提供了几条文件管理命令，用于列出文件名、显示和删除 M 文件，以及显示和改变当前目录或文件夹。另外，还可以显示和修改 Matlab 的搜索路径，见表 2-7。

表 2-7　文件管理功能

命令	说明
cd	显示当前工作目录或文件夹
w=cd	返回当前工作目录到 w
cd path	改变目录或文件夹为 path
chdir	同 cd
chdir path	同 cd path
delete	删除某一文件
dir	列出当前目录或文件夹的所有文件
ls	同 dir
matlabroot	返回到 Matlab 根目录
path	显示或修改 Matlab 搜索路径
pwd	同 cd
type test	在命令窗口显示 M 文件 test.m
what	列出当前目录或文件夹下的所有 M 文件和 Mat 文件
which test	显示 test.m 所在目录

在表 2-7 中，path 命令用来控制 Matlab 的搜索路径，通常当用户输入：

```
>>hamburg
```

Matlab 将依次检查：

（1）hamburg 是否为 Matlab 工作空间的变量，如不是；

（2）hamburg 是否为内置函数，如不是；

（3）扩展名为.mex 的 hamburg.mex 是否存在于当前目录中，如不是；

（4）文件 hamburg.m 是否存在于当前目录中，如不是；

（5）通过按次序搜寻搜索路径，检查 hamburg.mex 或 hanmburg.m 是否存在于 Matlab 搜索路径中。

Matlab 一旦发现有匹配的文件，就认可并执行；当执行 load 命令时，也遵循同样的路径搜索过程：首先查看当前目录，然后在 Matlab 搜索路径中搜寻所需要的数据文件。

如果 M 文件、Mat 文件或 Mex 文件既不包含在搜索路径中，又不在当前目录中，Matlab 找不到它们，解决的办法是：

（1）使用表中 cd 或 chdir 命令让所需目录成为当前目录；

（2）把所需目录增加到 Matlab 搜索路径中。

2.11　命令窗口控制

Matlab 提供了几条命令来管理命令窗口，见表 2-8。

表 2-8　命令窗口控制命令

命令	说明
clc	清除命令窗口
diary	将命令窗口文本保存到文件
home	移动光标到命令窗口左上角
more	命令窗口分页输出

执行 more 命令时命令窗口滚动文本不超出视图；当产生命令窗口文本时，diary 命令会创建一个包含该文本的文件，但不保存图形窗口。

2.12　在 线 帮 助

Matlab 提供以下三种方法帮助用户查找相关命令。

1. help 命令

用户知道寻找的命令的名称，在命令窗口提示符下输入 help 加命令，例如：

```
>>help fft
```

这样就能显示关于该命令的帮助信息。

2. lookfor 命令

lookfor 命令通过搜索 Matlab help 标题，以及 Matlab 搜索路径中 M 文件的第一行，返回包含所指定关键词的那些项。关键词可以不为 Matlab 命令名。

3. 菜单帮助

点击菜单中的 Help 项获得帮助，见图 2-3。

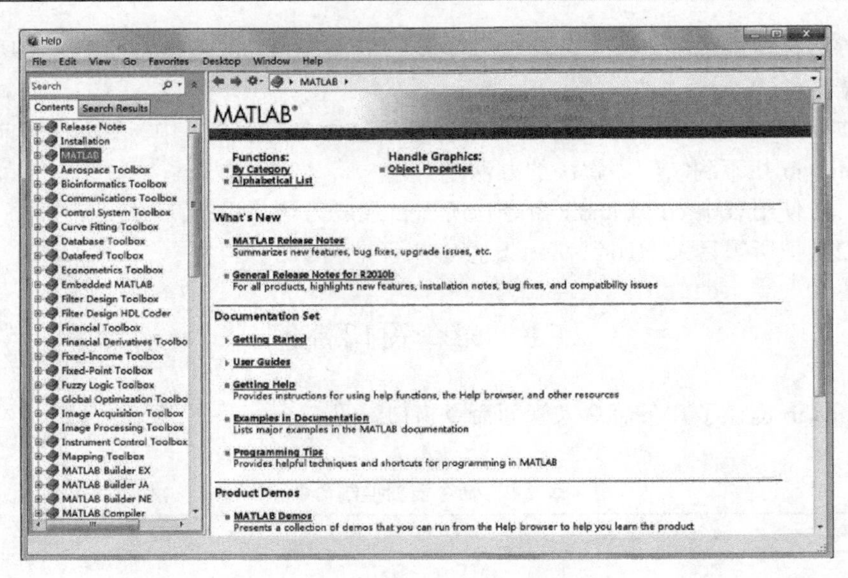

图 2-3　Matlab help 菜单项对话框

第 3 章　数　　组

Matlab 运算中首先需要掌握的是标量运算，但对多个标量执行同样的运算会非常耗时，为了简化标量重复运算，Matlab 定义了数组运算。

3.1　数　　组

Matlab 中创建一个数组，用户需要定义一个数组名，命名规则同变量命名规则，等号的右侧以左方括号开始，各个元素值以空格或逗号隔开，最后以右方括号结束。

【例 3.1】　创建一个由 10 个元素构成的数组，元素值从 1 到 10；创建另一个由 10 个元素构成的数组，元素值从 10 到 1；然后分别将数组 1 中元素依次作为实部，将数组 2 中对应元素作为虚部，构建数组 3。

```
>>x1=[1 2 3 4 5 6 7 8 9 10];
>>x2=[10, 9, 8, 7, 6, 5, 4, 3, 2, 1];
>>x3=x1+i*x2;
x3 =
Columns 1 through 6
1.0000 +10.0000i   2.0000 + 9.0000i   3.0000 + 8.0000i
4.0000 + 7.0000i   5.0000 + 6.0000i   6.0000 + 5.0000i
Columns 7 through 10
7.0000 + 4.0000i   8.0000 + 3.0000i   9.0000 + 2.0000i  10.0000
+ 1.0000i
```

注意，复数作为数组元素时不能在其中出现空格。

3.2　数 组 编 址

例 3.1 中 x1 是一个长度为 10 的数组，也可以称为包含 10 个元素的行向量，即它是一个 1 行 10 列的数组。

访问数组元素，可以用元素在数组中的位置来确定，如 x1(1)是数组 x1 中第 1 个元素，x3(10)是数组 x3 中第 10 个元素。

```
>>x2(5)
ans =
     6
```

可以同时访问数组中的一个元素块，用冒号来表示，例如：

```
>>x1(2:5)
ans =
     2     3     4     5
```

以逆序显示一个数组或数组中元素块，例如：

```
>>x1(10:-1:7)
ans =
    10     9     8     7
>> x2(10:-1:7)
ans =
     1     2     3     4
```

其中，10：–1：7 表示从第 10 个元素开始递减 1，到第 7 个元素截止。

```
>>x1(1:3:9)
ans =
     1     4     7
```

其中，1：3：9 表示从第 1 个元素开始，步长为 3，到第 9 个元素截止，由于 7+3=10，大于 9，所以不包含第 10 个元素。

```
>>x3([2 10 6 5])
ans =
     2.0000 + 9.0000i  10.0000 + 1.0000i   6.0000 + 5.0000i
5.0000 + 6.0000i
```

依次访问 x3 数组中第 2、10、6 和 5 个元素。实际上[2 10 6 5]本身也是一个数组，它将所需的 x3 中元素重新编址。

3.3 数组构造

如果数组中元素数量较少，可以采用例 3.1 的方法依次输入数值来构造。当元素数量较多，而又呈现一定规律的时候，可以使用冒号表示法定义一个数组，即（起始值：增量：终止值），例如：

```
>>x4=(1:1:100);
```

或者采用 linspace(第一个元素值,最后一个元素值,元素数量)的方法创建，例如：

```
>> x5=linspace(0,100,21)
x5 =
Columns 1 through 20
0     5    10    15    20    25    30    35    40    45    50
55    60    65    70    75    80    85    90    95
Column 21
100
```

其中，增量=（最后一个元素值–第一个元素值）/（元素数量–1），因为元素数量定义中包含第一个元素和最后一个元素，它们构成的区间被划分成“元素数量–1”份。Matlab 提供了 logspace 函数，例如：

```
>>x6=logspace(-1,2,5)
x6 =
    0.1000    0.5623    3.1623   17.7828  100.0000
```

创建了从 10^{-1} 开始，$10^{-0.25}$、$10^{0.5}$、$10^{1.25}$，到 10^{2} 结束，包含 5 个元素的数组。

有时构建的数组没有易于描述的线性或对数关系，可以利用数组编址和表达式结合的功能来完成数组的建立。

```
>>y1=x1(2:6);y2=x2(9:-1:5);
>>y3=[y1 y2]
y3 =
     2     3     4     5     6     2     3     4     5     6
```

数组 y3 由 y1 和 y2 中的元素构成，按照 y1 中元素加 y2 中元素的次序依次构建。

```
>>y4=[y1 0 6 9 4]
y4 =
     2     3     4     5     6     0     6     9     4
```

建立了一个由 y1 数组和数值 0、6、9、4 构成的数组。

3.4　数 组 方 向

前面例子中的数组都是行向量，数组也可以以一列数的形式表示，称为列向量，例如：

```
>>z1=[0;1;2;3;4]
z1 =
     0
     1
     2
     3
     4
```

可以看出，以分号分隔的元素对应于不同行的元素；而以空格或逗号分隔的元素对应于不同列的元素。在 Matlab 中，分号作为一行语句的结尾或同一行的语句之间时，表示禁止显示。使用转置符号“′”把 **y2** 变成列向量，反之同理。

```
>>z2=y2'
z2 =
     2
     3
     4
     5
     6
```

除此之外，Matlab 还提供一种带点的转置，此时“.′”可以理解为共轭转置，即当数组元素包含复数时，转置运算′产生复数共轭转置的结果还造成虚部符号的改变；而点-转置运算“.′”只对数组转置，不进行共轭运算。例如：

```
>>z3=x3([2 10 6 5])'
z3 =
   2.0000 - 9.0000i
  10.0000 - 1.0000i
   6.0000 - 5.0000i
   5.0000 - 6.0000i
>>z4=x3([2 10 6 5]).'
z4 =
   2.0000 + 9.0000i
  10.0000 + 1.0000i
   6.0000 + 5.0000i
   5.0000 + 6.0000i
```

对于实数来说，“′”和“.′”是等效的。

创建一个 2 行 3 列的数组或称 2×3 矩阵，分号表示另一行的开始，例如：

```
>>r=[1 2 3;4 5 6];
```

或者在输入矩阵元素时，按 Return 或 Enter 键也会通知 Matlab 开始新的一行。

```
>>r=[1 2 3
4 5 6];
```

注意，Matlab 严格要求所有行具有相同的列数，反之同理。

3.5　标量-数组运算

标量和数组之间可以直接进行运算，遵循数学运算的优先级次序。对数组的加、减、乘、除运算是对数组中所有元素的运算，例如：

```
>>r-1
ans =
     0     1     2
     3     4     5
>>r*4+2
ans =
     6    10    14
    18    22    26
```

3.6　数组-数组运算

数组与数组的运算符合矩阵运算的要求，例如：

```
>>q=[1 1 1; 2 2 2];
>>p1=r+q  %矩阵中对应元素相加
p1 =
     2     3     4
     6     7     8
>>p2=2*r-q*(-1)  %矩阵中每个元素乘以系数，然后对应位置元素相减
```

数组乘法分为两种情况，即矩阵运算（不带点的乘法）和对每个元素的运算（点乘），例如：

```
>>p3=r*q'
p3 =
    6   12
   15   30
>>p4=r.*q
p4 =
    1    2    3
    8   10   12
```

与标量运算一样，数组除法也同时使用了正斜杠和反斜杠两种定义，在两种情况下，斜杠下的数组都被斜杠上的数组所除。矩阵除法得到的结果矩阵不必与数组 r 和 q 的大小相同。

```
>>p5=r/q
Warning: Rank deficient, rank = 1,  tol =   2.3076e-015.
p5 =
    0   1.0000
    0   2.5000
>>p6=q\r
Warning: Rank deficient, rank = 1,  tol =   1.4895e-015.
p6 =
   1.8000   2.4000   3.0000
        0        0        0
        0        0        0
>>p7=r./q
p7 =
   1.0000   2.0000   3.0000
   2.0000   2.5000   3.0000
>>p8=q.\r
p8 =
   1.0000   2.0000   3.0000
   2.0000   2.5000   3.0000
```

求幂运算用“.^”表示，计算结果为对应每个元素相乘或表示为常数幂，例如：

```
>>r.^(-1)
ans =
```

```
   1.0000    0.5000    0.3333
   0.2500    0.2000    0.1667
>>2.^q
ans =
     2     2     2
     4     4     4
>>r.^(q-2)
ans =
    1.0000    0.5000    0.3333
    1.0000    1.0000    1.0000
```

但是，若幂运算符号前缺少一点，例如：

```
>>r^(-1)
??? Error using ==> mpower
Inputs must be a scalar and a square matrix.
>>2^q
??? Error using ==> mpower
Inputs must be a scalar and a square matrix.
r^(q-2)
??? Error using ==> mpower
Inputs must be a scalar and a square matrix.
```

则 Matlab 报告：出现错误。

3.7　数 组 操 作

数组或矩阵是 Matlab 应用的基础，Matlab 提供了很多方式对其进行操作，如对数组或矩阵插入子块、提取子块和重排子块。

```
>>W=[1 2 3; 1 1 1; 0 5 10];
>>W(2,2)=0  %将第 2 行、第 2 列元素置零
W =
    1     2     3
    1     0     1
    0     5    10
>>W(2,:)=0  %将第 2 行所有元素置零
```

```
W =
     1     2     3
     0     0     0
     0     5    10
>>W(2,5)=-8  %将-8 赋给第 2 行、第 5 列这个元素
W =
     1     2     3     0     0
     0     0     0     0    -8
     0     5    10     0     0
```

这 3 个例子中，首先将第 2 行、第 2 列元素置零，然后将第 2 行所有元素置零，最后将–8 赋给第 2 行、第 5 列这个元素，由于 ***W*** 矩阵没有第 5 列，所以要把 ***W*** 扩充到 3×5，然后赋值。下面的一个例子是以逆序提取 ***W*** 的各行形成矩阵 ***Q***。

```
>> Q=W(3:-1:1,1:5)
Q =
     0     5    10     0     0
     0     0     0     0    -8
     1     2     3     0     0
```

由于 ***Q=W***（3：–1：1，1：5）是对 ***W*** 的各行操作，没有对列操作，所以该命令等效于 ***Q=W***（3：–1：1，:）。单独的冒号意味着取所有。将 ***Q*** 中第 1 列和第 4 列附加到矩阵 ***W*** 的右边以构建矩阵 ***S***。

```
>>S=[W Q(:,[1 4])]
S =
1     2     3     0     0     0     0
0     0     0     0    -8     0     0
0     5    10     0     0     1     0
```

提取 ***S*** 的前 2 行和第 4、5 列构成矩阵 ***T***。

```
>> T=S(1:2,4:5)
T =
0     0
0    -8
```

使用数组 ***P*** 来作为索引，提取 ***S*** 中第 1 行和第 3 行及第 1 列和第 3 列来产生矩阵 ***R***。

```
>>P=[1 3];
>>R=S(P, P)
R =
     1     3
     0    10
```

依次提取 ***R*** 每一列，建立一个列向量 ***O***。

```
>>O=R(:)
O =
     1
     0
     3
    10
```

将矩阵某一块设置为空矩阵[ ]，该块部分就被删除，原来的矩阵只保留剩余的部分；例子中将矩阵 ***Q*** 的第 2 列和第 5 列置空，即删除第 2、5 列。

```
>>Q(:,[2 5])=[]
Q =
     0    10     0
     0     0     0
     1     3     0
```

需要注意的是，删除某行或列时必须使得余下的部分依然是矩阵。下面的删除方法是错误的。

```
Q(2,2)=[]
??? Subscripted assignment dimension mismatch.
```

下面 2 个例子中重复 4 次提取 ***Q*** 的第 2 列，产生矩阵 ***V***；重复 4 次提取 ***Q*** 的第 3 行，产生矩阵 ***U***。这种方法常用来复制向量生成矩阵。

```
>>V=Q(:,[2 2 2 2 ])
V =
    10    10    10    10
     0     0     0     0
     3     3     3     3
>>U=Q([3 3 3 3],:)
U =
```

```
   1     3     0
   1     3     0
   1     3     0
   1     3     0
```

Matlab 不允许把一个矩阵压缩成另一个规模不同的矩阵。

```
>>U(1:2,:)=V
??? Subscripted assignment dimension mismatch.
```

但是，可以把维数相同的块赋予另一个矩阵大小相同的块。如下例中将 ***V*** 中第 2、3 行赋给 ***X***，由于 ***X*** 没有第 2、3、4 行，需要以 0 填充第 2 行。

```
>> X=O'
X =
    1     0     3    10
>>X(3:4,:)=V(2:3,:)
X =
    1     0     3    10
    0     0     0     0
    0     0     0     0
    3     3     3     3
```

提取 ***Q*** 中第 2、3 列的所有行创建行向量 ***Y***。注意两边的矩阵维数不同，而元素数量相同。

```
>>Y(1:6)=Q(:,2:3)
Y =
   10     0     3     0     0     0
```

下面的例子中 ***X*** 的每一列减去 ***O***。

```
>>[X(:,1)-O X(:,2)-O X(:,3)-O X(:,4)-O]
ans =
    0    -1     2     9
    0     0     0     0
   -3    -3    -3    -3
   -7    -7    -7    -7
```

这样的书写比较麻烦，另一种方法是将 ***O*** 复制成与 ***X*** 大小相同的矩阵，然后执行数学运算，得到相同的结果。

```
>>X-[0 0 0 0]
ans =
     0    -1     2     9
     0     0     0     0
    -3    -3    -3    -3
    -7    -7    -7    -7
```

或者

```
>>X-O(:,[1111])
ans =
     0    -1     2     9
     0     0     0     0
    -3    -3    -3    -3
    -7    -7    -7    -7
```

但是当用户不知道 ***X*** 包含多少列的时候，可以使用后面介绍的 size 和 ones 函数。

3.8　子数组查找

Matlab 提供查找满足某种关系表达式的元素的位置或下标，find 函数返回使关系表达式为真的元素位置或下标。

```
>>c=-3:3;
>>d=find(abs(c)>=1)
d =
     1     2     3     5     6     7
```

找到数组 c 中元素绝对值大于等于 1 的元素位置为{1 2 3 5 6 7}。

```
>>e=c(d)
e =
    -3    -2    -1     1     2     3
```

使用这些位置标示，找到 c 中对应的元素创建数组 e。对应于矩阵，find 函数返回满足条件的元素的行和列坐标。

```
>>[g,h]=find(abs(X)>=1)
g =
     1
     4
     4
     1
     4
     1
     4
h =
     1
     1
     2
     3
     3
     4
     4
```

即 ***X***（g(1)，h(1)）是 ***X*** 中第一个满足大于等于 1 的元素，以此类推。如果等号左边是一个变量，则返回满足条件元素在 ***X*** 中的位置，以列的顺序检索，例如：

```
>>f=find(abs(X)>=1)
f =
     1
     4
     8
     9
    12
    13
    16
```

f(1)=1 表示 ***X*** 中第 1 个元素（g(1)=1，h(1)=1）；f(2)=4 表示 ***X*** 中第 4 个元素，即 ***X*** 中第 4 行第 1 列的元素（g(2)=4，h(2)=1），以此类推。

3.9 数组维数

Matlab 命令窗口键入 whos 命令可以查看变量的大小，whos 命令还可以显示出每个变量所占据的字节数和变量类型。如果想知道某一个变量的大小，Matlab 提供了 size 和 length 两个函数查找。当只有一个输出变量时，size 返回一个行向量，向量的第 1 个数值为行数，第 2 个数值为列数。

```
>> size(X)
ans =
     4     4
>>row=size(X,1)%返回第 1 个变量，即行数
row =
     4
>>column=size(X,2)%返回第 2 个变量，即列数
column=
       4
>> size([])
ans =
     0     0
```

空矩阵的大小为 0。length 函数返回行数或列数的最大值。

```
>> length(X)
ans =
     4
```

3.10　数组操作函数

Matlab 提供了几种函数来执行数组的操作，见表 3-1。

表 3-1　数组操作函数

函数	说明
flipud（x）	矩阵上下翻转
fliplr（x）	矩阵左右翻转
rot90（x）	矩阵逆时针翻转 90°
reshape（x，m，n）	返回一个 $m \times n$ 的矩阵，元素是从矩阵 $\boldsymbol{x}$ 中按照列方式提取的，因此返回的矩阵与 $\boldsymbol{x}$ 包含相同数目的元素
diag（x）	提取矩阵 $\boldsymbol{x}$ 的对角线元素并返回列向量
diag（v）	以向量 $\boldsymbol{v}$ 作为对角线元素，建立矩阵 $\boldsymbol{v}$ 可以是行向量或列向量
tril（x）	提取 $\boldsymbol{x}$ 的下三角矩阵
triu（x）	提取 $\boldsymbol{x}$ 的上三角矩阵
circshift（x，m）	矩阵循环移位

```
>> flipud(X)
ans =
     3     3     3     3
     0     0     0     0
     0     0     0     0
     1     0     3    10
>>fliplr(X)
ans =
    10     3     0     1
     0     0     0     0
     0     0     0     0
     3     3     3     3
>>rot90(X)
ans =
    10     0     0     3
     3     0     0     3
     0     0     0     3
     1     0     0     3
>>reshape(X,2,8)
ans =
     1     0     0     0     3     0    10     0
     0     3     0     3     0     3     0     3
>>diag(X)
ans =
     1
     0
     0
     3
>> diag(ans)
ans =
     1     0     0     0
     0     0     0     0
     0     0     0     0
     0     0     0     3
>>tril(X)
```

```
ans =
     1     0     0     0
     0     0     0     0
     0     0     0     0
     3     3     3     3
>> triu(X)
ans =
     1     0     3    10
     0     0     0     0
     0     0     0     0
     0     0     0     3
>> circshift(X,1)
ans =
     3     3     3     3
     1     0     3    10
     0     0     0     0
     0     0     0     0
>>circshift(X,-1)
ans =
     0     0     0     0
     0     0     0     0
     3     3     3     3
     1     0     3    10
>>circshift(X,-2)
ans =
     0     0     0     0
     3     3     3     3
     1     0     3    10
     0     0     0     0
```

第4章　矩阵运算与函数

矩阵运算是 Matlab 运算中最基本的运算，与其他高级语言（通常只定义常量或变量）相比，Matlab 可以将复杂的矩阵运算问题进行简化处理。

数组和矩阵运算不同，数组运算是对应元素（值）之间的运算，而矩阵运算采用的是线性代数运算方式。本章主要讲述线性代数运算方式，即矩阵运算。

4.1　线性方程组

求解线性方程组是线性代数中最基本的问题，在实际应用中，超过 75%的科学研究和工程应用中的数学问题都可以化为求解线性方程组，Matlab 开发初期也是为了求解这类问题。

对于线性方程组 $\boldsymbol{Ax}=\boldsymbol{b}$，其中 $\boldsymbol{A}\in\mathbf{R}^{m\times n}$， $\boldsymbol{b}\in\mathbf{R}^{m}$ 。

（1）若 $m=n$，称为恰定方程组

（2）若 $m>n$，称为超定方程组

（3）若 $m<n$，称为欠定方程组

若 $\boldsymbol{b}=\mathbf{0}$，称为齐次线性方程组，否则称为非齐次线性方程组。

【例 4.1】　解线性方程组

$$\begin{aligned} x_1+2x_2+\ x_3 &= 3\\ 3x_1-\ x_2-3x_3 &= -1\\ 2x_1+3x_2+\ x_3 &= 4 \end{aligned}$$

【分析】　首先将方程组转化为

$$\begin{bmatrix}1 & 2 & 1\\ 3 & -1 & -3\\ 2 & 3 & 1\end{bmatrix}\cdot\begin{bmatrix}x_1\\ x_2\\ x_3\end{bmatrix}=\begin{bmatrix}3\\ -1\\ 4\end{bmatrix}$$

可将方程简化为

$$\boldsymbol{A}\cdot\boldsymbol{x}=\boldsymbol{b} \tag{4-1}$$

式（4-1）表示矩阵 $\boldsymbol{A}$ 与向量 $\boldsymbol{x}$ 作矩阵乘法后得到向量 $\boldsymbol{b}$ 。

然后，在命令窗口输入矩阵 $\boldsymbol{A}$ 和 $\boldsymbol{b}$：

```
>> A=[1 2 1;3 -1 -3;2 3 1],b=[3;-1;4]
A =
```

```
     1     2     1
     3    -1    -3
     2     3     1
b =
     3
    -1
     4
```

注意：矩阵是按照列的形式进行存储的，即一列一列进行存储（而 C 语言是按照行的先后顺序存放数组元素），为了直观，在输入时是以“行”的形式输入，[ ]里的“;”（分号）表示换行，每个元素之间可以用“ ”（空格）或“,”（逗号）间隔开，若输入矩阵或向量不需要显示在命令窗口（只显示在工作空间窗口），可在[ ]后加“;”。对于向量 ***b*** 表示的是三行一列，因此每个元素后面应该加“;”，而不是“,”，也可以在向量 ***b*** 括号后加“'”。例如：

```
>> A=[1 2 1;3 -1 -3;2 3 1];
>> b=[3 -1 4]';
```

对于方程组是否有解，可利用线性代数的知识，只要矩阵 ***A*** 的行列式不为零，则线性方程组有唯一解：

```
>> det(A)%函数 det 表示求矩阵的行列式
ans =
     1.0000
```

其中，%表示注释符，ans 表示 answer 的简称，为默认的变量。

也可通过秩来判断线性方程组是否有唯一解。即 ***A*** 的秩=*n* 则有唯一解。例如：rank（A）=3。

因此，方程组有唯一解，求解式（4-1）通常有两种方法。

方法一：先求逆，后作乘法。即 $\boldsymbol{x}=\boldsymbol{A}^{-1}\boldsymbol{b}$ 。

```
>> x=inv(A)*b  %函数 inv( )表示求逆函数
x =
   3.0000
   -2.0000
   4.0000
```

方法二：直接进行左除，即 $\boldsymbol{x}=\boldsymbol{A}\backslash\boldsymbol{b}$ 。

```
>> x=A\b
x =
    3.0000
    -2.0000
    4.0000
```

方法二比方法一更加直观，不仅运算较少，而且求解速度较快，若处理大数据时，这种方法通常较为精确。

若线性方程组不是恰定的，而是欠定（线性方程组中方程的个数少于未知量的个数）时，即矩阵 $\boldsymbol{A}$ 的秩<n，则线性方程组有无穷多解，此时可通过伪逆（pinv 函数）来求方程组的特解。为了求方程组的通解，除了特解外，还需要求它的基础解系，Matlab 提供了 null 函数，可通过求矩阵 $\boldsymbol{A}$ 的核空间矩阵得到。

null 函数的调用格式见表 4-1。

表 4-1　null 函数的调用

调用格式	说明
Z=null（A）	返回矩阵 $\boldsymbol{A}$ 的核空间矩阵 $\boldsymbol{Z}$，即其列向量为方程组 $\boldsymbol{Ax}=\boldsymbol{0}$ 的一个基础解系，且满足 $\boldsymbol{Z}^{\mathrm{T}}\boldsymbol{Z}=\boldsymbol{I}$，其中 $\boldsymbol{I}$ 为单位向量
Z=null（A，'r'）	$\boldsymbol{Z}$ 的列向量是方程 $\boldsymbol{Ax}=\boldsymbol{0}$ 的有理基

【例 4.2】　求线性方程组 $\begin{cases} x_1+4x_3+x_4=1 \\ 2x_1-x_2+3x_3=2 \\ x_2+3x_3+3x_4=4 \end{cases}$ 的通解。

【分析】　在 Matlab 命令窗口中输入：

```
>> format rat  % rat为Ratio的缩写，即按比例格式输出结果
>> format compact  %行与行之间按紧凑格式输出
>> A=[1 0 4 1;2 -1 3 0;0 1 3 3];
>> b=[1 2 4]';   %生成3×1向量
>> x0=pinv(A)*b  %利用伪逆求方程组的一个特解
x0 =
     111/61
     -47/61
     -49/61
     146/61
```

```
>> Z=null(A,'r')   %求相应方程组的基础解系，r 为 rational 的缩写
Z =
   -3
   -9/2
   1/2
   1
```

最后得出方程组的通解为

$$x=\begin{pmatrix}111/61\\-47/61\\-49/61\\146/61\end{pmatrix}+k_1\begin{pmatrix}-3\\-9/2\\1/2\\1\end{pmatrix}\quad(k_1\in\mathbf{R})$$

如果矩阵 $\boldsymbol{A}$ 不是一个方阵，或 $\boldsymbol{A}$ 是一个非满秩的方阵时，矩阵 $\boldsymbol{A}$ 没有逆矩阵，但可以找到一个与 $\boldsymbol{A}$ 的转置矩阵 $\boldsymbol{A}'$同型的矩阵 $\boldsymbol{B}$，满足 $\boldsymbol{ABA}=\boldsymbol{A}$，$\boldsymbol{BAB}=\boldsymbol{B}$，即矩阵 $\boldsymbol{B}$ 为矩阵 $\boldsymbol{A}$ 的伪逆，或称广义逆矩阵。

另外，x0=pinv（A）*b 也可以理解为矩阵的最小范数解，矩阵或向量的范数通常都是用来度量矩阵或向量在某种意义下的长度。范数常见的有三种定义方法，其定义不同，范数值也不同。设向量 $\boldsymbol{X}=(\boldsymbol{x}_1,\boldsymbol{x}_2,\cdots,\boldsymbol{x}_n)$，向量的四种范数为

（1）1-范数：$\|\boldsymbol{X}\|_1=\sum_{i=1}^{n}|x_i|$；

（2）2-范数（欧几里得范数）：$\|\boldsymbol{X}\|_2=\sqrt{\sum_{i=1}^{n}x_i^2}$；

（3）∞-范数：$\|\boldsymbol{X}\|_\infty=\max_{1\leqslant i\leqslant n}\{|x_i|\}$；

（4）F-范数：$\|\boldsymbol{X}\|_F=(\sum_{i=1}^{m}\sum_{j=1}^{n}{x_{ij}}^2)^{1/2}=\mathrm{trace}(\mathrm{X}^\mathrm{T}\mathrm{X})^{1/2}$。

例如：

```
>> norm(x0,1)%计算向量 x0 的 1-范数
ans =
     353/61
>> norm(x0)%计算向量 x0 的 2-范数，也可以理解为最小范数解具有更小的范数
ans =
     1805/563
>> norm(x0,inf)%计算向量 x0 的∞-范数
ans =
```

```
    146/61
>> norm(x0,'fro')%x0 的 Forbenius 范数
ans =
    1805/563
```

若线性方程组既不是恰定，也不是欠定，而是超定时，即未知数的个数小于方程数，通常使用左除运算。例如：

```
>> A1=[1 2 1;2 -1 1;4 3 3;2 -1 3];   %3 个未知数的 4 个方程
A1 =
    1    2    1
    2   -1    1
    4    3    3
    2   -1    3
>> rank(A1)  %求矩阵 A1 的秩
ans =
     3
>> b1=[1;2;4];
>> x1=A1\b1%也可以理解为最小二乘解
x1 =
    0.1000
   -0.3000
    1.5000
```

最小二乘法在实际中非常重要，常常用于求解超定方程组、线性拟合（详见第 15 章）等逼近问题。

4.2 矩 阵 分 解

矩阵分解在工程设计中经常用到，不仅可以节省存储空间，而且运算速度快。常见的矩阵分解有 LU 分解、QR 分解和 Cholesky 分解。

1. LU 分解

LU 分解是将系数矩阵 $\boldsymbol{A}$ 进行 LU 分解：$\boldsymbol{LU}=\boldsymbol{PA}$，然后解 $\boldsymbol{Ly}=\boldsymbol{Pb}$，最后解 $\boldsymbol{Ux}=\boldsymbol{y}$，即得到原方程组的解，或将一个矩阵表示为一个交换下三角矩阵和一个上三角矩阵的乘积形式，前提条件是 $\boldsymbol{A}$ 为非奇异矩阵。

Matlab 提供了 lu 函数将矩阵进行 LU 分解，其调用格式见表 4-2。

表 4-2　LU 分解

调用格式	说明
[L，U]=lu（A）	***U*** 为上三角矩阵，***L*** 为单位下三角矩阵或通过变换可得到下三角矩阵，使得 ***A=LU***。***A*** 为方阵
[L，U，P]=lu（A）	***U*** 为上三角矩阵，***L*** 为单位下三角矩阵或通过变换可得到下三角矩阵，***P*** 为置换矩阵，满足条件 ***PX=LU***。***A*** 为方阵

【例 4.3】　LU 分解求例 4.1。

【分析】　方法一：

```
>> A=[1 2 1;3 -1 -3;2 3 1];b=[3;-1;4];
>> [L,U]=lu(A)
L =
   1/3          7/11          1
   1            0             0
   2/3          1             0
U =
   3           -1            -3
   0           11/3           3
   0           0             1/11
>> x=U\(L\b)
x =
   3
   -2
   4
```

方法二：

```
>> A=[1 2 1;3 -1 -3;2 3 1];b=[3;-1;4];
>> [L,U,P]=lu(A)
L =
   1           0            0
   2/3         1            0
   1/3         7/11         1
U =
   3           -1           -3
   0           11/3          3
```

```
   0              0             1/11
P =
   0              1              0
   0              0              1
   1              0              0
>> x=U\(L\P*b)
x =
    3
    -2
    4
```

对于 ***A*** 为非方阵的情况，由于篇幅有限，感兴趣的同学们可以通过编程生成自定义函数进行求解。

2. QR 分解

与 LU 分解法一样，其思想是：将系数矩阵 ***A*** 进行：***A=QR***，然后解 ***Qy=b***，最后解 ***Rx=y*** 得到原方程组的解。或把矩阵 ***A*** 分解为一个正交矩阵 ***Q*** 和一个上三角矩阵 ***R*** 的乘积。Matlab 提供了 qr 函数对矩阵进行 QR 分解，其调用格式见表 4-3。

表 4-3　QR 分解

调用格式	说明
[Q，R]=qr（A）	***Q*** 为正交矩阵，***R*** 为上三角矩阵，使得 ***A=QR***，其中 ***A*** 必须为方阵
[Q，R，E]=lqr（A）	***Q*** 为正交矩阵，***R*** 为上三角矩阵，***E*** 为置换矩阵，使得 ***AE=QR***，其中 ***A*** 必须为方阵

【例 4.4】　QR 分解求例 4.1。

【分析】　方法一：

```
>>clear %清除工作空间变量
>>clc  %清屏
>>format short  %恢复默认输出格式
>> A=[1 2 1;3 -1 -3;2 3 1];b=[3 -1 4]';
>> [Q,R]=qr(A);
>> x=R\(Q\b)
x =
    3
```

```
   -2
   4
```

方法二：

```
>> [Q,R,E]=qr(A);
>> x=E*(R\(Q\b))
x =
    3
   -2
    4
```

与 LU 分解一样，对于 $\boldsymbol{A}$ 为非方阵的情况，也可以按照其思想进行编程，最后生成自定义函数，再通过调用自定义函数对方程组进行求解。

3. Cholesky 分解

Cholesky 分解的条件是矩阵 $\boldsymbol{A}$ 必须是对称正定矩阵，则可将矩阵 $\boldsymbol{A}$ 分解一个下三角矩阵和一个上三角矩阵的乘积，即 $\boldsymbol{A}=\boldsymbol{R}^{\mathrm{T}}\boldsymbol{R}$，其中 $\boldsymbol{R}\in\mathbf{R}^{n\times n}$ 是一个上三角矩阵，R^{T} 为下三角矩阵。

Matlab 提供了 chol 函数对矩阵进行 Cholesky 分解，其调用格式见表 4-4。

表 4-4　Cholesky 分解

调用格式	说明
R=chol（A）	产生一个上三角矩阵 $\boldsymbol{R}$，使得 $\boldsymbol{A}=\boldsymbol{R}^{\mathrm{T}}\boldsymbol{R}$，若 $\boldsymbol{A}$ 为非对称的正定矩阵，则输出一个错误信息
[R，p]=chol（A）	不产生任何错误信息，若 $\boldsymbol{A}$ 是正定矩阵，则 $\boldsymbol{p}$=0，$\boldsymbol{R}$ 与上相同，若 $\boldsymbol{A}$ 为非正定矩阵，则 $\boldsymbol{p}$ 为正整数，若 $\boldsymbol{A}$ 为满秩矩阵，则 $\boldsymbol{R}$ 是有序的上三角矩阵

【例 4.5】　利用 Cholesky 分解对线性方程组 $\begin{cases}x_1+x_2+x_3=1\\x_1+2x_2+3x_3=2\\x_2+3x_3+6x_4=4\end{cases}$ 进行求解。

【分析】　在 Matlab 命令窗口中输入：

```
>>clear all;
>> A=[1 1 1;1 2 3;1 3 6];
>> b=[1;2;4];
>> R=chol(A)
R =
```

```
    1            1            1
    0            1            2
    0            0            1
>> x=R\(R'\b)
x =
   1
   -1
   1
>> [R,p]=chol(A)
R =
   1            1            1
   0            1            2
   0            0            1
p =
   0
```

其中，p=0，表示矩阵 A 是一个正定矩阵，如果对于一个非正定矩阵进行 Cholesky 分解，则将出现错误提示信息，此时 p 为一个整数，因此，常用 chol 函数来判断矩阵是否为正定矩阵。

例如，对例 4.1 进行 Cholesky 分解，则

```
>> A=[1 2 1;3 -1 -3;2 3 1];b=[3 -1 4]';
>> R=chol(A)
??? Error using ==> chol
Matrix must be positive definite.
>> [R,p]=chol(A)
R =
   1
p =
   2
```

由于 p=2，说明矩阵 A 为非正定矩阵，因此执行 Cholesky 分解时，出现错误提示信息。

除了以上这些函数用于求解线性方程组外，Matlab 还提供了许多用于求解线性代数问题的矩阵函数，这些函数的详细讨论超出了本书的范围。表 4-5 只给出了部分矩阵函数的简短说明，进一步的说明可以使用 Matlab 菜单栏中的 Help 命令进行查询或参考《Matlab 用户指南》。

表 4-5　矩阵函数

函数	说明
线性方程	
cholinc	不完全 Cholesky 分解
cond	矩阵条件数
condest	1 范数条件数的估值
lscov	协方差已知的最小二乘
lsqnonneg	非负最小二乘解
矩阵分析	
trace	主对角线上元素的和
orth	正交化
subspace	两个子空间之间的夹角
norm	若为 norm（A，p），表示 p-范数（*A* 必须为向量）
特征值和奇异值	
eig	特征值和特征向量
eigs	若干特征值
poly	特征多项式（前提是方阵）
balance	均衡
svd	奇异值分解（SVD）
schur	酉矩阵（舒尔）分解
hess	海森伯（Heisenberg）分解
Hilb	Hilbert（病态）矩阵
qz	广义特征值
矩阵函数	
expm	矩阵指数
expm1	用 M 文件求矩阵指数
expm2	用泰勒级数求矩阵指数
expm3	用特征值求矩阵指数
sqrtm	矩阵的平方根
logm	矩阵的对数
rsf2csf	实分块对角型变为复对角型

4.3　特殊矩阵

Matlab 提供了几个特殊矩阵，其中一类可以通用，另一类对专门学科通用。

1. 通用的特殊矩阵

（1）zeros：全 0 矩阵；

（2）ones：全 1 矩阵；

（3）eye：单位矩阵；

（4）rand：均匀分布的随机矩阵；

（5）randn：均值为 0、方差为 1 的标准正态分布随机矩阵；

（6）size：创建与另一个相同大小的矩阵。

例如：

```
>> clear all %清除所有变量
>> format compact
>> zeros(3) %生成一个3×3的零矩阵
ans =
     0     0     0
     0     0     0
     0     0     0
>> ones(2,4) %生成一个3×3的零矩阵
ans =
     1     1     1     1
     1     1     1     1
>> eye(3)*pi  %创建一个所有元素都*pi 的 3*3 单位矩阵
ans =
     3.1416        0         0
    0         3.1416         0
    0              0    3.1416
>> rand(3,1) %生成 0~1 间均匀分布的随机数
ans =
    0.8147
    0.9058
    0.1270
>> randn(2) %生成一个2×2矩阵，其元素为 0 均值，方差为 1 的正态分布随
%机数
ans =
    0.8622   -1.3077
    0.3188   -0.4336
>> A=[1,2,3;4,5,6];
>> ones(size(A)) %创建与 A 相同大小全部元素值为 1 的矩阵
```

```
ans =
     1     1     1
     1     1     1
>> 2+(5-2)*rand(4)  %创建一个区间在[2,5]内均匀分布的 4 阶随机矩阵
ans =
    4.7878    3.8481    3.7558    4.2716
    3.0500    3.4199    3.6492    4.2612
    2.5898    3.0550    4.7516    3.1413
    2.7533    4.4925    2.8575    3.7035
>> 0.3+sqrt(0.1)*randn(4)%创建一个均值为 0.3、方差为 0.1 的 4 阶正
%态分布随机矩阵
ans =
   -0.0687    1.1176   -0.3113    0.0192
   -0.0630    0.0891    0.1612    0.3317
    0.3332    0.3592   -0.2675    0.1278
    0.5284    0.2739    0.5658    0.3960
```

2. 专门学科的特殊矩阵

除了以上这些通用的特殊矩阵外，常用的专门学科的特殊矩阵见表 4-6。

表 4-6　专门学科的特殊矩阵

函数	说明
[ ]	空矩阵
compan	伴随矩阵
magic	魔方矩阵
vander	范德蒙矩阵
hilb	希尔伯特矩阵
invhilb	逆希尔伯特矩阵
toeplitz	托普利兹矩阵
pascal	帕斯卡三角矩阵
hadamard	哈达玛矩阵
wilkinson	威尔金森特征值测试矩阵

4.4　稀 疏 矩 阵

在实际应用中，经常遇到一个矩阵含有极少量的几个非零元素和大量的零元

素的矩阵，这种矩阵称为稀疏矩阵。

假设用二维数组存储稀疏矩阵 A_{mn}，若存储每个数组元素需要 L 个字节，那么存储整个矩阵需要 $m \times n \times L$ 个字节。因此，存储零元素占用了计算机存储空间。为了节省存储空间和减少计算量，通常只对非零元素进行存储和代数运算。

Matlab 提供了 sparse 函数创建稀疏矩阵。例如：

```
>> A=[1 0 0 0;0 0 0 0;0 0 0 1;0 -1 1 0]
A =
     1     0     0     0
     0     0     0     0
     0     0     0     1
     0    -1     1     0
>> x=sparse(A)   %将矩阵 A 转化为稀疏存储方式的矩阵 x
x =
   (1,1)        1
   (4,2)       -1
   (4,3)        1
   (3,4)        1
>> B=full(x)   %将稀疏矩阵 x 转换成全矩阵
B =
     1     0     0     0
     0     0     0     0
     0     0     0     1
     0    -1     1     0
```

变量 $\boldsymbol{x}$ 括号内是非零元素的行号和列号，后面是元素的值。该矩阵有 16 个元素只需要保存 4 个元素。可用 whos 命令查看 Matlab 工作空间中的变量存储情况。

```
>> clear all
>> clc
>> whos
  Name      Size            Bytes  Class     Attributes
  A         4x4               128  double
  x         4x4               104  double    sparse
```

Matlab 还提供了与稀疏矩阵操作有关的函数，如表 4-7。

表 4-7　稀疏矩阵调用函数

调用函数	说明
sparse（m，n）	所有元素都为 0 的 $m \times n$ 稀疏矩阵
sparse（i，j，S）	**S** 为非零元素的稀疏矩阵，*i* 和 *j* 分别表示行和列
[i，j，s]=find（A）	返回矩阵 **A** 中非零元素的下标和元素
full（S）	变稀疏矩阵为全矩阵
find	查找非零元素的下标
B=spconvert（A）	将稀疏矩阵 **A** 转化为一个稀疏存储矩阵
spdiags	由对角矩阵生成稀疏矩阵
speye	稀疏单位矩阵

第 5 章　Matlab 基本运算

Matlab 基本运算主要包括算术运算、关系运算和逻辑运算等。

5.1　算 术 运 算

Matlab 算术运算包括加（+）、减（–）、乘（*）、右除（/）、左除（\）、乘方（^）和点运算（.）。

1. 矩阵加减

假设矩阵 ***A*** 和矩阵 ***B*** 的维数相同，***A*** 和 ***B*** 矩阵的相应元素进行相加减。若矩阵维数不同，则给出错误信息，提示两个矩阵的维数不匹配（Matrix dimensions must agree）。例如：

```
>> A=[1,2;2 1]
A =
    1         2
    2         1
>> B=[2 1;1 2]
B =
    2         1
    1         2
>> A+B
ans =
     3         3
     3         3
```

2. 矩阵乘法

假设矩阵 ***A*** 和矩阵 ***B*** 相乘，则矩阵 ***A*** 的列数必须等于矩阵 ***B*** 的行数，否则给出错误信息，提示矩阵维数要一致（Inner matrix dimensions must agree）。例如：

```
>> A=[1 2 3; 2 3 4; 3 4 5]
A =
    1         2         3
```

```
    2            3            4
    3            4            5
>> B=[1 2;3 4; 5 6]
B =
    1            2
    3            4
    5            6
>> A*B
ans =
      22           28
      31           40
      40           52
```

除此之外，矩阵与标量也可以进行相乘，标量可以是乘数也可以是被乘数，其结果为标量与矩阵中的每个元素进行相乘，得到新的矩阵。

3. 矩阵除法

矩阵除法包括左除（\）和右除（/）。假设矩阵 ***A*** 为非奇异方阵，则 ***A\B*** 等效于 ***A*** 的逆左乘 ***B*** 矩阵，即 inv（A）*B。而 ***B/A*** 等效于 ***A*** 的逆右乘 ***B*** 矩阵，即 B*inv(A)。若 ***A*** 和 ***B*** 为标量，则两种运算结果相同。如 1/2 和 2\1 的结果均为 0.5。对于矩阵运算，一般 $\boldsymbol{A} \backslash \boldsymbol{B} \neq \boldsymbol{B} / \boldsymbol{A}$。例如：

```
>> A=[1 2 3;4 2 3;6 4 5]
A =
    1            2            3
    4            2            3
    6            4            5
>> B=[2 3 4;5 13 4;13 4 11]
B =
    2            3            4
    5           13            4
   13            4           11
>> B/A
ans =
       1           -1/2           1/2
     -10/3        -127/6          31/2
```

```
     5/3              31/3              -5
>> A\B
ans =
     1               10/3              0
     8             -139/6             13/2
    -5               46/3             -3
```

4. 矩阵的乘方

若 $\boldsymbol{A}$ 为方阵，则

```
>> A=[1 2 3;4 2 3;6 4 5]
A =
    1              2              3
    4              2              3
    6              4              5
>> A^2
ans =
     27              18              24
     30              24              33
     52              40              55
>> A*A
ans =
     27              18              24
     30              24              33
     52              40              55
```

A^2 等同于 A*A。对于矩阵的开方，也可以和乘方运算类似，如求 $\boldsymbol{A}$ 的立方根，可以通过以下方法求解。

```
>> A^(1/3)
ans =
    348/353   +  551/676i       631/2101   - 1274/8595i
258/713    -  431/1508i
   1058/2499   -  981/2317i     1698/2173   +  434/891i
926/1475   -  541/5671i
   1081/1284   -  992/2037i      785/1092   -  713/3366i
644/477    +  537/1537i
```

5. 点运算

在 Matlab 中，所谓点运算就是在有关算术运算前加点。点运算包括.*、.\、./和.^运算。两个矩阵进行点运算的前提是指它们的对应元素进行相关运算，注意区别不带点之间运算结果。例如：

```
>> A=[1 2 3;4 2 3;6 4 5]
A =
    1              2              3
    4              2              3
    6              4              5
>> B=[2 3 4;5 13 4;13 4 11]
B =
    2              3              4
    5             13              4
   13              4             11
>> A*B
ans =
      51             41             45
      57             50             57
      97             90             95
>> A.*B
ans =
       2              6             12
      20             26             12
      78             16             55
```

点运算在实际应用中非常重要，对于初学者来说容易出错，例如：

```
>> x=1:2:5
x =
    1              3              5
>> y=sin(x).*cos(x)
y =
     401/882       -545/3901      -207/761
>> y=sin(x)*cos(x)
??? Error using ==> mtimes
```

```
Inner matrix dimensions must agree.
```

从上面的程序可以看出，若没有点运算，则弹出错误提示，因为 sin(x) 和 cos(x) 都是 1 行 3 列，Matlab 语言提供的函数无法找到对应元素相乘。

5.2　关系操作符

关系运算符常用于矩阵与矩阵、矩阵与向量等之间的比较，返回的是二者之间的关系，1 表示真（或满足指定关系），0 表示假（或不满足指定关系）。

Matlab 语言的 6 种关系运算符，见表 5-1。

表 5-1　关系运算符

操作符	说明
<	小于
<=	小于或等于
>	大于
>=	大于或等于
==	等于
~=	不等于

【例 5.1】　已知矩阵 $\boldsymbol{A}=\begin{bmatrix}1&2&3&4\\4&3&2&-1\\9&4&1&5\\4&8&0&7\end{bmatrix},\boldsymbol{B}=\begin{bmatrix}9&0&1&6\\3&5&0&-1\\5&4&1&9\\4&3&8&7\end{bmatrix}$

（1）求矩阵 $\boldsymbol{A}$ 大于矩阵 $\boldsymbol{B}$ 的元素个数。

（2）标出矩阵 $\boldsymbol{B}$ 的第 3 行小于 5 的元素。

（3）取出矩阵 $\boldsymbol{A}$ 的第 3 行的全部元素得到向量 $\boldsymbol{B}3$，并与提取矩阵 $\boldsymbol{B}$ 中第三行的第 4、2、3、1 个元素组成新的矩阵 $\boldsymbol{B}4$，判断是否相等？

（4）求 $\boldsymbol{B}-(\boldsymbol{A}>2)$。

【分析】　Matlab 关系操作符可以比较大小相同的矩阵，或用一个矩阵与一个标量进行比较，即标量和矩阵的每一个元素做比较，真为 1，假为 0。同样的，向量与向量之间也可以进行比较或进行相应的代数运算。代码如下：

```
>> A=[1 2 3 4;4 3 2 -1;9 4 1 5;4 8 0 7];
>> B=[9 0 1 6;3 5 0 -1;5 4 1 9;4 3 8 7];
>> B1=A>B  %当 A<=B 时，为 0，反之为 1。
B1 =
    0     1     1     0
```

```
     1     0     1     0
     1     0     0     0
     0     1     0     0
>> B2=B(3,:)<5  %判断矩阵 B 第 3 行元素是否小于 5，小于 5 为 1，反之为 0
B2 =
     0     1     1     0
>> B3=A(3,:)  %显示矩阵 A 第 3 行的所有元素
B3 =
     9     4     1     5
>> B4=B(3,[4,2,3,1])  %选取矩阵 B 第 3 行的元素，按 [4, 2, 3, 1] 的
%顺序组成新的矩阵
B4 =
     9     4     1     5
>> tf=(B3==B4)  %判断矩阵 B3 的元素是否分别等于矩阵 B4 的元素
tf =
     1     1     1     1
>> tf2=B-(A>2)  %先判断矩阵 A 上各元素是否大于 2，若真输出为 1，否则
%输出为 0，再将两矩阵做减运算
tf2 =
      9     0     0     5
      2     4     0    -1
      4     3     1     8
      3     2     8     6
```

判断 ***B***3 中的元素等于 ***B***4 中的元素时，不能写成“=”（赋值运算），而应写成“= =”（关系运算）。“= =”表示比较两个变量，当它们相等时返回 1，当它们不相等时返回 0；

B–(***A***>2)是找出 ***A***>2，并从 ***B*** 中减去所求得的结果向量。这个例子说明，由于逻辑运算的输出是 1 和 0 的矩阵，常用在数学运算中。

在高等数学中，常会遇到$\frac{0}{0}$型的极限或分母为 0 的函数或向量，此时，可采用 Matlab 提供的 eps 函数来替代向量中的零元素，其中 eps 近似为 2.2e–16。例如：

```
>> x=(-2:2)/2  %第三个元素为零
x =
   -1.0000   -0.5000         0    0.5000    1.0000
```

```
>> sin(x)./x  %由于 sin(0)./0 没有定义，结果返回 NaN
ans =
     0.8415    0.9589        NaN    0.9589    0.8415
>> x=x+(x==0)*eps  %用 eps 函数替代向量中的 0 元素
x =
   -1.0000   -0.5000    0.0000    0.5000    1.0000
>> sin(x)./x  %可求出函数 sin(x)/x 在 x=0 处的极限。
ans =
     0.8415    0.9589    1.0000    0.9589    0.8415
```

注意：本例的 sin（x）./x 中的“./”表示的是对应元素的除法，若改为“/”其结果为一个值。

5.3 逻辑操作符

逻辑运算主要用于判断或控制 Matlab 命令（脚本文件或 M 文件中）的流程条件（或执行次数），我们把非零数值均看成真，而 0 为假。

Matlab 语言提供的逻辑操作符见表 5-2。

表 5-2 逻辑操作符

逻辑操作符	说明
&	与
|	或
~	非
xor	逻辑异或

关系运算符的优先级高于逻辑优先级，在逻辑“与”“或”和“非”中，“非”的优先级最高，“与”和“或”有相同的优先级，依次从左到右执行。

逻辑操作符的用法如下：

```
>>  B=[9 0 1 6;3 5 0 -1;5 4 1 9;4 3 8 7];
>> B2=B(3,:)<5
B2 =
    0     1     1     0
>> ~B2  % 1 替换 0，0 替换 1
ans =
     1     0     0     1
>> B(3,:)>2&B(3,:)<6  %同时满足大于 2 且小于 6 时，输出为 1。否则输
%出 0
```

```
ans =
     1     1     0     0
```

当“&”前面条件为 0 时，不需要执行后面的内容，其结果必为 0。同理当“|”前面条件为 1 时，结果必为 1。

“xor”表示逻辑异或，即 x 或 y 非零（真）返回 1，x 和 y 都是零（假）或都是非零（真）返回 0。如 x=1，y=0，则 xor（x，y）=1。

在信号与系统、数字信号处理和数字图像处理等课程中，通常采用上面的方法产生离散信号或其他信号叠加生成离散信号。基本思想是把需要保留的信号值与 1 相乘，而把多余的信号或噪声信号与 0 相乘。例如：

```
>> x=linspace(0,6,100);  %linspace 为线性等分函数，将 x 从[0,6]
%均匀的划分为 100 等分
>> y=cos(x);      %产生正弦函数
>> z=(y>0).*y;    %将 y 函数的负值变为 0，赋值给 z
>> z=z+0.9*(y<0); % 将 z 的负值加 0.9
>> z=(x<=6).*z; %将 x>6 的值变为 0
>> stem(x,z)  %以 x 为横坐标，z 为纵坐标，画离散信号图
>>  xlabel(' x '),  ylabel(' z=f(x) '),  title(' 离散信号 ')
%标注横坐标用 x 表示，纵坐标用 z=f(x)表示，标题为离散信号。
%注意：括号内用的是单引号。
```

以上程序产生的离散信号，如图 5-1 所示。

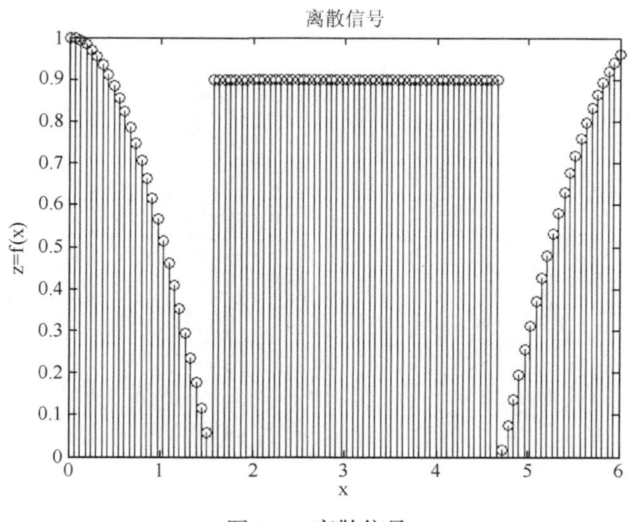

图 5-1　离散信号

除了这些函数，Matlab 还提供了大量的测试函数，见表 5-3。

表 5-3　测试函数

函数	说明
all	若向量的所有元素非零，则结果为 1，反之为 0
any	向量中任何一个元素非零，结果为 1，反之为 0
find	找出向量或矩阵中非零元素的位置
finite	元素有限，结果为 1
isempty	若被查参量是为空阵，结果为 1
isglobal	参量是一个全局变量，结果为 1
ishold	当前绘图保持状态是‘ON’，结果为 1
isieee	计算机执行 IEEE 算术运算，结果为 1
isinf	元素无穷大，结果为 1
isletter	元素为字母，结果为 1
isnan	若元素是 nan，则矩阵相应位置元素取 1
isreal	参量无虚部，结果为 1
isspace	元素为空格字符，结果为 1
isstr	参量为一个字符串，则结果矩阵相应位置元素取 1
isstudent	Matlab 为学生版，结果为 1
isunix	计算机为 UNIX 系统，结果为 1
isvms	计算机为 VMS 系统，结果为 1

第6章　文　　本

Matlab 提供了易于操作的文本命令，例如，在命令窗口使用 title 函数给已画出的图加上文本标题或者在图中双击标题空白页直接加入想要的文本标题等。在 Matlab 中，文本可以当作特征字符串或简单的字符串。

6.1　字　符　串

在 Matlab 中，字符串是用单撇号括起来的简单文本或字符系列。例如：

```
>> x='Hainu0898' %把字符串赋值给 x
x =
   Hainu0898
```

为了查看字符串 x 的存储形式，以及字符数，可以使用 size 函数。例如：

```
>> size(x)
ans =
     1     9
```

字符串 x 是以行向量的形式存储的，其字符数为 9。为了查看 x 所占字节数，可以使用 whos 命令进行显示，如，

```
>> whos
  Name      Size            Bytes  Class     Attributes


  ans       1x2             16     double
  x         1x9             18     char
```

可以看出，字符串 x 为 1 行 9 列，字节数为 18，采用字符类型存储。在字符串 ans 里的每个字符是数组里的一个元素，字符串的存储要求每个字符（double 类型）占 8 个字节，因此 ans 的字节数为 $2\times8=16$。即 7/8 所分配的存储空间无用，虽然存储空间有些浪费，但为了保持与字符串（如 x）的数据结构相同，这种表达式还是非常有用的。

为了查看字符串 x 的 ASCII 码值，可以使用 abs 函数。例如：

```
>> abs(x)
```

```
ans =
     72    97   105   110   117    48    56    57    56
```

可以看到大小写字母和十进制数的 ASCII 码值的数值数组，反之，也可以通过 ASCII 码值显示出字符串表达式。例如：

```
>> setstr(abs(x))  %函数 setstr 提供了逆转换
ans =
     Hainu0898
```

在 Matlab 中，由于字符串是数值数组，因此，操作方式与数组操作方式类似。例如：

```
>> y=x(6:9)
y =
   0898
```

其编址方式与数组一样。这里元素 6～9 包含十进制数 0898。它的转置形式将行变成列。例如：

```
>> y=x(6:9)'
y =
   0
   8
   9
   8
```

若字符串内出现两个连续的单引号，则只显示一个单引号。例如：

```
>> z=' I can''t find the Hainu'
z =
   I can't find the Hainu
```

对于字符串连接可以直接从数组连接中得到。例如：

```
>> u='If I were you,';
>> v='I would like the Hainu';
>> w=[u v]
w =
   If I were you,I would like the Hainu
```

若将多个字符串按列输出，则每行必须有相同数目的列数。因此，可以通过添加若干空格使所有行的长度相同，否则会弹出错误。例如：

```
>> x2=['Hainu  ';'0898   ';] %每列的长度均为 7
x2 =
    Hainu
    0898
```

disp 函数允许不输出它的变量名而显示一个字符串。例如：

```
>> disp(x)
Hainu0898
```

这里，x=语句没有显示，这对脚本文件内显示帮助的文本有用。

考虑将一个字符串转换成大写。首先，使用 find 函数找出小写字符的下标值，然后，从小写字符元素中减去小写字符与大写字符之差，最后，用 setstr 把求得的数组转换成它的字符串表示。

```
>> disp(w)
If I were you,I would like the Hainu
>> i=find(w>='a'&w<='z');
>> w(i)=setstr(w(i)-('a'-'A'))
w =
  IF I WERE YOU,I WOULD LIKE THE HAINU
```

在编写程序时，为了让用户输入某种表达式，然后按此表达式显示出来，常使用 input 函数。例如：

```
>> a=input('请输入 a 的值：')
请输入 a 的值：5
a =
    5
```

若输入一个字符串，则

```
>> b=input('请输入一个字符串：','s')
请输入一个字符串：Hainu
b =
   Hainu
```

input 函数里的's'表示把输入当作字符串来处理，只要把用户输入的内容传递给输出变量，就不需要引号。

6.2　字符串转换

除了上面讨论的字符串和它的 ASCII 表示之间转换外，Matlab 还提供了大量的字符串转换函数，见表 6-1。这些字符串函数对人机界面交互特别有用。

表 6-1　字符串转换函数

函数	说明
基数的转换	
abs	字符串到 ASCII 转换
dec2hex	十进制数到十六进制字符串转换
fprintf	把格式化的文本写到文件中或显示屏上
hex2dec	十六进制字符串转换成十进制数
hex2num	十六进制字符串转换成 IEEE 浮点数
bin2dec	把二进制字符串变换为十进制整数
字符串的比较	
lower	字符串转换成小写
upper	字符串转换成大写
字符串与数的转换	
int2str	整数转换成字符串
mat2str	把矩阵转换为字符串
num2str	把数转换成字符串
setstr	ASCII 转换成字符串
sprintf	在格式控制下，将数字转换成字符串
sscanf	在格式控制下，将字符串转换成数字
str2mat	将单个字符串形成文本矩阵
str2num	字符串转换成数字
一般函数	
char	建立字符串
double	把字符串转换成数字
cellstr	由字符数组组成字符阵列

在许多情况下，需要把一个数值或多个字符串嵌入到字符串中。例如：

```
>>clear all
>> r=1.5;
>> s=pi*r^2;
>> x=['A circle of radius ' num2str(r) ' has an area of '
num2str(area) '.'];
>> disp(x)
A circle of radius 1.5 has an area of 19.635.
```

其中，num2str 函数是将数值转换成字符串，字符串连接是把需要转换的数值或字符串嵌入到另一个字符串句子中。类似地，int2str 函数把整数转换成字符串。无论是 num2str 还是 int2str 都要调用 sprintf 函数。

fprintf 函数与 disp 函数都是把字符串和数据进行输出。与 disp 函数不同，fprintf 是把数值转换成字符串。fprintf 函数和 C 语言中的 printf 函数类似。例如：

```
>> fprintf('Did you see the sea?')
Did you see the sea?>>
>> fprintf('Did you see the sea?\n')
Did you see the sea?
```

在上面第一个例子里，fprintf 显示字符串，然后立即给出 Matlab 提示符。相反，在第二个例子里，\n 表示换行，即 Matlab 提示符出现之前创建一个新行。

无论 fprintf 还是 sprintf 都以同样方式处理输入参量，但 fprintf 把输出送到显示屏或文件中，而 sprintf 是先把数据按要求的格式转换为字符串，然后把需要显示的字符串输出，并返回到一个字符串中。例如：

```
>> x=sprintf('A circle of radius %4.2f has an area of
%.4f.',r,area);
>> disp(x)
A circle of radius 1.50 has an area of 19.6350.
>> fprintf('A circle of radius %4.2f has an area of
%.4f.\n',r,area)
A circle of radius 1.50 has an area of 19.6350.
```

注意，fprintf 与 sprintf 的语法规则。

这里%4.2f 是用在 num2str 函数中的数据格式。%4.2f 是用定点标记，小数点前面的 4 表示显示小数点前至少有 4 位，不够补空格；小数点后面的 2 表示保留小数点后两位，不够补空格。为了更好地理解数据格式，以 pi 为例进行转换，见表 6-2。

表 6-2　数据格式

以 pi 为例	
命令	显示结果
fprintf（'%.0e\n'，pi）	3e+00
fprintf（'%.1e\n'，pi）	3.1e+00
fprintf（'%.3e\n'，pi）	3.142e+00
fprintf（'%.5e\n'，pi）	3.14159e+00
fprintf（'%.10e\n'，pi）	3.1415926536e+00
fprintf（'%.0f\n'，pi）	3
fprintf（'%.1f\n'，pi）	3.1
fprintf（'%.3f\n'，pi）	3.142
fprintf（'%.5f\n'，pi）	3.14159
fprintf（'%.10f\n'，pi）	3.1415926536
fprintf（'%.0g\n'，pi）	3
fprintf（'%.1g\n'，pi）	3
fprintf（'%.3g\n'，pi）	3.14
fprintf（'%.5g\n'，pi）	3.1416
fprintf（'%.10g\n'，pi）	3.141592654
fprintf（'%.8.0g\n'，pi）	3
fprintf（'%.8.1g\n'，pi）	3
fprintf（'%.8.3g\n'，pi）	3.14
fprintf（'%.8.5g\n'，pi）	3.1416
fprintf（'%.8.10g\n'，pi）	3.141592654

对于%后面的 e 和 f 格式，小数点右边的十进制数就是小数点右边要显示的多少位数字。相反，在 g 的格式里，小数点右边的十进制数指定了显示数字的总位数。另外，注意最后的五行，其结果指定为 8 个字符长度，且是右对齐。在最后一行，8 被忽略，因为指定超过了 8 位。

字符串转换函数中的 str2mat 函数是将单个字符串形成文本矩阵，例如：

```
>> S=str2mat('36842','39751','3845','90301')
S =
   36842
   39751
   3845
   90301
>> whos S
```

```
  Name      Size            Bytes  Class    Attributes
  S         4x5             40     char
>> S(2,3)
ans =
     7
```

从上面可以看出，***S*** 为 4 行 5 列的矩阵，每行都有相同数目的元素，较短的第 3 行用空格补齐，结果形成了一个有效的矩阵，所占字节数为 40bytes，显示 ***S*** 的第 2 行第三列的元素为 7。

更多的字符串转换函数，可以查看 Matlab 帮助。

6.3　字符串函数

Matlab 还提供了大量的字符串函数，见表 6-3。

表 6-3　字符串函数

函数	说明
eval（string）	作为一个 Matlab 命令求字符串的值
eval（try，catch）	若函数 eval 括号内带两个参数，当第一个参数有误时，执行第二个参数
blanks（n）	返回一个 *n* 个零或空格的字符串
deblank	去掉字符串中后拖的空格
feval	求由字符串给定的函数值
findstr	从一个字符串内找出字符串
isletter	字母存在时返回真值
isspace	空格字符存在时返回真值
isstr	输入是一个字符串，返回真值
lasterr	返回上一个所产生 Matlab 错误的字符串
strcmp	字符串相同，返回真值
strrep	用一个字符串替换另一个字符串
strtok	在一个字符串里找出第一个标记

eval 函数在较高级的程序中经常遇到，它给 Matlab 提供宏的能力。该函数能将用户创建的函数名传给其他函数，以便求值。例如：

```
>> format short
>> a=eval('sqrt(3)')
a =
   1.7321
```

```
>> eval('a')
a =
   1.7321
```

当被求值的字符串是由子字符串连接而成，或将字符串传给一个函数以求值时，eval 非常有用。在本书后面章节会涉及。

如果字符串传递到 eval 不能被识别或求值时，即参数有误，那么，将执行它的第二个参数，例如：

```
>> eval(' a=sqrtt(3) ',' a=[  ] ')  %sqrtt 是未定义的函数
a =
     []
```

这种形式常被描述为：eval（try， catch）。

feval 函数与 eval 函数类似，但在用法上有更多的限制。feval（'fun'，x）表示求由字符串'fun'给定的函数值，其中，变量 x 为输入参量。feval（'fun'，x）输出的结果等价于求 fun（x）值。例如：

```
>> b=feval('sqrt',3)
b =
   1.7321
```

一般地，feval 可求出有大量输入参量的函数值，例如，feval（'fun'，x，y，z）等价于求 fun（x，y，z）值。

关于更多字符串函数的使用方法，可以查看 Matlab 帮助。

第7章　控　制　流

计算机编程语言和可编程计算器提供了许多功能，它允许用户根据决策结构控制命令执行流程。如果用户以前已经使用过这些功能，对此就会很熟悉。相反，如果不熟悉控制流，本章材料初看起来或许复杂些。

控制流极其重要，因为它使过去的计算影响将来的运算。在利用 Matlab 进行数值实验或工程计算时，用的最多的便是循环结构。

7.1　控 制 结 构

Matlab 提供三种决策或控制流结构。它们是：for-end 循环，while 循环和 if-else-end 结构。由于这些结构经常包含大量的 Matlab 命令，故经常出现在 M 文件中，而不是直接加在 Matlab 提示符下。

1. for-end 循环

for-end 循环允许一组命令以固定的或预定的次数重复。它的一般形式是：

```
for  n=初始值（i）：步长（j）：终止值（k）
   循环体语句;
end
```

它的执行过程是变量 n 的取值从初始值（i）开始，以间隔（j）递增一直到终止值（k），变量每取一次值，循环便执行一次。

【例 7.1】　使用 for-end 循环求 1+2+⋯+100 的值。

参考程序如下：

```
>> sum=0;
for n=1:100
   sum=sum+n;
end
sum
sum =
     5050
```

第一条语句为初始化 sum=0，第二条语句是对 n 等于 1 到 100，求所有语句的值，直至下一个 end 语句。第一次通过 for 循环时 n=1，第二次 n=2，循环直至 n=100。在 n=100 以后，for 循环结束，然后求 end 语句后面的任何命令值，在这种情况下显示所计算的 sum 的值，最后输出 sum=5050。

在上述例子中，for 语句的循环变量都是标量，与其他高级语言的 for 循环语句相同。在 Matlab 语言中，还可以在 for 循环内执行任何有效的数组操作。其格式为

```
for  循环变量=矩阵表达式
循环体语句;
end
```

执行过程是将矩阵的各列元素赋给循环变量，然后执行循环体语句，直至各列元素执行完。例如：

```
>> s=0;
>> a=[1 2 3 4;2 3 4 5;3 4 5 6]
a =
     1     2     3     4
     2     3     4     5
     3     4     5     6
>>  for n=a;
s=s+n;
end
>> s
s =
    10
    14
    18
```

程序实现的功能是求矩阵 ***a*** 每行元素的和并输出。

在使用 for-end 循环时，还需要注意以下四点。

（1）不能在 for 循环内重新赋值循环变量 n 来终止程序。例如：

```
sum=0;
for n=1:100
    sum=sum+n;
    n=100;
end
```

```
sum
sum =
      5050
```

（2）for-end 循环可嵌套使用。例如：

```
>> for n=1:3;
    for m=3:-1:1;
          A(n,m)=n^2+m;
      end
   end
disp(A)
    2     3     4
    5     6     7
   10    11    12
```

（3）若能用等效的矩阵方法来解给定的问题时，可以避免采用循环语句，从而大大提高程序的执行效率。例如：

```
>> for n=1:10
x(n)=n.^2;
end
```

采用矩阵思想也可以得到相同的结果，且编程更加简单：

```
>> n=1:10;
>> x=n.^2;
x =
    1     4     9    16    25    36    49    64    81   100
```

（4）对于一些程序，为了提高运行速度，可以在 for 循环（或 While 循环）被执行之前，预先分配数组。例如：

```
>> clear
>> for n=1:10
x(n)=cos(2*pi/10);
end
```

将程序改写后，

```
>> x=zeros(1,10);
```

```
>> for n=1:10
   x(n)=cos(2*pi/10);
   end
  %注意：不输入 end，命令窗口不会显示结果，直到输入 end 为止。
>> x
x =
    0.8090    0.8090    0.8090    0.8090    0.8090    0.8090
0.8090    0.8090    0.8090    0.8090
```

也就是说，第一种情况，每通过一次循环将花费更多的时间，并分配更多的内存，为了提高效率，往往采用第二种方法。

2. while-end 循环

若循环次数不能预先确定，而是由逻辑条件来控制循环次数时，通常采用 while-end 循环来实现。while-end 循环的一般形式为

```
while 表达式
    循环体语句;
end
```

若表达式为逻辑真，则执行循环体语句。若为假，则结束循环。表达式可以是向量也可以是矩阵。若表达式为矩阵，则当所有元素都为真时才能执行循环体，例如表达式为 NaN，Matlab 认为是假，则不执行循环体。

【例 7.2】　使用 while-end 循环语句求例 7.1。

```
>> sum=0;
n=1;
while n<=100
    sum=sum+n;
    n=n+1 ;
end
sum
  sum =
       5050
```

从程序可以看出 while-end 循环的循环次数由表达式来决定，当 n=101 时停止循环。

3. 分支结构

分支结构也叫选择结构，是根据表达式的值来选择执行哪些语句。Matlab语言提供了三种分支结构：if-else-end 结构、switch-case-end 结构和 try-catch-end 结构。

1）if-else-end 结构

该结构是最常用的分支结构，通常有以下三种方式。

第一种形式如下：

```
if 表达式
    语句块;
end
```

说明：若表达式中所有元素为真（非零），则执行 if 和 end 之间的语句块，若表达式包含有几个逻辑子表达式时，即使前一个子表达式决定了表达式的最后逻辑状态，仍要计算所有的子表达式。

第二种形式如下：

```
if 表达式
   语句块 1;
else
   语句块 2;
end
```

说明：若表达式为真，则执行语句块 1；如果表达式为假，则执行语句块 2。

第三种形式如下：

```
if 表达式 1
   语句块 1
   elseif 表达式 2
         语句块 2
   elseif 表达式 3
         语句块 3
   ...      ...
   else
        语句块 n
end
```

说明：程序执行时，先判断表达式 1 的值，若为真，则执行语句块 1，然后执行 end 后面的语句；否则判断表达式 2 的值，若为真则执行语句块 2，然后执行 end 后面的语句；否则接着判断表达式 3，以此类推，若所有的表达式都为假，则执行 else 与 end 之间的语句块 n。

【例 7.3】 编写一个程序求 $y=\begin{cases} x & (x<1) \\ 2x-1 & (1\leqslant x<10) \\ 3x-11 & (x\geqslant 10) \end{cases}$。

```
>> x=input('x=');
   if x<1
      y=x
   elseif x>=1&x<10  %elseif 之间无空格
      y=2*x-1
   else
      y=3*x-11
   end
x=10   %程序运行后，输入 10，并赋予 x
y =
   19
```

另外，if-else-end 结构也可以没有 elseif 和 else 的简单结构。

【例 7.4】 输出所有的“水仙花数”，所谓水仙花数是指一个三位数，其各位数的立方和等于该数本身。例如，153 是一个水仙花数，因为 153=1^3+5^3+3^3。

参考程序如下：

```
>> for n=100:999 %也可以写为 while (n>100)&(n<999)
      i=fix(n/100);%fix 函数表示向零取整，求出百分位 i
      j=fix(n/10)-i*10;%求出十分位 j
      k=n-100*i-10*j;%求出个位 k
     if n==i*i*i + j*j*j + k*k*k %==表示逻辑判断，=表示赋值
     disp(n)
     end
   end
   153
   370
   371
   407
```

2）switch-case-end 结构

一般说来，这种结构也可以由 if-else-end 结构来实现，但 if-else-end 结构会使程序变得复杂且不容易维护。而 switch-case-end 结构更加一目了然，有利于后期维护，其形式为

```
switch 变量或表达式
case   常量表达式 1
       语句块 1
case   常量表达式 2
       语句块 2
  ...     ...
case   常量表达式 n
        语句块 n
otherwise
      语句块 n+1
end
```

说明：如果变量或表达式的值与其后某个 case 后的常量表达式的值相等，则执行这个 case 和下一个 case 之间的语句块，否则执行 otherwise 后面的语句块 n+1，执行后退出分支结构。

【例 7.5】 给出一百分制成绩，要求输出成绩等级为‘A’、‘B’、‘C’、‘D’、‘E’。90 分以上为‘A’，80～89 分为‘B’，70～79 分为‘C’，60～69 分为‘D’，60 分以下为‘E’。

参考程序如下：

```
>> score=input('请输入成绩:score=');
switch fix(score/10)%fix 函数表示向零取整数
   case {10,9},grade='A';
   case 8,grade='B';
   case 7,grade='C';
   case 6,grade='D';
   case {5,4,3,2,1,0},grade='E';
       otherwise,grade='输入有误';
end
disp(grade)
请输入成绩:score=90.5
A
```

在这个例子中，当输入 90.5 时，fix 函数将 90.5 中的小数点去掉，因此，满足第一个 case，然后执行后面的语句，最后输出的结果为 A。

3）try-catch-end 结构

这种结构用得比较少，但这种结构在程序调试时很有用。其结构形式为

```
try
    语句块 1
catch
    语句块 2
end
```

说明：首先执行语句块 1，若程序出现错误，那么错误信息被捕获，并存放在 lasterr 变量中，然后执行语句块 2；若在执行语句块时，程序又出现错误，最后程序将自动终止，除非相应的错误被另一个 try-catch-end 结构所捕获。

【例 7.6】 使用 try-catch-end 求 5!。

参考程序如下：

```
>> try
   s=1;
   i=2;
   while i<=5
      s=s*i;
      i=i+1;
   end
   disp('5 的阶乘为：');
   S
catch
   disp('程序有错误！')
   disp('错误为：');
    lasterr
end
5 的阶乘为：
程序有错误！
错误为：
ans =
     Undefined function or variable 'S'.
```

在这个例子中，由于要求输出的是 S，而变量 S 并未定义，也没有相应的函数，因此，要想程序正确运行，则根据提示错误信息，将 S 改为 s 即可。

7.2 流 控 制

在编写程序解决实际问题时，特别在循环控制结构中，为了避免死循环，常使用 break 和 continue 语句，它们通常与 if 语句配合使用。

1. break

break 语句一般用来终止 for 或 while 循环。如果条件满足则利用 break 语句将循环终止。在多层循环嵌套中，break 只终止最内层的循环。

【例 7.7】 求和表达式 $f=1+\frac{1}{2}+\frac{1}{4}+\frac{1}{7}+\frac{1}{11}+\frac{1}{16}+\frac{1}{22}+\frac{1}{29}+\cdots$，当第 i 项的值 $<10^{-4}$ 时结束。

参考程序如下：

```
>> m=1;sum=0;i=0;
while 1
   z=1;
   m=m+i;
   f=z/m;
   sum=sum+f;
     if f<10e-4
           break;
     end
     i=i+1;
end
>> f
f =
   9.6525e-004
>> sum
sum =
    2.3302
```

2. continue

continue 语句的作用是能够中断本次循环，继续下一次循环，即跳过其后的循环语句而直接进行下一次是否执行循环的判断。

【例 7.8】 求 100～200 中所有素数（质数）及其和。

参考程序如下：

```
>> sum=0;ss=0;          % 最后显示的素数
for n=100:200
    for m=2:fix(sqrt(n))
 if mod(n,m)==0 % 判断 n/m 的余数是否为 0
          ss=1; break;
       else
          ss=0; end
    end
    if ss==1
            continue;
         end
    sum=sum+n;
end
sum
sum =
     3167
```

除了以上的流控制外，常用的还有 pause、return、echo、warning、return 和 error 等，感兴趣的同学可以查看 Matlab 的帮助。

第 8 章　数 据 分 析

在科学计算与工程分析中，常遇到数据分析问题。由于 Matlab 对数据的操作是面向矩阵的，因此，Matlab 容易对数据集合进行统计分析。

8.1　数理统计分析

数据集一般都存储在面向列的矩阵中，即让矩阵的每一行代表各个样本或观测值，每一列代表不同的被测向量。

【例 8.1】　2015 年海口市 5 月温度记录显示见变量 temp，该月有 31 天，即变量 temp 有 31 行，共 3 列，每列分别表示每日最低温度、最高温度和平均温度（单位为℃），温度记录如下：

```
>>temp=
   24.0000   31.0000   27.5000
   24.0000   31.0000   27.5000
   24.0000   31.0000   27.5000
   24.0000   32.0000   28.0000
   24.0000   31.0000   27.5000
   25.0000   33.0000   29.0000
   25.0000   33.0000   29.0000
   25.0000   32.0000   28.5000
   25.0000   32.0000   28.5000
   23.0000   30.0000   26.5000
   25.0000   30.0000   26.5000
   23.0000   29.0000   26.0000
   23.0000   28.0000   25.5000
   22.0000   30.0000   26.0000
   23.0000   31.0000   27.0000
   24.0000   32.0000   28.0000
   24.0000   32.0000   28.0000
   24.0000   30.0000   27.0000
   22.0000   30.0000   26.0000
```

```
  23.0000   29.0000   26.0000
  24.0000   29.0000   26.5000
  24.0000   30.0000   27.0000
  24.0000   31.0000   27.5000
  24.0000   31.0000   27.5000
  25.0000   32.0000   28.5000
  25.0000   34.0000   29.5000
  25.0000   32.0000   28.5000
  25.0000   35.0000   30.0000
  25.0000   34.0000   29.5000
  25.0000   33.0000   29.0000
  25.0000   32.0000   28.5000
```

每一列为待处理的数据矩阵，通过画图进行数据分析。例如：

```
>> x=1:31;  %x 表示横坐标，1~31 日
>> plot(x,temp) %以 x 为横坐标，temp 为纵坐标画图
>> grid on   %添加网格
>> xlabel('5 月'),ylabel('温度') %横坐标标题用 5 月表示，y 坐标标题
%用温度表示。
>> title('2015 年海口市 5 月温度报告分析') %添加标题
```

注意：使用 plot 画图时，横坐标与纵坐标的维度必须一致，否则出错。绘图在第 12、13 章进一步讨论。2015 年海口市 5 月温度报告分析，见图 8-1。

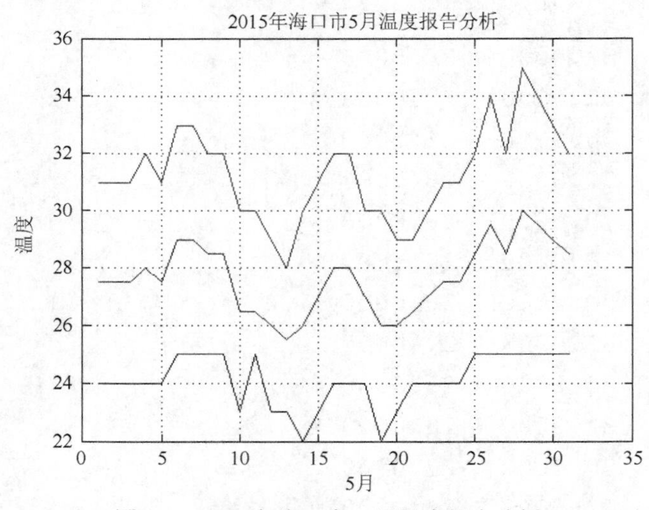

图 8-1　2015 年海口市 5 月温度报告分析

Matlab 提供了数据处理命令对数据进行分析，根据上面温度数据考虑以下命令。

```
>> avg_temp=mean(temp)
avg_temp =
          24.0968   31.2903   27.6613
```

mean 命令的功能是求各列平均值或样本均值，并赋值给变量 avg_temp，这里表明海口市 5 月份最高温度的平均温度在 31℃以上。

当输入的数据分析函数是行或列向量时，Matlab 仅对向量执行运算，返回一个标量。考虑每日温度与每日温度平均值之间的偏差问题，最直接的方法是使用 for-end 循环。

注意：不能从 temp 的 i 列中减去 avg_temp（i），因为 temp 是 31×3 矩阵，而 avg_temp 是 1×3 矩阵。

```
>> for i=1:3
pc(:,i)=temp(:,i)-avg_temp(i);
end
>> pc
pc =
   -0.0968   -0.2903   -0.1613
   -0.0968   -0.2903   -0.1613
   -0.0968   -0.2903   -0.1613
   -0.0968    0.7097    0.3387
   -0.0968   -0.2903   -0.1613
    0.9032    1.7097    1.3387
    0.9032    1.7097    1.3387
    0.9032    0.7097    0.8387
    0.9032    0.7097    0.8387
   -1.0968   -1.2903   -1.1613
    0.9032   -1.2903   -1.1613
   -1.0968   -2.2903   -1.6613
   -1.0968   -3.2903   -2.1613
   -2.0968   -1.2903   -1.6613
   -1.0968   -0.2903   -0.6613
   -0.0968    0.7097    0.3387
   -0.0968    0.7097    0.3387
   -0.0968   -1.2903   -0.6613
```

```
  -2.0968   -1.2903   -1.6613
  -1.0968   -2.2903   -1.6613
  -0.0968   -2.2903   -1.1613
  -0.0968   -1.2903   -0.6613
  -0.0968   -0.2903   -0.1613
  -0.0968   -0.2903   -0.1613
   0.9032    0.7097    0.8387
   0.9032    2.7097    1.8387
   0.9032    0.7097    0.8387
   0.9032    3.7097    2.3387
   0.9032    2.7097    1.8387
   0.9032    1.7097    1.3387
   0.9032    0.7097    0.8387
```

除了使用 for-end 循环外，还可以通过以下方法，例如：

```
>> pc=temp-avg_temp(ones(31,1),:)
pc =
  -0.0968   -0.2903   -0.1613
  -0.0968   -0.2903   -0.1613
  -0.0968   -0.2903   -0.1613
  -0.0968    0.7097    0.3387
  -0.0968   -0.2903   -0.1613
   0.9032    1.7097    1.3387
   0.9032    1.7097    1.3387
   0.9032    0.7097    0.8387
   0.9032    0.7097    0.8387
  -1.0968   -1.2903   -1.1613
   0.9032   -1.2903   -1.1613
  -1.0968   -2.2903   -1.6613
  -1.0968   -3.2903   -2.1613
  -2.0968   -1.2903   -1.6613
  -1.0968   -0.2903   -0.6613
  -0.0968    0.7097    0.3387
  -0.0968    0.7097    0.3387
  -0.0968   -1.2903   -0.6613
```

```
  -2.0968   -1.2903   -1.6613
  -1.0968   -2.2903   -1.6613
  -0.0968   -2.2903   -1.1613
  -0.0968   -1.2903   -0.6613
  -0.0968   -0.2903   -0.1613
  -0.0968   -0.2903   -0.1613
   0.9032    0.7097    0.8387
   0.9032    2.7097    1.8387
   0.9032    0.7097    0.8387
   0.9032    3.7097    2.3387
   0.9032    2.7097    1.8387
   0.9032    1.7097    1.3387
   0.9032    0.7097    0.8387
```

这种方法是使用Matlab矩阵操作，速度更快些。这里avg_temp（ones（31，1），：）表示复制avg_temp的第一行31次（且仅31次），创建一个31×3的矩阵，其第*i*列是avg_temp（i）。使得它与temp有同样的大小，当两者维数相同时，可以做减法。

为了求各列最大值，可以使用max命令，例如：

```
>> max_temp=max(temp)
max_temp =
          25    35    30
```

其作用是找出5月每列的最高温度。

```
>> [max_temp,x]=max(temp)
max_temp =
          25    35    30
x =
   6    28    28
```

其作用是找出每列温度的最高温度和出现最高温度的行下标 *x*。根据上式可知，当发生最高温度时，*x*标记每月中的日期。

```
>> min_temp=min(temp)
min_temp =
          22.0000   28.0000   25.5000
```

其作用是找出每列的最低温度。

```
>> [min_temp,n]=min(temp)
min_temp =
         22.0000   28.0000   25.5000
n =
   14    13    13
```

其作用是找出了每列温度的最低温度和出现最低温度时行下标 n。

为了求各列标准差，可以通过 std 命令求解，例如：

```
>> bzc=std(temp)
bzc =
   0.9076    1.6164    1.1929
```

其作用是找出 temp 的标准偏差。

```
>> rcbh=diff(temp)
rcbh =
        0         0         0
        0         0         0
        0    1.0000    0.5000
        0   -1.0000   -0.5000
   1.0000    2.0000    1.5000
        0         0         0
        0   -1.0000   -0.5000
        0         0         0
  -2.0000   -2.0000   -2.0000
   2.0000         0         0
  -2.0000   -1.0000   -0.5000
        0   -1.0000   -0.5000
  -1.0000    2.0000    0.5000
   1.0000    1.0000    1.0000
   1.0000    1.0000    1.0000
        0         0         0
        0   -2.0000   -1.0000
  -2.0000         0   -1.0000
   1.0000   -1.0000         0
   1.0000         0    0.5000
```

```
        0    1.0000    0.5000
        0    1.0000    0.5000
        0         0         0
   1.0000    1.0000    1.0000
        0    2.0000    1.0000
        0   -2.0000   -1.0000
        0    3.0000    1.5000
        0   -1.0000   -0.5000
        0   -1.0000   -0.5000
        0   -1.0000   -0.5000
```

上式的作用是计算每日高温之间的偏差，它描述了每日高温的变化有多大。例如，rcbh 的第一行是每月的第一天和第二天之间的日温度变化量。diff 命令的功能是求列向差分。

Matlab 里的数据分析是按面向列矩阵进行的。不同的变量存储在各列中，而每行表示每个变量的不同观测值。Matlab 统计函数除了以上命令外，其他常用的函数见表 8-1。

表 8-1　数据分析函数

函数	说明
corrcoef（x）	计算相关系数
cov（x）	协方差矩阵
cplxpair（x）	把向量分类为复共轭对
cross（x，y）	向量的向量（矢量）积
cumprod（x）	列累计积或求当前元素与前面所有元素的积
cumsum（x）	列累和或求梯形累和
cumtrapz	求梯形累和或用梯形法求积分
del2（A）	离散拉普拉斯算子
diff（x）	计算元素之间差
dot（x，y）	向量的点积或数量积
gradient（Z，dx，dy）	近似梯度
histogram（x）	直方图和棒图
max（x），max（x，y）	最大分量或最大值
mean（x）	均值或列的平均值或样本均值
Nanmean	求算术平均

续表

函数	说明
geomean	求几何平均
harmmean	求和谐平均
trimmean	求调整平均
median（x）	求中值
min（x），min（x，y）	最小分量或最小值
prod（x）	列元素的积
rand（x）	均匀分布随机数
randn（x）	正态分布随机数
sort（x）	按升序排列
std（x）	列的标准偏差或样本标准差
subspace（A，B）	两个子空间之间的夹角
sum（x）	各列的元素和或求累和
var	计算样本方差

【例 8.2】 已知某批灯泡的寿命服从正态分布$N(\mu,\sigma^2)$，现从中随机抽取 5 个灯泡进行寿命试验，测得的数据（单位：小时）如下：

1820，1560，1376，1638，1720

试估计参数μ和σ。

参考程序如下：

```
>> clear all
>> A=[1820,1560,1376,1638,1720];
>> m=mean(A)
m =
   1.6228e+003 %等价于 1622.8
>> s=var(A,1)
s =
   2.2684e+004
>> s^0.5
ans =
     150.6126
>> s2=std(A,1)
s2 =
    150.6126
```

从上式可以看出，两个估计值分别为 1.6228e+003 和 150.6126，采用的是二阶中心矩。

8.2 傅里叶分析函数

傅里叶分析是信号处理计算的基础，主要是对多信号进行频域处理，对于时域处理通常采用滤波和卷积等方法，Matlab 提供了许多函数对信号进行分析处理。表 8-2 给出了常用的函数。

表 8-2 数据分析处理函数

函数	说明
滤波和卷积	
filter	一维数字滤波
filter2	二维数字滤波
conv	卷积或多项式相乘
conv2	二维卷积
convn	n 维卷积
deconv	反卷积或多项式相除
傅里叶变换	
fft	离散傅里叶变换
ifft	离散傅里叶反（逆）变换
fft2	2 维离散傅里叶变换
ifft2	2 维离散傅里叶反变换
fftn	n 维离散傅里叶变换
ifftn	n 维离散傅里叶反变换
fftshift	将零延迟移到频谱中心

【例 8.3】 若给出一个信号：

$$x = \cos 200t + 2\sin 300t$$

求该信号在时间 t 为 [0,3] 区间的频谱特性。

参考程序如下：

```
>> t=0:0.001:3;
>> x=sin(200*t)+2*cos(300*t);
>> X=fft(x);
>> plot(abs(X) %函数 abs 求幅度，angle 函数求相位
>> axis([0,300,0,3000]) %0,300 表示横坐标的范围，0,3000 表示纵坐
%标的范围
```

该信号的频谱曲线（主要关心幅频特性）如图 8-2 所示。

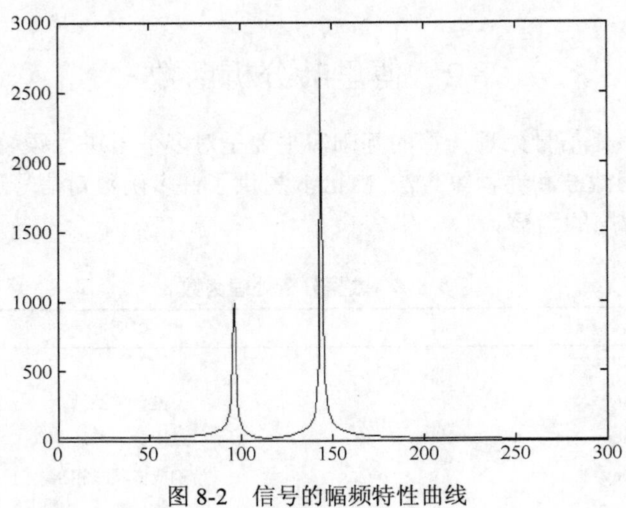

图 8-2　信号的幅频特性曲线

若对信号进行反变换，则

```
>>x=ifft (X);
```

对于其他数据分析函数，感兴趣的同学可以查看 Matlab 帮助。

第9章　多　项　式

9.1　根

Matlab 提供了求解多项式的根的方法，并提供了多项式运算。Matlab 中的多项式由一个行向量表示，系数按照降幂排序，包含零系数项和常数项，如多项式 $4x^5+12x^4+0x^3-x^2-3x+5$ 记为

```
>>coe=[4 12 0 -1 -3 5];
```

roots 函数用来求解多项式的根。

```
>>root=roots(coe)
root =
  -3.0150
  -0.5630 + 0.7169i
  -0.5630 - 0.7169i
   0.5705 + 0.4165i
   0.5705 - 0.4165i
```

由于 Matlab 中，无论是多项式或者它的根都由向量来表示，按照惯例多项式一般记为行向量、根一般记为列向量。因此，已知多项式的根，也可以构造出相应的多项式，采用 ploy 命令构造。

```
>>poly_1=poly(root)
poly_1 =
       1.0000    3.0000    0.0000   -0.2500   -0.7500
1.2500
```

构造的多项式与原多项式等价，相差倍数为 4，即 poly_1=4coe。

9.2　多项式乘法

考虑两个多项式 $4x^5+12x^4+0x^3-x^2-3x+5$ 和 $-7x^5+6x^4+2x^3-5x^2+0x+0$ 的乘积，可以用 conv 函数完成。

```
>>coe_1=[4 12 0 -1 -3 5];coe_2=[-7 6 2 -5 0 0];
>>poly_pro=conv(coe_1,coe_2)
```

```
poly_pro =
   -28   -60    80    11   -45   -55    29    25   -25     0     0
```

即得到的乘积多项式为$-28x^{10}-60x^9+80x^8+11x^7-45x^6-55x^5+29x^4+25x^3-25x^2$。如果两个以上的多项式相乘，需要重复使用 conv 命令。

9.3　多项式加法

如果两个多项式最高次数相同，直接采用数组相加的方法就能完成，如多项式 $4x^5+12x^4+0x^3-x^2-3x+5$ 和$-7x^5+6x^4+2x^3-5x^2+0x+0$ 相加。

```
>>coe_add=coe_1+coe_2
coe_add =
   -3    18     2    -6    -3     5
```

得到$-3x^5+18x^4+2x^3-6x^2-3x+5$，减法同理。但是如果两个最高次数不同的多项式相加，就需要将次数低的多项式前面补零，构造一个较高次数的多项式，如 $4x^5+12x^4+0x^3-x^2-3x+5$ 和 $2x^3-5x^2+0x+0$ 相加。

```
>>coe_3=[0 0 2 -5 0 0];
>>coe_add=coe_1+coe_3
coe_add =
     4    12     2    -6    -3     5
```

得到多项式 $4x^5+12x^4+2x^3-6x^2-3x+5$。

9.4　多项式除法

一个多项式除以另一个多项式，Matlab 中采用 deconv 函数。

```
>>[quo, rem]=deconv(poly_pro,coe_1)
quo =
    -7     6     2    -5     0     0
rem =
     0     0     0     0     0     0     0     0     0     0     0
```

得到的多项式正好为$-7x^5+6x^4+2x^3-5x^2+0x+0$，余数为 0。

9.5　微　　分

Matlab 中对多项式求微分采用 polyder 函数，例如：

```
>>poly_diff=polyder(poly_pro)
```

```
poly_diff =
  -280  -540   640    77  -270  -275   116    75   -50     0
```

即微分后的多项式为：

$-280x^9-540x^8+640x^7+77x^6-270x^5-275x^4+116x^3+75x^2-50x$

9.6 多项式数值

如果想计算和观察自变量 x 在一定区间内，对应的因变量多项式的值，有，

```
>>x=linspace(-3,3,100);
>>coe_y=[1 -4 -4 0 6];
>>y=polyval(coe_y,x);
>>plot(x,y),title('x^4-4x^3-4x^2+6'),xlabel('x'),ylabel('y');
```

运行结果如图 9-1 所示。

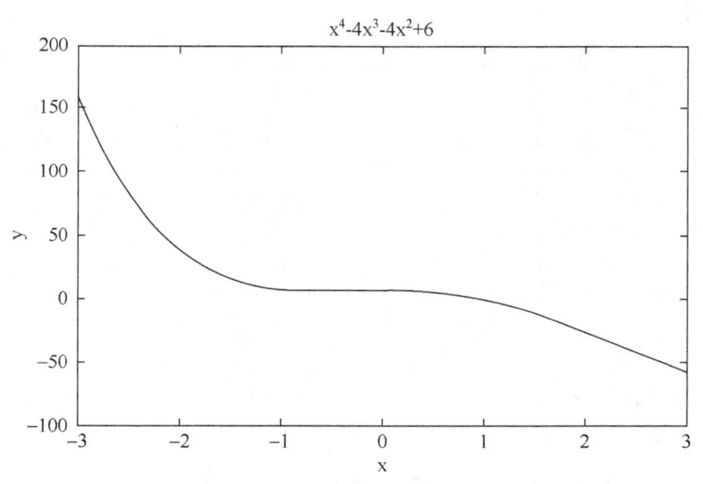

图 9-1 区间[−3, 3]内多项式 $x^4-4x^3-4x^2+6$ 的值

9.7 部分分式展开

在很多应用中，如傅里叶变换、拉普拉斯变换和 Z 变换，都会用到有理多项式或两个多项式的比，它们将由分子多项式和分母多项式表示，例如：

```
>>num=3*[1 3 1];  %分子多项式 3x^2+9x+3
>>dem=[4 -1 9 8];  %分母多项式 4x^3-x^2+9x+8
>>[rem, pole, k]=residue(num, dem)
rem =
```

```
  0.4304 - 0.5978i
  0.4304 + 0.5978i
 -0.1107
pole =
  0.4700 + 1.6364i
  0.4700 - 1.6364i
 -0.6900
k =
     []
```

如例子所示，residue 函数执行部分分式展开运算。得到的余数为 rem，极点为 ploe 和常数项 k，即

$$\frac{3x^2+9x+3}{4x^3-x^2+9x+8}=\frac{0.4304-0.5978\mathrm{i}}{x-(0.4700+1.6364\mathrm{i})}+\frac{0.4304+0.5978\mathrm{i}}{x-(0.4700-1.6364\mathrm{i})}+\frac{-0.1107}{x+0.6900}+0 \quad (9\text{-}1)$$

执行逆向操作，则

```
>>[n, d]=residue(rem, pole,k)
n =
   0.7500    2.2500    0.7500
d =
   1.0000   -0.2500    2.2500    2.0000
>>roots(d)
ans =
  0.4700 + 1.6364i
  0.4700 - 1.6364i
 -0.6900
```

应用 polyder 对有理多项式求导，例如：

```
>>[m,l]=polyder(num,dem)
m =
  -12   -72     0    54    45
l =
   16    -8    73    46    65   144    64
```

即

$$\frac{\mathrm{d}}{\mathrm{d}s}\left[\frac{3x^2+9x+3}{4x^3-x^2+9x+8}\right]=\frac{-12x^4-72x^3+54x+45}{16x^6-8x^5+73x^4+46x^3+65x^2+144x+64} \quad (9\text{-}2)$$

第10章　数 学 分 析

在科学计算与工程分析中，常会遇到某个函数在进行积分、微分或解析时由于其特殊性，如函数存在间断点，难以确定一些特殊的值，这时候可以借助 Matlab 语言中的函数或间接进行近似计算得到所需的结果，这种方法称为数值分析。

10.1　极限、导数与微分

在工程计算中，如高等数学等，经常会遇到极限、导数与微分问题。这些问题主要研究某些函数随自变量的变化趋势与相应变化率。由于有些函数的特殊性，无法按照常规方法进行求解，本节利用 Matlab 语言来解决这些问题。

10.1.1　极限

极限是高等数学中的基本问题，在工程分析中，往往比较复杂且容易出错，此时，用 Matlab 提供的 limit 函数将使问题得到迅速解决。limit 函数常用的格式见表 10-1。

表 10-1　limit 函数常用格式

函数	说明
limit（f，x，a）或 limit（f，a）	求函数 f 在自变量 x 趋近于 a 时的极限
limit（f）	求函数 f 在默认自变量趋近于 0 时的极限
limit（f，x，a，'right'）	求函数 f 在自变量 x 趋近于 a^+ (右) 时的极限
limit（f，x，a，'left'）	求函数 f 在自变量 x 趋近于 a^- (左) 时的极限

【例 10.1】　求极限

$$\lim_{x\to 0}\frac{\ln(1+x)}{x},\lim_{x\to 0^+}\frac{1}{x^2},\lim_{x\to 0^-}\frac{1}{x},z=\lim_{x\to 0}\sin(x+2y)$$

参考程序分别为

```
>> format compact
>> syms x; %定义符号变量 x
>> limit(log(1+x)/x,x,0)
```

```
ans =
1
>> syms x
>> limit(1/x^2,x,0,'right')
ans =
Inf  %无穷大
>> syms x
>> limit(1/x,x,0,'left')
ans =
-Inf  %负无穷大
>> syms x y %定义多个符号变量中间用空格隔开
>> limit(sin(x+2*y)) %未指定自变量
ans =
sin(2*y)    %默认自变量为 x
```

当符号表达式中变量未指定时（自变量或独立变量具有唯一性），Matlab 将按缺省原则确定独立变量，其规则如下：

（1）因为 i 和 j 是虚单位，它们不能作为独立变量。

（2）表达式中有 x 作为符号变量时，x 就是独立变量。

（3）表达式中没有 x 作为符号变量时，就从表达式中挑选首字母最靠近 x 的符号变量作为独立变量。当表达式中有与 x 前后等距离的两个字母符号变量时，选择排序在 x 后面的变量作为独立变量。如表达式中没有 x，且同时有 w，y 两个符号变量，则 y 被认为是独立变量。

求多个自变量的极限问题时，如 $\lim\limits_{(x,y)\to(0,0)}\dfrac{e^x-\cos x}{e^{-y}+\sin x}$，则

```
>> syms x y
>> f=((exp(x)-cos(x))/(exp(-y)+sin(x)));
>> limit(limit(f,x,0),y,0)
ans =
     0
```

10.1.2 导数与微分

导数是工程数学中用来描述各种各样的变化率问题，不仅可以通过导数定义与 limit 函数进行求解，也可以通过 Matlab 提供的 diff 函数来求解。其常用格式见表 10-2。

表 10-2　diff 函数常用格式

函数	说明
diff（f）	对函数 f 的默认独立变量（下同）求 1 阶导数或微分
diff（f，n）	求函数 f 的 n 阶导数或微分
diff（f，x，n）	求多元函数 f 对 x 的 n 阶导数或微分

【例 10.2】　求下面函数的导数

$$f=\begin{bmatrix} x\mathrm{e}^x & x^2 \\ \mathrm{y}\cos(x) & 0 \end{bmatrix},\begin{cases} x=a\cos t \\ y=b\sin t \end{cases},g(x)=\sqrt{\mathrm{e}^x+x\sin x},h=(\frac{x\mathrm{e}^y}{y})^2$$

参考程序分别为

```
>> syms x y
>> f=[x*exp(x),x^2;y*cos(x),0]
f =
[ x*exp(x), x^2]
[ y*cos(x),   0]
>> diff(f)
ans =
[ exp(x) + x*exp(x), 2*x]
[         -y*sin(x),   0]
>> diff(f,y)
ans =
[      0, 0]
[ cos(x), 0]

>> syms a b t
>> f1=a*cos(t);f2=b*sin(t);
>> diff(f2)/diff(f1)%按参数方程求导公式求 y 对 x 的导数
ans =
-(b*cos(t))/(a*sin(t))
>> (diff(f1)*diff(f2,2)-diff(f1,2)*diff(f2))/(diff(f1))^3
%求 y 对 x 的二阶导数
ans =
-(a*b*cos(t)^2 + a*b*sin(t)^2)/(a^3*sin(t)^3)
```

```
>> syms x
>> g=(exp(x)+x*sin(x))^(1/2);
>> diff(g)
ans =
(exp(x) + sin(x) + x*cos(x))/(2*(exp(x) + x*sin(x))^(1/2))
>> diff(g,x,2)
ans =
(2*cos(x) + exp(x) - x*sin(x))/(2*(exp(x) + x*sin(x))^(1/2))
- (exp(x) + sin(x) + x*cos(x))^2/(4*(exp(x) + x*sin(x))^(3/2))

>> syms x y
f=x*exp(y)/y^2;
diff(f,x)% f对x的偏导数
diff(f,y)% f对y的偏导数
ans =
exp(y)/y^2
ans =
(x*exp(y))/y^2 - (2*x*exp(y))/y^3
```

10.2　定积分与不定积分

在高等数学中，通常采用牛顿-莱布尼茨法求已知函数的积分，但实际的工程应用中，大多数情况下，无法确定积分函数，或者函数的表达式非常复杂，无法对函数进行整体性状态研究，因此，Matlab 提供了 int 函数对函数进行积分计算，其常用的格式见表 10-3。

表 10-3　int 函数常用格式

函数	说明
int（f）	按 findsym 函数指定的默认变量 f 求不定积分
int（f，x）	以 x 为自变量，求不定积分，下同
int（f，a，b）	计算函数 f 在区间 $[a,b]$ 上的定积分
int（f，x，a，b）	求函数 f 关于 x 在区间 $[a,b]$ 上的定积分

【例 10.3】　求下列不定积分与定积分

$$\int e^x dx,\ \int \sin(xz+y-1)dx,\ \int_0^1 \sqrt{\frac{1}{1+x}}dx,\ \int_0^\infty \frac{1}{(1+e^x)^2}dx$$

参考程序如下：

```
>> syms x
>> f1=exp(x);
>> int(f1)
ans =
     exp(x)

>> syms x z y
>> f2=sin(x*z+y-1);
>> int(f2)
ans =
     -cos(y + x*z - 1)/z

>> syms x
>> f3=sqrt(1/(1+x));
>> int(f3,0,1)
ans =
    2*2^(1/2) - 2

>> syms x
>> f4=1/((1+exp(x))^2);
>> int(f4,0,inf)
ans =
     log(2) - 1/2
```

10.3　数值积分

在科学计算和工程应用中，经常遇到应用牛顿-莱布尼茨公式无法求解积分问题，如被积函数的原函数不能用初等函数表示或只能用离散函数表示。因此，在许多实际问题中，往往采用数值方法求函数的积分。常用的数值积分的实现方法有：基于变步长辛普森法（相应的Matlab函数：quad和quadl函数）和梯形法积分法（相应的Matlab函数：trapz）。

10.3.1　quad和quadl函数

quad和quadl函数的常用格式为

```
[I,n]=quad(fun,a,b,tol,trace)
[I,n]=quadl(fun,a,b,tol,trace)
```

其中，fun 为被积函数名。a 和 b 分别是积分的下限和上限。tol 用来控制积分精度，默认时为10^{-6}。trace 为是否展现积分过程，默认为 0，表示不展现，非零为展现。返回参数 I 即定积分值，n 为被积函数的调用次数。

【例 10.4】 分别用 quad 和 quadl 函数求$\int_0^{2\pi} e^{-0.5x}\sin(x+\frac{\pi}{6})dx$的近似值，在积分精度相同的情况下比较函数的调用次数。

```
>> format long
>> f1=inline('exp(-0.5*x).*sin(x+pi/6)'); %inline 为内联函数
>> [I,n]=quad(f1,0,2*pi,1e-10)
I =
  0.854238058563790
n =
  293
>> [I,n]=quadl(f1,0,2*pi,1e-10)
I =
  0.854238058564004
n =
  168
```

上例结果说明，在精度为10^{-10}时，quad 函数调用的次数为 293 次，明显大于 quadl 函数的调用次数，因此，quadl 函数的效率明显高于 quad 函数，且精度高。

10.3.2 trapz 函数

在实际应用中，函数关系往往是不确定的，即只有实验测定的一组样本点和样本值，如关于天气预报的函数。此时，无法使用 quad 和 quadl 函数计算定积分。Matlab 提供了 trapz 函数求解这类定积分问题。其语法规则如下：

```
I=trapz(x,y)
```

其中，向量 x 和 y 定义函数关系 $y=x$，x 和 y 是两个等长的向量。

函数 trapz 是通过若干梯形面积的和来近似求函数的积分。

【例 10.5】 用 trapz 函数求在区间 $x\in(0,2)$ 上，计算 y=humps(x) 下面的

面积。

humps 函数为 Matlab 自带函数，见图 10-1。相关代码如下：

```
>> fplot(@humps,[0,2]);
hold on
grid on
>> x=0:0.1:2;
>> y=humps(x);
>> s=trapz(x,y)
s =
  29.391062860086315
>> x=0:0.01:2;
>> y=humps(x);
>> s=trapz(x,y)
s =
  29.325678021411143
```

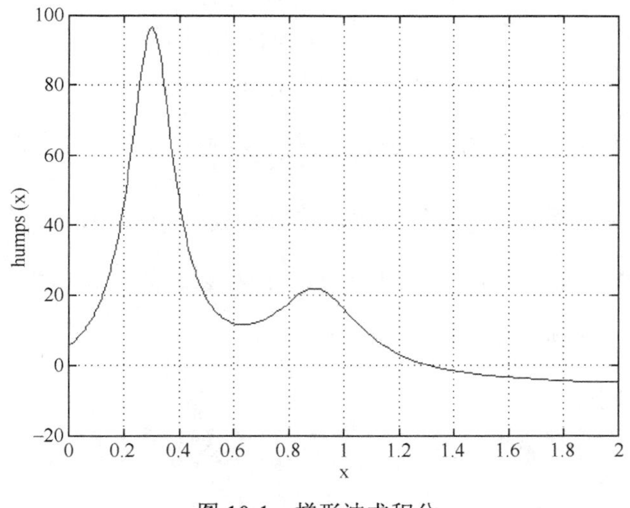

图 10-1　梯形法求积分

从上述计算可知，两个结果不同。梯形法是一种近似求面积的方法，若我们能以某种方式改变单个梯形的宽度，以适应函数的特性，即当函数变化快时，使得梯形的宽度变窄，这样就能得到更精确的结果。

数值积分通常都采用最小二乘曲线拟合对实验获得数据进行微分，然后对所得的数据进行微分，或则采用三次样条拟合等方法，关于数值微分求解，我们将在曲线拟合章节进行描述。

10.4　常微分方程

Matlab 求解常微分方程调用的 dsolve 函数，其语法规则如下：

```
r=dsolve('equ')
r=dsolve('equ','v')
r=dsolve('equ1,equ2,…','v'):
r=dsolve('equ','cond1,cond2,…','t')
r=dsolve('equ1,equ2,…','cond1,cond2,…','v')
```

其中 equ 为给定的常微分方程（组），v 为给定的常微分方程的指定符号自变量，默认变量为 t。“cond1，cond2，…”表示常微分方程中给定的边界条件。

dsolve 函数还可以求得常微分方程的通解，以及给定边界条件（或初始条件）后的特解。

（1）初始和边界条件由字符串表示：

$$\begin{cases} y(a)=b \\ \mathrm{D}y(a)=b \\ \mathrm{D}2y(a)=b \end{cases} \Leftrightarrow \begin{cases} y(x)|_{x=a}=b \\ y'(x)|_{x=a}=b \\ y''(x)|_{x=a}=b \end{cases}$$

（2）在微分方程的表达式中，大写字母D表示对自变量的微分算子，如 $\mathrm{D}y=\frac{\mathrm{d}y}{\mathrm{d}t}$ 表示 y 对 t 的一阶导数，$\mathrm{D}2y=\frac{\mathrm{d}^2y}{\mathrm{d}t^2}$ 表示二阶导数，同理，$\mathrm{D}ny=\frac{\mathrm{d}^ny}{\mathrm{d}t^n}$ 表示 n 阶导数，微分算子 D 后面的字母 y 表示因变量，即待求解的未知函数。

【例 10.6】　求解微分方程 $\frac{\mathrm{d}^2y}{\mathrm{d}x^2}+2x=2y$。

参考程序如下：

```
>> y=dsolve('D2y+2*x=2*y','x')
y =
x + C2*exp(2^(1/2)*x) + C3/exp(2^(1/2)*x)
```

注意：其中 C1，C2，…，Cn 等，表示任意常数，y 表示微分方程的通解。

【例 10.7】　求解微分方程 $xy''+y'=x^{\frac{1}{2}}$，其中，边界条件 $y(1)=1$，$y(2)=2$。

参考程序如下：

```
>> y=dsolve('x*D2y+Dy=x^(1/2)','y(1)=1,y(2)=2','x')
```

```
y =
(4*x^(3/2))/9 - (log(x)*(8*2^(1/2) - 13))/(9*log(2)) + 5/9
```

其中，y 表示微分方程的特解。

【例 10.8】　已知微分方程组

$$\begin{cases}\dfrac{\mathrm{d}x}{\mathrm{d}t}+3x-y=0\\ \dfrac{\mathrm{d}y}{\mathrm{d}t}-8x+y=0\end{cases}$$

边界条件为 $x|_{t=0}=1$， $y|_{t=0}=4$，求解此方程组。

参考程序如下：

```
>> S=dsolve('Dx+3*x-y=0,Dy-8*x+y=0','x(0)=1,y(0)=4');
>> S.x   %显示 x 的解
ans =
     exp(t)
>> S.y   %显示 y 的解
ans =
     4*exp(t)
```

10.5　多元函数分析与多重积分

本节主要对 Matlab 求解多元函数偏导、方向导数、二重积分和三重积分等问题。

10.5.1　多元函数分析

Matlab 提供了 jacobian 函数求解多元函数的偏导和方向导数问题。其语法规则如下：

```
jacobian(f,v)
```

若 v 为标量时，计算的是 f 的偏导数。

【例 10.9】　计算多元函数 $f(x,y,z)=2x^2-(y-1)^2+\cos z$ 的偏导数。

参考程序如下：

```
>> clear all
>> syms x y z
>> f=2*x^2-(y-1)^2+cos(z);
>> v=[x,y,z];
```

```
>> jacobian(f,v)
ans =
     [4*x, 2 - 2*y, -sin(z)]
```

【例 10.10】 计算多元函数 $f(x,y,z)=2x^2-(y-1)^2+z^2+xyz$ 沿 $v=(1,2,3)$ 的方向导数。

参考程序如下：

```
>> clear all
>> syms x y z
>> f=2*x^2-(y-1)^2+z^2+x*y*z;
>> v=[x,y,z];
>> u=jacobian(f,v);
>> v1=[1,2,3];
>> u.*v1
ans =
     [4*x + y*z, 2*x*z - 4*y + 4, 6*z + 3*x*y]
```

10.5.2 多重积分

对一元函数进行定积分，其积分范围为某个区间，而对于二元函数或三元函数，其积分范围是平面的某个区域或空间中的某个区域。Matlab 提供了 dblquad 函数或 int 函数对二元函数进行定积分。对于三重积分往往采用 triplequad 函数，int 函数求解较为复杂。dblquad 函数和 triplequad 函数的语法规则如下：

```
q=dblquad(fun,xmin,xmax,ymin,ymax,tol)
p=triplequad(fun,a,b,c,d,e,f,tol)
```

其中，fun 为被积函数，[a, b]为 x 的积分区域，[c, d]为 y 的积分区域，[e, f]为 z 的积分区域，参数 tol 的用法与 quad 相同。

【例 10.11】 计算 $\int_0^{\pi}\int_{\pi}^{2\pi}(x\cos y+y\sin x)\mathrm{d}x\mathrm{d}y$ 。

参考程序如下：

```
>> syms x y
>> f=inline('x*cos(y)+y*sin(x)','x','y');
>> dblquad(f,pi,2*pi,0,pi)
ans =
```

```
    -9.8696
```

除了以上方法外，可以不需要 inline 内联函数，例如：

```
>> syms x y
global k;
k=0;
k=k+1;
f= x*cos(y)+y*sin(x);
dblquad(@f1,pi,2*pi,0,pi)
k
ans =
    -9.8696
k =
   493
```

【例 10.12】 计算三重定积分 $\int_0^1\int_0^\pi\int_0^\pi 4xz\mathrm{e}^{-z^2y-x^2}\mathrm{d}x\mathrm{d}y\mathrm{d}z$ 。

参考程序如下：

```
>> fxyz=inline('4*x.*z.*exp(-z.*z.*y-x.*x)','x','y','z')
triplequad(fxyz,0,pi,0,pi,0,1,1e-7)
fxyz =
    Inline function:
    fxyz(x,y,z) = 4*x.*z.*exp(-z.*z.*y-x.*x)
ans =
     1.7328
```

第 11 章　工具和颜色的使用

11.1　低级 I/O 工具

对于大多数用户来说，Matlab 中 load 和 save 函数为载入和存储数据提供了一般的应用。利用扩展名.mat 的文件，load 和 save 函数假定数据是与平台无关的二进制格式，或者称为 flat 的简单 ASCII 文件格式。当 flat ASCII 或.mat 文件这两种格式不能满足用户的要求时，Matlab 还提供了基于 C 语言实现的低级输入（Input）和输出（Output）函数。

用这些低级文件 I/O 函数，用户可以载入和存储任意文件格式。例如，如果用户知道数据库文件和数据表格文件格式，就可以把这些数据读入到 Matlab 的矩阵中去；相应地也可以输出和创建数据库文件和数据表格文件。低级文件 I/O 函数见表 11-1。

表 11-1　低级文件 I/O 函数

函数	说明
fclose	关闭文件
feof	测试文件结束
ferror	查询文件的 I/O 错误状态
fgetl	读文件的行，忽略回行符
fgets	读文件的行，包括回行符
fopen	打开文件
fprintf	把格式化数据显示到屏幕或写到文件中
fread	从文件中读取二进制数据
frewind	返回到文件开始
fscanf	从文件中读取格式化数据
fseek	设置文件位置指示符
ftell	获取文件位置指示符
fwrite	把二进制数据写到文件里

11.2　调 试 工 具

Matlab 提供了一些函数和方法用来调试程序，以发现各种错误或故障（bug）。在编写 Matlab 程序时，往往出现两类错误：语法错误和运行错误。例如，

Matlab 计算一个表达式的值或一个函数被编译到内存时会发生无法运行的错误，Matlab 会立即标识出这个错误，提供错误的类型、发生错误的行数等信息以便用户快速定位错误位置。

如果出现运行错误，Matlab 往往将控制权返回给命令窗口和工作空间，意味着 Matlab 交出了对函数空间的访问权，因此，用户不能询问函数工作空间中的内容以排除问题。

提供几种常用的调试函数或 M 文件的方法，对于简单的问题可直接使用下列 5 种方法。

（1）去掉文件中所选择的行的分号，使得中间结果在命令窗口显示。

（2）在文件中加入显示感兴趣的变量的语句。

（3）把 Keyborad 命令放在文件中所选择的地方，给键盘暂时控制权，可以查询函数空间并按需要改变其值。

（4）在 M 文件开始，在 function 语句前加上“%”，将函数 M 文件变成脚本 M 文件，当 Matlab 执行该脚本 M 文件时，该空间就是 Matlab 工作空间，当发生错误时就可以询问。

（5）当 M 文件很长，包括递归调用或者多次嵌套时，可以采用下列 Matlab 的调试函数，见表 11-2。

表 11-2　Matlab 调试函数

函数	说明
dbclear	取消断点
dbcont	在断点后恢复运行
dbdown	工作空间下移
dbquit	退出调试模式
dbstack	显示函数调用堆栈
dbstatus	列出所有的断点
dbstep	执行一行或多行语句
dbstop	设置断点
dbtype	列出带行号的 M 文件
dbup	工作空间上移

11.3　颜色的使用

Matlab 提供了许多数据可视化函数，对于图形来说，图像的颜色和效果能直观地反映数据信息。本章主要讨论颜色的表示、色图、颜色渲染和光照模型等。

11.3.1　颜色的表示

Matlab 除了用字符表示颜色外，还可以用颜色映象的数据结构来代表颜色值。颜色映象定义为一个有三列和若干行的矩阵，矩阵元素是[0, 1]之间的实数，矩阵的每一行定义了一种颜色的一个 RGB 向量。任一行的数字都指定了一个 RGB 值，即红、绿、蓝三种颜色的相对强度，形成一种特定的颜色。表 11-3 列出了几种常见颜色的 RGB 值。

表 11-3　颜色的 RGB 值

Red（红）	Green（绿）	Blue（蓝）	颜色	字符表示
0	0	0	黑	k
1	1	1	白	w
1	0	0	红	r
0	1	0	绿	g
0	0	1	蓝	b
1	1	0	黄	y
1	0	1	品红	m
0	1	1	青色	c
0.67	0	1	天蓝	
1	0.5	0	橘黄	
0.5	0	0	深红	
0.5	0.5	0.5	灰色	

Matlab 提供了几种函数产生预定的标准颜色映象，见表 11-4。

表 11-4　标准颜色映象

函数名	说明
hsv	两端为红的饱和色值
hot	从黑、红、黄、白浓淡色
cool	青蓝和品红的色度
pink	粉红的彩色度
gray	线性灰度
bone	带一点蓝色的灰度
jet	蓝头红尾饱和色值
copper	线性铜色度
prism	光谱交错色
flag	红色、白色、蓝色和黑色交错色

标准颜色映象（或称为色图 color map）是 Matlab 系统引入的概念，色图是 $m\times3$ 的数值矩阵，它的每一行是 RGB 三元组。色图的维数由函数调用格式决定，如 hot(m) 产生一个 $m\times3$ 的矩阵（在默认情况下，各个色图产生一个 64×3 的矩阵，即使用了 64 种颜色对 RGB 进行描述。该函数都接受一个参量来指定所产生矩阵的行数），它包含的 RGB 颜色值的范围从黑经过红、橘红和黄，最后到白。

对于大多数计算机来说，一个 8 位的查色表一次可以显示 256 种颜色（有些计算机的显卡可以显示更多的颜色）。即在不同的图中，一般一次可以用三或四个 64×3 的色图。如果使用了更多的色图输入项，计算机必须经常在它的查色表中调出输入项。例如，在画 Matlab 图形时背景图案发生了变化，说明该计算机显卡不能显示更多的颜色。因此，色图输入项数最好小于 256。

11.3.2　色图的使用

Matlab 提供了图形窗口色图的设置和改变函数 colormap，其基本格式为

```
colormap([R G B])
colormap('default')
cmap=colormap %获取当前色的调配矩阵
```

其中，***m*** 代表色图矩阵。

函数 colormap（m）将矩阵 ***m*** 作为当前图形窗口的色图。例如，colormap（cool）表示一个有 64 个输入项的 cool 色图。默认的色图为 hsv。

大多数的绘图函数，如 mesh、surf、fill、pcolor 和它们的各种变形函数，使用当前的色图。而 plot、plot3、contour 和 contour3 函数不使用色图，若要显示则必须加入相应的颜色参量。颜色参量通常采用以下三种形式。

（1）字符串。代表 plot 颜色或线型表中的一种颜色，如'r'代表红色。

（2）三个输入的行向量。它代表一个单独的 RGB 值，比如[.25 .50 .75]。

（3）矩阵。如果颜色参量是一个矩阵，其元素作了调整，并把它们用作当前颜色映象的下标。

这三种形式将在后面章节二维图形中加以描述。

11.3.3　色图的显示

色图的显示有多种方法，其中一种是观察色图矩阵的元素。例如：

```
>> hot(4)
```

```
ans =
   1.0000        0        0
   1.0000   1.0000        0
   1.0000   1.0000   0.5000
   1.0000   1.0000   1.0000
```

第一行数据代表显示红色，最后一行代表白色。另外，pcolor 函数可以显示一个色图。例如：

```
>> n=21;
>> colormap(jet(n))
>> pcolor([1:n+1;1:n+1])
```

输出结果如图 11-1 所示。

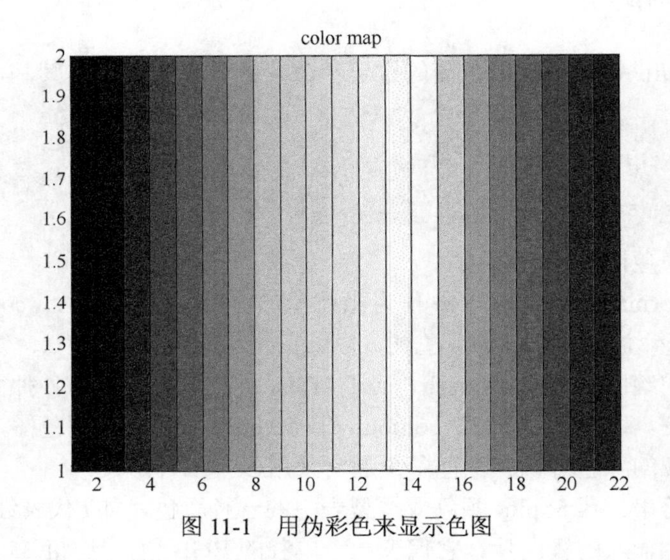

图 11-1　用伪彩色来显示色图

另一种方法是使用 rgbplot 函数，它可以把色图的各列分别画成红色、绿色和蓝色。例如：

```
>> rgbplot(hot)
```

输出结果如图 11-2 所示。

图 11-2 从左到右分别显示红色、绿色和蓝色，其分量依次增加。另外，rgbplot（gray）表示所有三列数据均匀线性地增加，即三条线重叠，显示一条直线。

在 Matlab 中，画色轴的 colorbar 函数，可以在当前的图形窗口中增加水平或

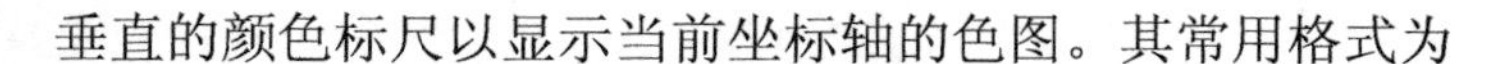
垂直的颜色标尺以显示当前坐标轴的色图。其常用格式为

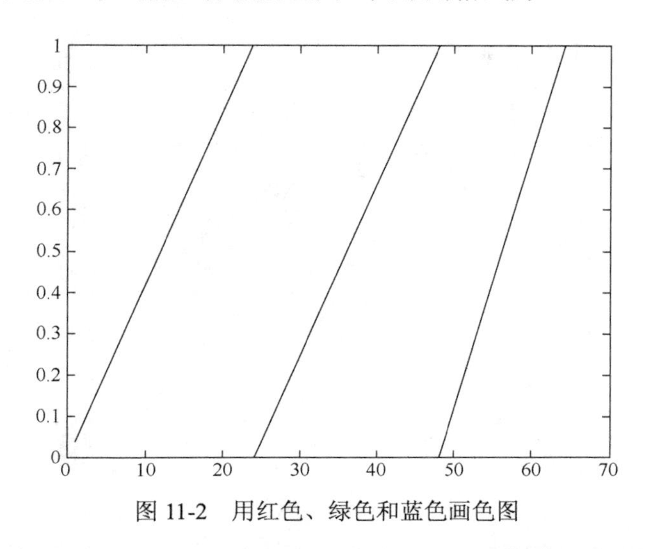

图 11-2　用红色、绿色和蓝色画色图

```
colorbar    %如果当前没有色轴就加一个垂直的色轴，或者更新现有的色轴
colorbar('vert')  %在当前的图形右边放一个垂直色轴
colorbar('horiz') % 在当前的图形下面放一个水平的色轴
colorbar(h) %在 h 指定的位置放置色轴，若图形宽度大于高度，则将色轴水
%平放置
h=colorbar(...)%返回一个指定色轴的句柄
```

例如：

```
>> [x,y,z]=peaks;
>> mesh(x,y,z);
>> colormap(hsv)
>> axis([-3,3,-3,3,-8,8])
>> colorbar
```

输出结果如图 11-3 所示。

11.3.4　色图的建立与修改

色图本身是矩阵，因此，可以与其他矩阵一样对它进行操作。在 Matlab 中，brighten 函数是通过调整一个给定的颜色映象来增加或减少暗色的强度，即控制色图的明暗。其基本格式为

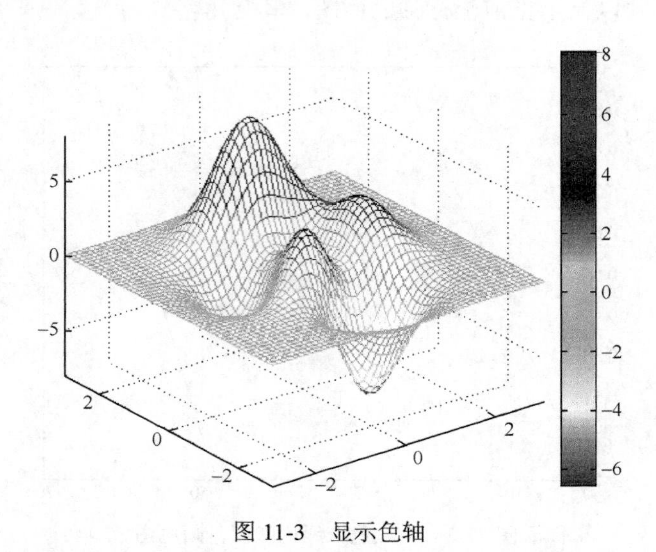

图 11-3　显示色轴

```
brighten(n) %增强或减弱色图的色彩强度，若0<n≤1，当前色图增强。若
%-1≤n<0，则使它减弱。若将 brighten(n)后加一个 brighten(-n)可使色
%图恢复原来状态
brighten(h,n)%增强或减弱句柄 h 指向的对象的色彩强度
newmap=brighten(n)%命令创建一个比当前 s 色图增强或者减弱的新的色图
newmap=brighten(cmap,n)%对指定的颜色映象创建一个已调整过的式样，
%而不影响当前的色图或指定的色图 cmap
```

【例 11.1】　观察山峰函数色图的变化。

参考程序如下：

```
>> figure(1);
>> surf(peaks);
>> title('原色图');
>> figure(2);
>> surf(peaks),brighten(-0.9)
>> title('色图减弱')
>> figure(3);
>> surf(peaks),brighten(0.9)
>>  title('色图增强');
```

输出结果如图 11-4 所示。

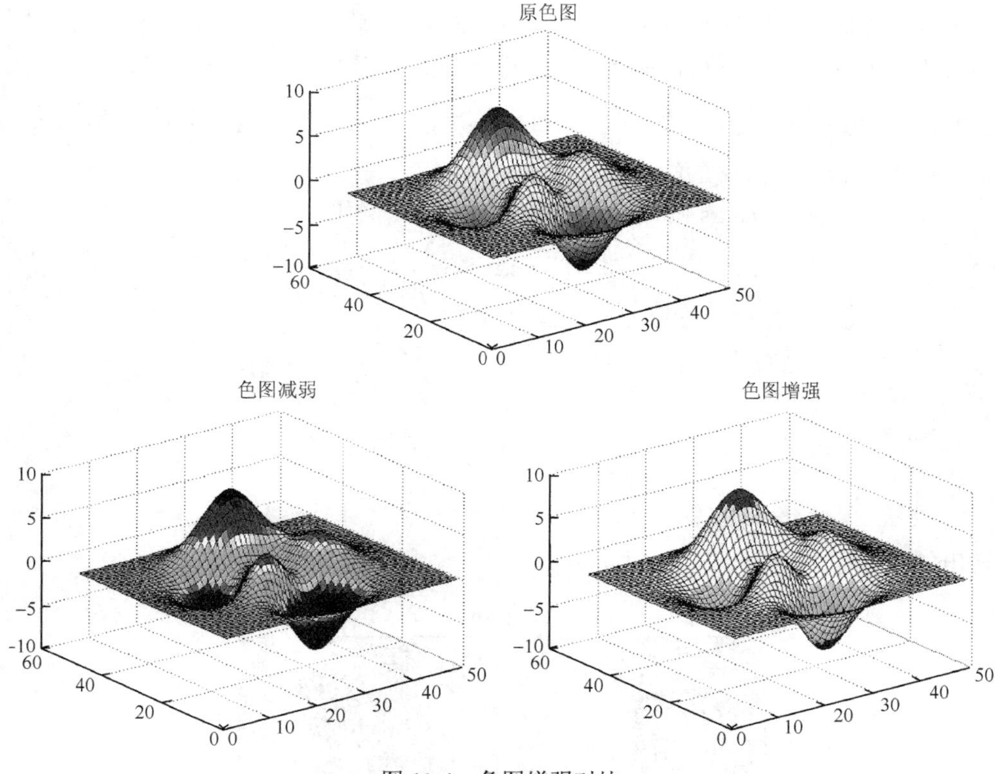

图 11-4　色图增强对比

一个色图定义了用于绘制图形的调色板。一个缺省的色图允许对数据使用 64 种不同的 RGB 值。Matlab 使用 caxis 函数控制着对应色图的数据值的映射图。

通常，色图进行调节，把数据从最小扩展到最大，即整个色图都用于绘图，也可以改变需要使用的颜色。caxis 函数将变址的颜色数据与颜色数据映射设置为 scaled，改变颜色的使用方法。该函数的基本格式为

```
[cmin,cmax]=caxis
```

返回映射到颜色映象中第一和最后输入项的最小和最大的数据。它们通常被设成数据的最小值和最大值。例如，mesh（peaks）函数会画出 peaks 函数的网格图，并把颜色轴 caxis 设为[−6.5466，8.0752]，即 Z 的最小值和最大值。这些值之间的数据点，使用从色图中经插值得到的颜色。

```
caxis([cmin,cmax])
```

对 cmin 和 cmax 范围区内的数据使用整个色图。比 cmax 大的数据点用与 cmax 值相关的颜色绘图，比 cmin 小的数据点用与 cmin 值相关的颜色绘图。如果 cmin

小于 min（data）和（或）cmax 大于 max（data），那么与 cmin 和（或）cmax 点相关的颜色将永远用不到。也就是，只用到和数据相关的那一部分色图。

```
caxis( 'auto')
```

设置 cmin 和 cmax 的缺省值。

图 11-5 显示了 caxis 函数对色图颜色的改变，例如：

```
>> pcolor([1:22;1:22]),colormap(hsv(4))
>> title('默认的颜色范围')
>> caxis('auto')
>> colorbar
>> caxis
ans =
    1    22
```

输出结果如图 11-5 所示。

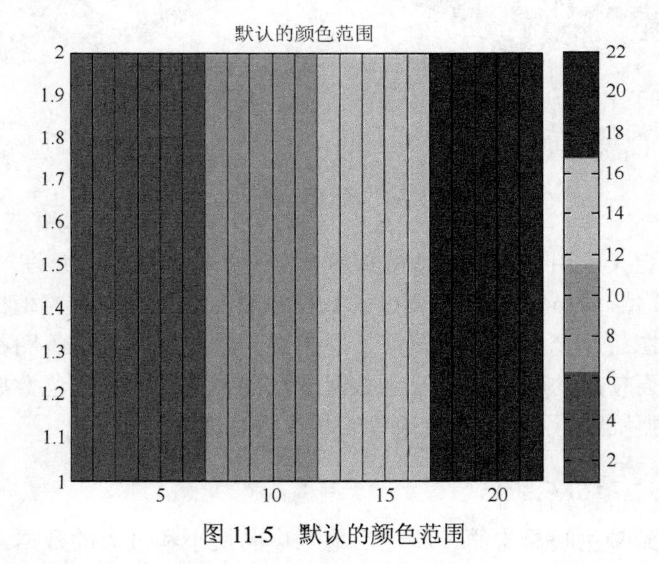

图 11-5　默认的颜色范围

对整个数据集合，当前色图使用了所有 4 种颜色。如果颜色被映射到从–5 到 25 的数据，那么，图 11-6 中可看到 8 种颜色。例如：

```
>> title('扩展色轴' )
>> caxis([-5,25])
>> colorbar
```

输出结果如图 11-6 所示。

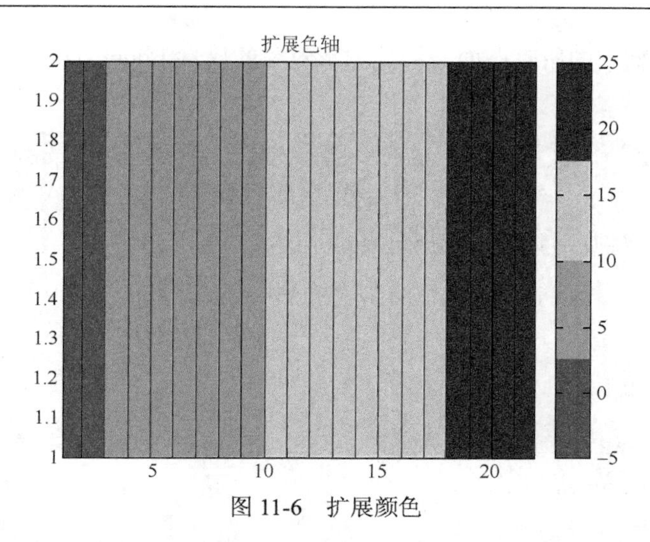

图 11-6　扩展颜色

如果颜色映射到从 5～12 的值，会用到所有的颜色。但是，比 5 小的数据和比 12 大的数据分别映射到与数据值 5 和 12 相关的颜色。例如：

```
>> title( '受限颜色')
>> caxis([5,12])
>> colorbar
```

输出结果如图 11-7 所示。

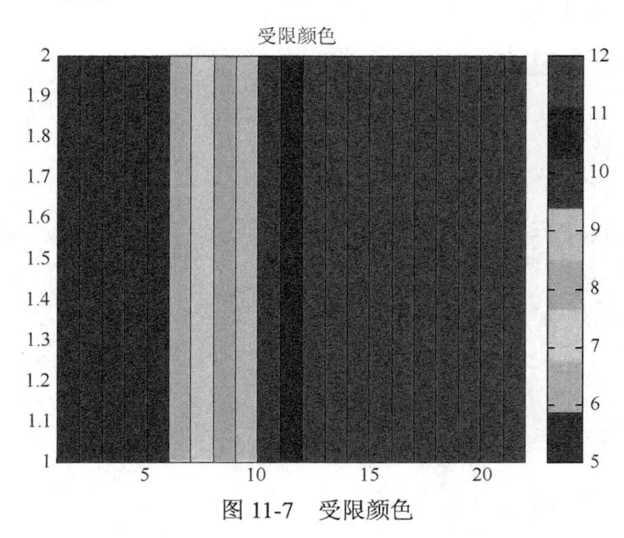

图 11-7　受限颜色

11.3.5　颜色渲染

在 Matlab 中，shading 函数用来控制曲面与补片等图形对象的颜色渲染以及

设置当前坐标轴中的所有曲面与补片图形对象的属性 EdgeColor 与 FaceColor。其基本格式为

```
shading flat    %使网格图上的每一线段与每一小面有一相同颜色
shading faceted %默认值，用重叠的黑色网格线来大道渲染效果
shading interp  %在每一线段与曲面上显示不同的颜色
```

【例 11.2】 对以下函数进行渲染，观察颜色。

$$z = x\mathrm{e}^{(-x^2-y^2)}$$

参考程序如下：

```
>> [X,Y] = meshgrid(-2:.2:2, -2:.2:2);
>> Z = X .* exp(-X.^2 - Y.^2);
>> surf(X,Y,Z)
>> title('三维视图')
>> subplot(2,2,2)
>> surf(X,Y,Z),shading flat
>> title('shading flat')
>> subplot(2,2,3)
>> surf(X,Y,Z),shading faceted
>> title('shading faceted')
```

程序运行的结果，见图 11-8。

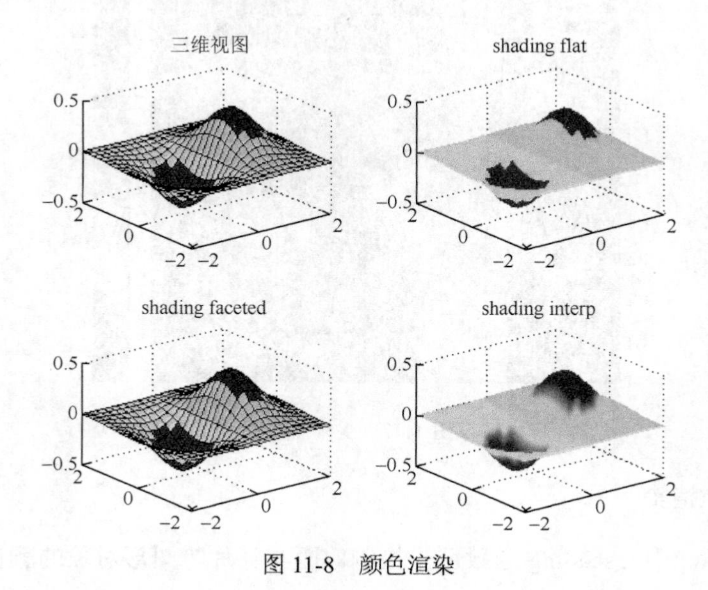

图 11-8　颜色渲染

11.3.6　四维图形

在 Matlab 中，对于某些函数，如 mesh 和 serf，除非给出颜色参量，颜色将沿 *z* 轴数据变化。又如，surf（X，Y，Z）等效于 surf（X，Y，Z，Z）。将颜色施加于 *z* 轴能够产生色彩漂亮的图画，但由于 *z* 轴已经存在，它并不提供新的信息。为更好地利用颜色，通常用颜色来描述不受三个轴影响的数据的某些属性。为此需要赋予三维作图函数的颜色参量不同的数据。

如果作图函数的颜色参量是一个向量或矩阵，那么就用作颜色映象的下标。这个参量可以是任何实向量或与其参量维数相同的矩阵。例如：

```
>> [X,Y] = meshgrid(-2:.2:2, -2:.2:2);
>> Z = X .* exp(-X.^2 - Y.^2);
>> subplot(2,2,1)
>> surf(X,Y,Z,Z)
>> subplot(2,2,2)
>> surf(X,Y,Z,-Z)
>> subplot(2,2,3)
>> surf(X,Y,Z,X)
>> subplot(2,2,4)
>> surf(X,Y,Z,X+Y)
```

程序运行的结果，见图 11-9。

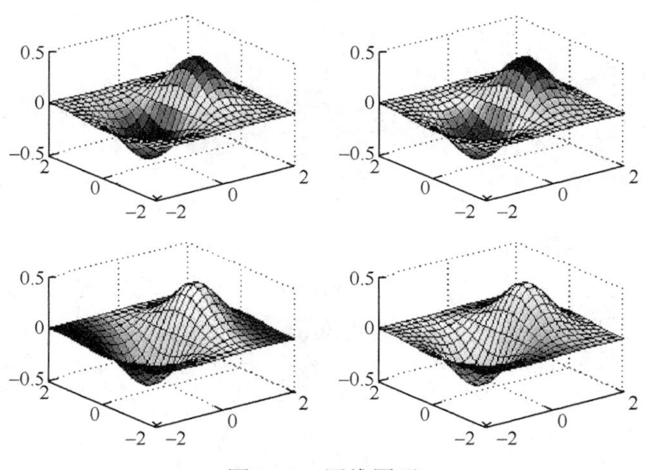

图 11-9　四维图形

11.3.7 光照模型处理

Matlab 提供了 surfl 函数和 light 函数画出运用散射、镜面反光和环境照明模型，surfl 函数能画出类似于函数 surf 产生的带彩色的曲面。使用一个单色颜色映象（如 gray，copper，bone 或 pink 等）和插值色彩，画出的曲面效果显著。light 函数和 lightangle 函数用来确定光源位置，其常用语法规则如下：

```
surfl(X,Y,Z)
surfl(X,Y,Z,S)
surfl (X,Y,Z,S,K)
light('color',s1,'style',s2,'position',s3)
lightangle(az,el) %az 为方位角，el 为仰角，用于确定放置光源的位置
```

surfl（X，Y，Z）是以矩阵 ***X***，***Y***，***Z*** 生成的一个三维的带阴影的曲面，其阴影模式中的默认光源方位为从当前视角开始，逆时针转 45°。surfl（X，Y，Z，S），这里 ***X***，***Y*** 和 ***Z*** 与 surf（X，Y，Z）相同。而 ***S*** 以[Sx，Sy，Sz]或[az，el]的形式定义了光源的方向。如果没有指明，其缺省光源是逆时针 45°，即从现在的视角向右转 45°。

surfl（X，Y，Z，S，K）中的 ***K***=[ka，kd，ks，spread]是环境照明，漫射反射，镜面反光对视觉效果的相对贡献以及镜面扩展因子，***K*** 的缺省值是[.55 .6 .4 10]。例如：

```
>> [X,Y,Z]=peaks(32);
>> subplot(3,1,1)
>> surfl(X,Y,Z) , colormap(copper) , title( 'Default
Lighting') , shading interp
>> subplot(3,1,2)
>> surfl(X,Y,Z,[7.5  30],[.55  .6  .4  10]) , shading interp
>> subplot(3,1,3)
>> surfl(X,Y,Z,[-90  30],[.55  .6  2  10]) , shading interp
```

程序运行的结果，见图 11-10。

对于 light（'color'，s1，'style'，s2，'position'，s3），其中 color、style 和 position 位置可以互换，s1，s2，s3 为相应的可选值。例如：

```
>> close all
>> [x,y,z]=sphere(30);
>> colormap(jet)
```

```
>> subplot(1,2,1)
>> surf(x,y,z),shading interp
>> light('position',[2,-2,2],'style','local')
>> lighting phong
>> subplot(1,2,2)
>> surf(x,y,z,x+y),shading flat
>> light('position',[-1,0.5,1],'style','local','color','w')
```

程序运行的结果，见图 11-11。

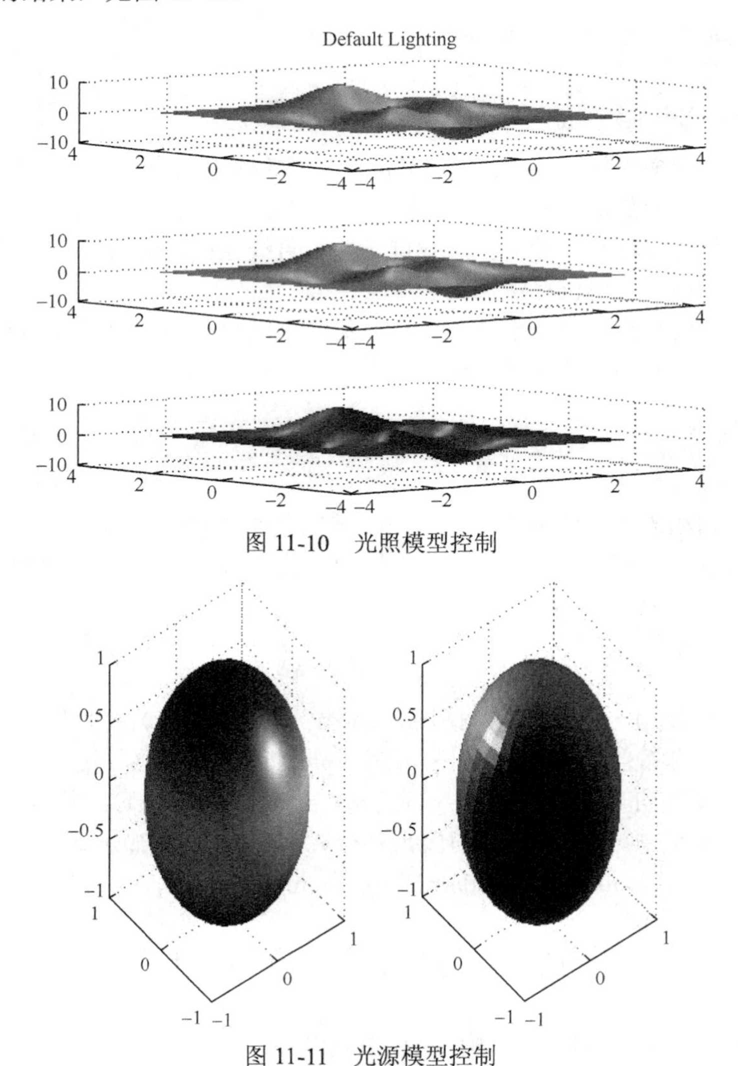

图 11-10　光照模型控制

图 11-11　光源模型控制

第12章　二 维 图 形

12.1　plot 函数

Matlab 中最常用的画图命令是 plot，该命令是在适当的坐标轴上绘制曲线，例如：

```
>>x=linspace(0,2*pi,50);
>>y=sin(x);
>>plot(x,y);
```

上面例子中横坐标 x 是[0, 2π]区间的 50 个数据构成的行向量，纵坐标是 sin 函数在该区间的函数值，plot 命令打开一个绘图窗口，首先会根据 x、y 坐标值的范围缩减或扩充坐标轴，然后拟合数据，并用直线连接相邻数据点来绘制数据。还自动将数值标尺及单位标注加到坐标轴上。

如果，已经存在一个图形窗口，plot 命令则清除当前窗口以绘制新的图形。如果希望在同一幅图中绘制两条曲线，则

```
>>z=cos(x);
>>plot(x,y,x,z);
```

Matlab 自动为不同的曲线配以不同的颜色。如果 plot 中的一个参量为矩阵，另一个为向量，则 plot 命令分别绘出矩阵每一列对该向量的曲线，例如：

```
>>w=[y;z];
>>plot(x,w);
```

如果仅仅使用一个参量而调用 plot 函数，如 plot（y），则绘出 y 与其位置下标的图形，即横坐标为 1，2，…，50，plot（y）=plot（length（y），y）。如果 y 是一个复数向量，plot（y）=plot（real（y），imag（y））；此时如果使用命令 plot（x，y），则会忽略复数的虚数部分，仅绘画实数部分值，并给出警告：Imaginary parts of complex X and/or Y arguments ignored。

12.2　线型、颜色和标记

Matlab 为每条曲线指定了颜色和线型，例如：

```
>>plot(x,y,'g-');
```

它表示 x–y 曲线为绿色实线。

```
>>plot(x,y, 'g-', x, y, 'k+');
>>hold on;
>>plot(x,z, 'm:', x, z, 'ro');
```

它表示数据点以黑色+号标记，见图 12-1。其中 hold on 命令表示在同一幅图中绘制，hold off 释放当前图形窗口，hold 命令触发保持设置，ishold 函数提供了测试保持状态的工具。在图形窗口中选择“edit”下拉菜单中选择 Axes Proporties…，然后选择 Font 中的 Font Size 可以设定坐标轴字体的大小。表 12-1 给出了控制字对应的线型、颜色和标记。

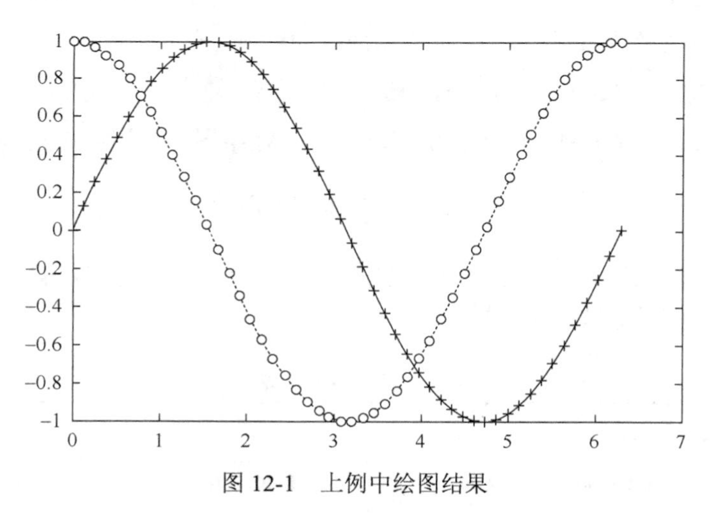

图 12-1　上例中绘图结果

常用的基本线型、标记和颜色，见表 12-1。

表 12-1　基本线型、标记和颜色

符号	线型/标记	符号	颜色
.	点	y	黄色
o	圆圈	m	紫色
x	x 标记	c	青色
+	加号	r	红色
*	星号	g	绿色
-	实线	b	蓝色
:	虚线	w	白色
-.	点划线	k	黑色
--	双划线		

12.3 加格栅、标注和图例

Matlab 中用 grid on 命令在当前图形的单位标记处加格栅；grid off 命令取消格栅；grid 表示在 on 和 off 之间转换。xlabel 和 ylabel 命令分别标记横坐标和纵坐标。title 命令在图形的顶部增加一行文本注释。

text 命令可在图形的任意指定位置增加标记和文本信息，例如：

```
>>text(2.0,0.8,'sin(x)');
```

gtext 命令将位置坐标控制权交给鼠标，在当前图形窗口，显示十字标线、并点中图中的某一位置，表明在该位置放置文本。其第一个字符的左下角为定位位置，例如：

```
>>gtext('cos(x)');
```

legend 命令在图中右上角显示所绘曲线的图例，例如：

```
>>legend('sin(x)','cos(x)');
```

legend off 删除图例。如果希望移动图例，在绘图窗口用鼠标拖拽图例即可。

12.4 定制坐标轴

Matlab 提供对坐标轴的选择和修改功能。缺省的坐标轴为 axis（'auto'，'on'，'xy'），axis 命令集见表 12-2。

表 12-2　axis 命令

命令	说明
axis（[xmin xmax ymin ymax]）	用 xmin、xmax、ymin 和 ymax 值，设置坐标轴的最大、小值；若 xmin 或 ymin 设置为-inf，则自动缩放最小值；若 xmax 或 ymax 设置为 inf，自动缩放最大值
axis auto 或 axis（'auto'）	返回到缺省值
axis（axis）	坐标值固定在当前的界限，若执行 hold 命令，后续的图形都使用该界限
axis xy 或 axis（'xy'）	用（缺省）的笛卡儿坐标系，系统原点在左下角，横坐标轴的值从左至右增加，纵坐标轴的值从下至上增加
axis ij 或 axis（'ij'）	使用 Matlab 的矩阵坐标轴，系统原点在左上角，横坐标轴的值从左至右增加，纵坐标轴的值从上至下增加
axis square 或 axis（'square'）	设置当前图形为方形
axis equal 或 axis（'equal'）	设置两个坐标轴的的定标因子相等
axis image 或 axis（'image'）	设置纵横比和坐标轴的界限，使图形在当前坐标轴中有方形的像素
axis normal 或 axis（'normal'）	关闭 axis equal 和 axis square
axis off 或 axis（'off'）	关闭所用坐标轴上的标记、格栅和单位标志，保留由 text 和 gtext 命令设置的标记
axis on 或 axis（'on'）	显示坐标轴上的标记、格栅和单位标志
v=axis	将当前坐标轴的界限值返回给向量 ***v***

12.5 子图和多图形窗口

Subplot(m, n, k) 命令把当前图形窗口分割成 $m \times n$ 个子图区域，并选择第 k 个区域作为激活区域，子图编号按某一行从左至右编号，接着排下一行，例如：

```
>>subplot(2,1,1);
>>plot(x,y), axis([0 2*pi -1 1]), title('sin(x)');
>>subplot(2,1,2);
>>plot(x,z), axis([0 2*pi -1 1]), title('cos(x)');
```

程序运行的结果见图 12-2。

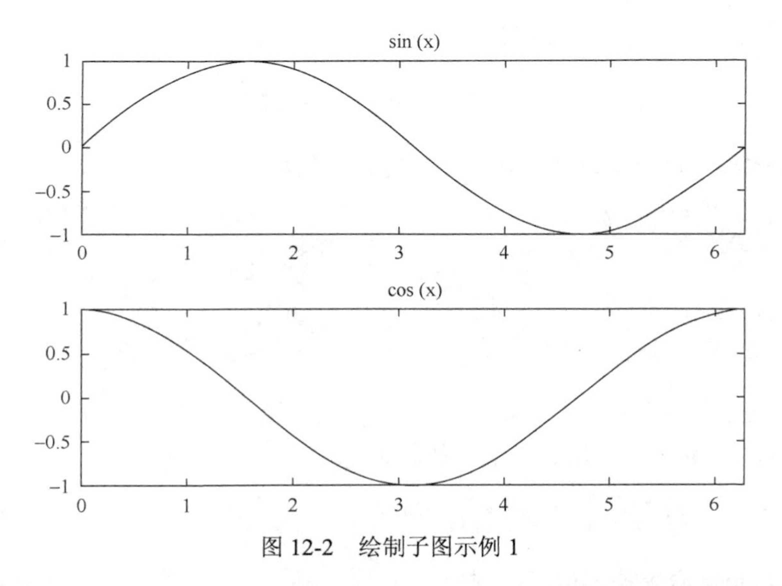

图 12-2 绘制子图示例 1

```
>>subplot(1,2,1);
>>plot(x,y), axis([0 2*pi -1 1]), title('sin(x)');
>>subplot(1,2,2);
>>plot(x,z), axis([0 2*pi -1 1]), title('cos(x)');
```

程序运行的结果见图 12-3。

当某一个子图被激活时，仅这个子图响应 axis、hold、xlabel、ylabel、title 和 grid 命令，其他子图不受影响。如果新的子图命令改变图形窗口的子图的号码，则清除前面的子图，为新的子图定位留出空间。当需要返回到缺省状态，即在图形窗口只有一个区域绘图，需发出 subplot（1, 1, 1）命令。

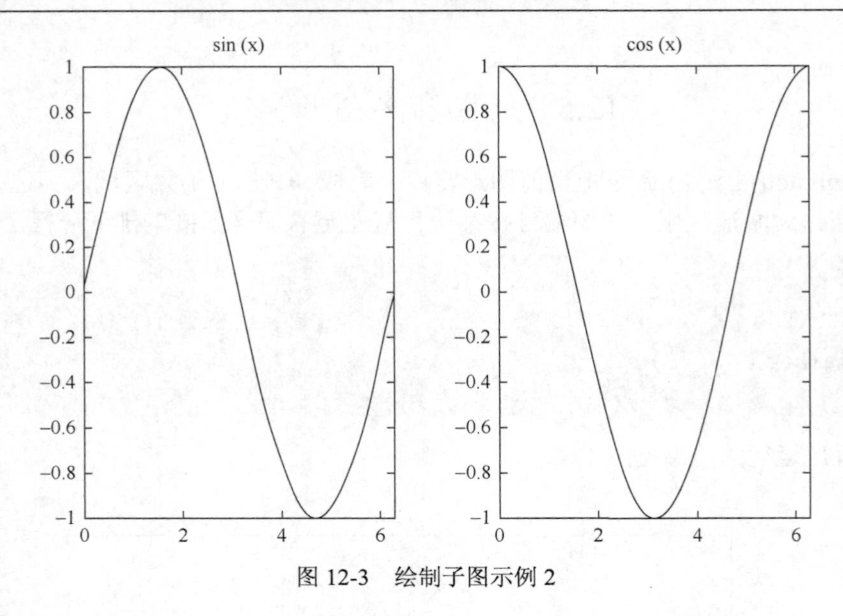

图 12-3　绘制子图示例 2

利用 figure 命令可以建立多个图形窗口，例如：

```
>>f1=figure;
>>plot(x,y), axis([0 2*pi -1 1]), title('sin(x)');
>>f2=figure;
>>plot(x,z), axis([0 2*pi -1 1]), title('cos(x)');
```

绘制 sin(x) 的图形窗口名称为 f1，另一个为 f2。除了用鼠标选择相应窗口以激活该窗口，还可以用 figure(x) 在命令窗口激活它，例如：

```
>>figure(f1);    %激活 f1 窗口
```

利用 close 命令关闭窗口，例如：

```
>>close;
>>close(f1);
>>close all;
```

类似于 subplot 命令，只有当前被激活的窗口响应 axis、hold、xlabel、ylabel、title 和 grid 命令。如果仅仅希望清除一个图形窗口内的曲线，而不是关闭它，可采用 clf 命令，例如：

```
>>clf;
>>clf reset;   %清除当前窗口并重新设置所有特征
```

一般来说，下列 5 种事件可引起 Matlab 中的屏幕刷新：

（1）Matlab 提示符；

（2）需要执行 pause、keyboard、input 和 waitforbuttonpress 命令；

（3）getframe 命令的执行；

（4）drawnow 命令的执行（该命令允许用户强制 Matlab 刷新屏幕任意次）；

（5）重新调整图形窗口的大小。

另外，zoom 命令表示对二维图形进行放大和缩小。zoom on 为当前图形窗口打开缩放模式，单击鼠标左键以放大点中的图形，单击鼠标右键以缩小点中的图形，每点中一次将以 2 倍因子改变坐标轴的界限；也可以单击并拖拽缩放区域。zoom off 关闭缩放模式，不带参数的 zoom 命令触发缩放状态，而 zoom out 命令返回图形的初始状态。

12.6　ginput 函数

在某些应用中，需要在当前图像窗口选择一些点，并记录它们的坐标。Matlab 中 ginput 命令如下：

```
>>[x,y]=ginput(n);
```

根据鼠标单击的位置从当前图形或子图中获取 n 个点，如果在选择全部 n 个点之前按了 return 键，则 ginput 终止选择并返回已选择的点。向量 $\boldsymbol{x}$ 和 $\boldsymbol{y}$ 中返回的元素是所选择点相应的 x 和 y 坐标，返回的数据点不是曲线上的点而是鼠标击中点的 x 和 y 坐标值。如果所选择的点超出了图形区域或者子图的坐标轴的界限，即超出了图形框，则所返回点的坐标值是基于坐标轴尺度的外推值。

当在包含子图的图形窗口使用这个命令时，有可能产生混淆。因为此时返回的数据点是对应于当前激活的子图的，即如果 ginput 命令在 subplot（1, 2, 2）命令之后发出，则返回的数据点对应于子图（1, 2, 2）中的坐标轴；如果此时鼠标从其他子图中选择了数据点，这些数据点仍是对应于子图（1, 2, 2）中的坐标。

当不需要制定采样点的个数时，用不带参量的命令，例如：

```
>>[x,y]=ginput;
```

直到按 return 键，否则一直处于采样状态。

```
>>[x,y,button]=ginput(n);
```

返回的第三个参量 button 是一个整型向量，指明鼠标用过哪些键；如果使用了键盘的键，则返回 ASCII 码值。

前面用到的 gtext 函数利用了 ginput 函数，它配合 text 函数用鼠标来放置文本。

需要注意的是在图形窗口中，legend、zoom 和 ginput 命令都是响应鼠标的点击，互相干扰，因此使用 ginput 之前，必须关闭 zoom 和 legend。

12.7 其他二维图形

Matlab 可以采用对数坐标来绘图，semilogx 和 semilogy 命令用来绘制对数坐标标度的图形；以及采用 loglog 命令绘制双坐标轴均为对数坐标的图形。

fill 函数用来填充一个二维多边形，例如：

```
>>x=[0 1 1 0 0 ]; y=[0 0 1 1 0];    %填充区域的顶点，从[0,0]回到[0,0]
>>fill(x,y,' r')  %绘图并用红色填充
```

在上面的例子中，首先定义了多边形的顶点，但是为了保证多边形封闭，终止点应当与初始点重合，即为一个封闭的多边形；如果定义的多边形不封闭，如 x=[0 1 1 0]，y=[0 0 1 1]，则 fill 函数自动封闭之。如果 $\boldsymbol{x}$ 和 $\boldsymbol{y}$ 是同样维数的矩阵，则认为 $\boldsymbol{x}$ 和 $\boldsymbol{y}$ 的每一列描述不同的多边形。另外，命令如下：

```
>>plotyy(x,y,x,z);
```

可以用来绘制双坐标图。

12.8 特殊二维图形函数

除了上面讨论的基本绘图函数外，Matlab 提供了特殊图形的绘制工具，见表 12-3。

表 12-3 特殊二维图形函数

绘图函数	图形说明
polar	极坐标图。polar(theta，rho，'linetype') 用角度 theta 和半径 rho 作极坐标图
stairs	阶梯图。stairs(x, y) 由向量 $\boldsymbol{x}$ 指定位置，绘制向量 $\boldsymbol{y}$ 元素的阶梯图。$\boldsymbol{x}$ 值应当顺序递增且均匀间隔，[xx，yy]=stairs（x，y）不画图，但返回向量 xx 和 yy，使得 plot（xx，yy）是阶梯图。类似 bar 绘制条形图和 hist 绘制直方图
rose	玫瑰图或角度直方图。rose(theta) 用相角 theta（弧度）值绘制玫瑰图，rose(theta，n) 中 n 是标量，缺省值 20，将 0～2π 分成 n 个等分
stem	离散序列数据图。stem(y) 从 x 轴伸出，以圆圈代表数据点，绘制数据 y。stem(x，y，'linetype') 在指定的值上绘制数据 y

续表

绘图函数	图形说明
errorbar	误差条形图。errorbar(x，y，l，u，symbol) 除了绘制出（x, y）确定的曲线，在每个点还给出了误差的大小，即每一点上绘制一条竖线，长度为 u–l，位置从 y–l 到 y+u
compass	罗盘图。compass(x，'linetype') 把复数元素的相角和幅值绘制成从原点辐射的箭头。cmpass(x, y) 等价于 compass（x+y*i），它绘制矩阵 ***x*** 和 ***y*** 元素的相角和幅值的罗盘图
feather	羽毛图。feather(x，'linetype') 把复数元素的相角和幅值绘制成沿横轴等间隔辐射的箭头。feather(x，y) 等价于 feather(x+y*i)，它绘制矩阵 ***x*** 和 ***y*** 元素的相角和幅值的羽毛图

另外，Matlab 用 image 函数显示图像，图像以矩阵的形式保存，每个矩阵元素对应像素点的颜色，例如：

```
>> load clown;
>> image(X);
>> colormap(map);
>> axis off;
```

第 13 章　三 维 图 形

与二维图形一样，Matlab 提供了许多函数显示三维图形，有些函数是在二维图形的基础上扩展而来，本章主要介绍利用常用函数画出我们所需要的三维图形。

13.1　三维绘图函数

在 Matlab 中，三维绘图函数有许多，常用的有曲线函数：plot3 和 ezplot3 函数，曲面函数：mesh 和 surf 函数，特殊函数：柱面图 cylinder 函数、球面图 sphere 函数和饼图 pie3 函数等。

1. plot3 函数

plot3 函数与二维图形的 plot 函数格式相类似，只是多加了一个参数，使其扩展到三维空间，plot3 函数的基本格式为

```
plot3(x1,y1,z1,s1,x2,y2,z2,s2,…, xn,yn,zn,sn)
```

其中，$\boldsymbol{x}_n$，$\boldsymbol{y}_n$ 和 $\boldsymbol{z}_n$ 可以是向量或矩阵，表示一组曲线的坐标参数，s_n 是可选的字符串，表示颜色、标记符号和线形。

【例 13.1】　绘制下面的三维曲线。

$$\begin{cases} x = \sin t \\ y = \cos t, \quad 0 \leqslant t \leqslant 10\pi \\ z = t \end{cases}$$

参考程序如下：

```
>> t = 0:pi/50:10*pi;
>>x=sin(t)
>>y=cos(t)
>>z=t
>> plot3(x,y,z)
>> title('三维螺旋线')
>> xlabel('sin(t)')
>> ylabel('cos(t)')
>> zlabel('t')
```

```
>> text(0,0,0, 'Origin')%将字符串 Origin 放在三维坐标(0,0,0)点处
>> grid on   %绘制三维网格
```

程序运行结果，如图 13-1 所示。

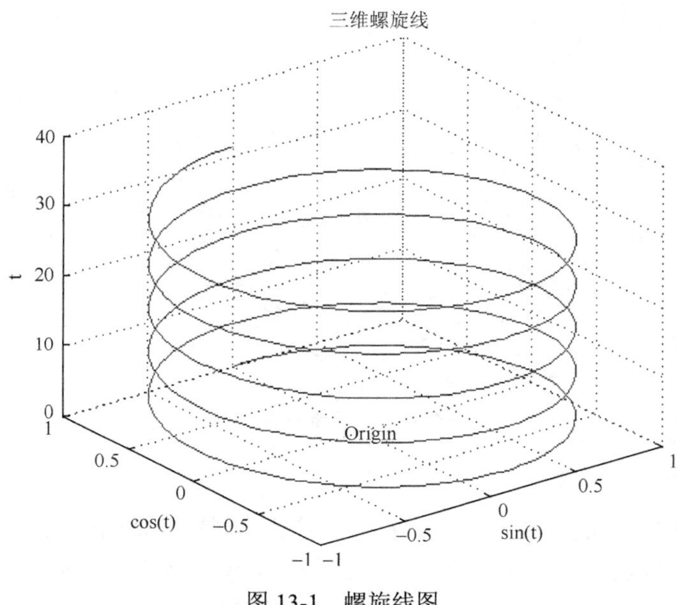

图 13-1　螺旋线图

2. ezplot3 函数

ezplot3 是 Matlab 提供专门绘制符号函数的函数。其常用的格式为

```
ezplot3(x,y,z)  %在默认的区域(-2π,2π)×(-2π,2π)绘制三维图形
ezplot3(x,y,z,[a,b]) %绘制区域(a,b)×(a,b)的三维网格图
```

【例 13.2】　使用 ezplot3 函数绘制例 13.1 三维曲线。

参考程序如下：

```
>>close all
>> syms t;
>> x=sin(t);
>> y=cos(t);
>> z=t;
>> ezplot3(x,y,z,[0,10*pi])
```

程序运行结果，如图 13-2 所示。

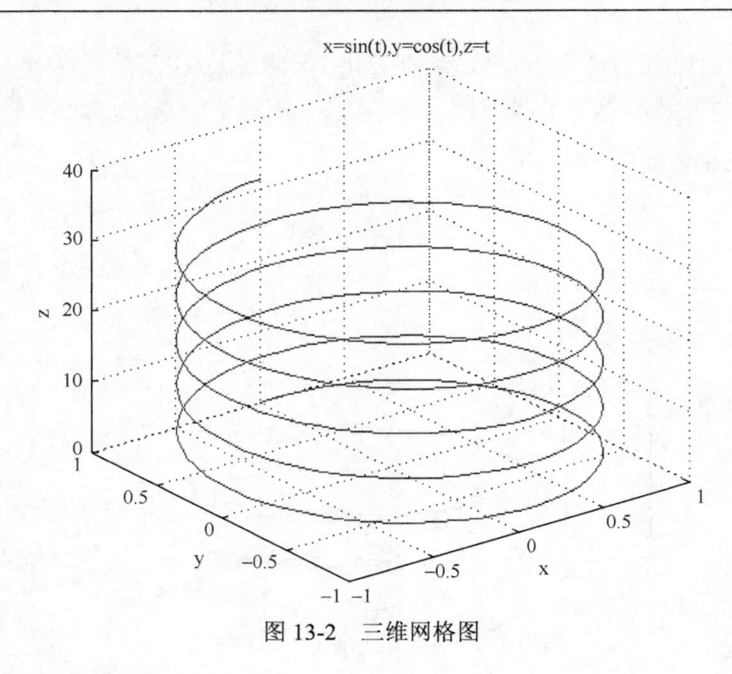

图 13-2　三维网格图

3. mesh 和 surf 函数

mesh 函数是绘制三维网格图，如果不需要绘制特别精确的三维曲面图时，三维网格图也可以表示为三维曲面图。surf 函数与 mesh 函数相类似，其常用格式为

```
surf(x,y,z)
```

其中，***x***，***y***，***z*** 是维数相同的矩阵，***x*** 和 ***y*** 是网格坐标矩阵，***z*** 是网格点上的高度矩阵。

此外，与 mesh 函数类似的函数，如 meshc 和 meshz 分别表示在 *xy* 平面上绘制曲面在 *z* 轴方向的等高线和在 *xy* 平面上绘制曲面的底座。

【例 13.3】　绘制下面函数的三维曲面图。

$$\sqrt{x^2 + y^2},(x,y) \in [-8,8]$$

参考程序如下：

```
>> close all
>> [x,y] = meshgrid(-8:.5:8); %用于生产网格采样点
>> r=sqrt(x.^2 + y.^2) + eps;
>> z= sin(r)./r;
>> subplot(2,2,1)
>> mesh(x,y,z)
>> title('mesh 函数')
>> subplot(2,2,2)
```

```
>> meshc(x,y,z);
>> title('meshc 函数')
>> subplot(2,2,3)
>> meshz(x,y,z);
>> title('meshz 函数')
>> subplot(2,2,4)
>> surf(x,y,z);
>> title('surf 函数')
```

程序运行结果，如图 13-3 所示。

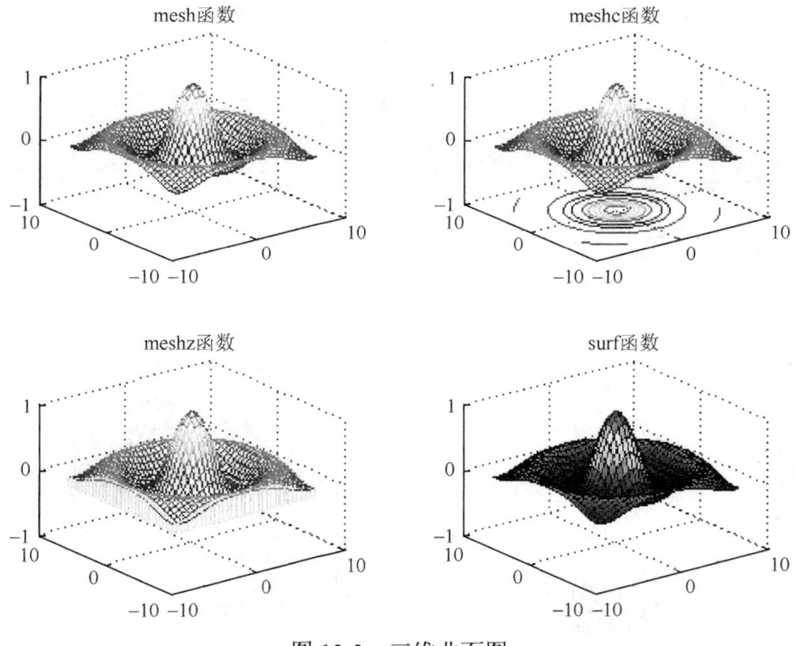

图 13-3　三维曲面图

4. cylinder 和 sphere 函数

在 Matlab 中，cylinder 函数用于绘制柱面图，sphere 函数用于三维球面图，其常用的调用格式为

```
[x,y,z]=cylinder  %默认半径为 1，高度为 1，圆柱体的圆周有 20 个距离
%相同的点
[x,y,z]=cylinder(r,n)  %n 的默认值是 20，该函数返回半径为 r，高度
%为 1 的圆柱体，生成(n+1)*(n+1)矩阵的 x,y,z
```

```
[x,y,z]=sphere(n) %生成(n+1)×(n+1)的直角坐标系中的球面坐标矩阵，n
%的默认值为 20,即绘制单位球面为 20*20
```

【例 13.4】 画柱面图和球面图。

参考程序如下：

```
>> close all
>> t=0:pi/5:2*pi;
>> [x,y,z]=cylinder(2+sin(t),20);
>> subplot(1,2,1)
>> surf(x,y,z)
>> title('柱面图')
>> [X,Y,Z]=sphere;
>> subplot(1,2,2)
>> surf(X,Y,Z)
>> title('球面图')
```

程序运行的结果，见图 13-4。

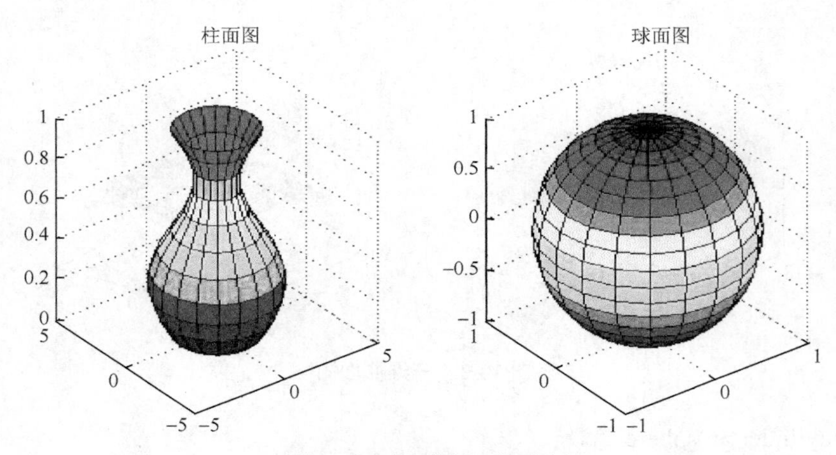

图 13-4　柱面图与球面图

如上图所示，网格线条之间的区域是不透明的。另外，Matlab 还提供 hidden 函数来控制网格图透明度。例如：

```
>>close all
>> [x,y,z]=sphere;
>>subplot(1,2,1)
```

```
>>mesh(x,y,z)
>>title('透明球面图')
>>hidden on
>>axis on
>>subplot(1,2,2)
>>mesh(X,Y,Z)
>>title('不透明球面图')
>>hidden off
>>axis off
```

程序运行的结果，如图 13-5 所示。

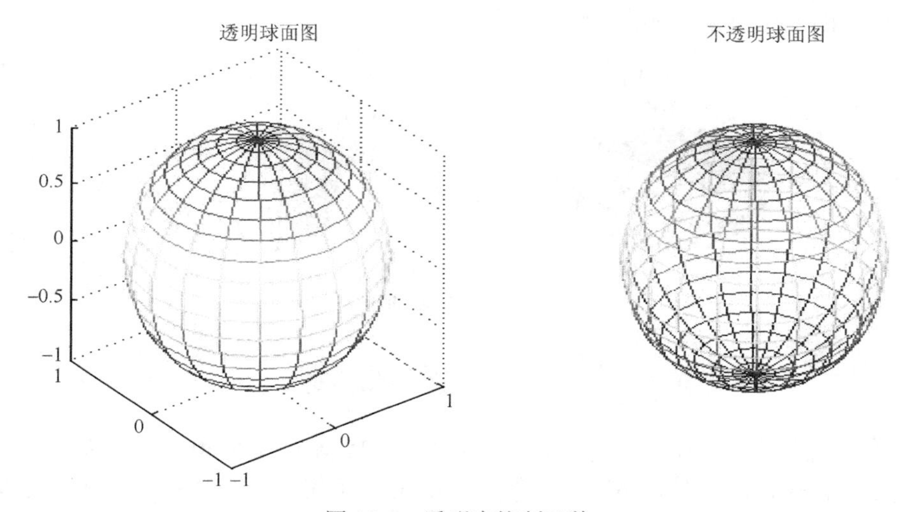

图 13-5　透明度控制函数

5. pie3 函数

在 Matlab 中，为了显示向量或矩阵中每个元素所占的比例，常用 pie 函数来统计二维图形的数据可视化，对于三维图形则采用 pie3 函数，其常用的基本格式为

```
pie3(X)  %使用 X 中的数据绘制三维图形
pie3(X,explode)  %从饼图中分离出一部分
```

其中，explode 函数是与 $\boldsymbol{X}$ 同维数的矩阵，若 explode(i，j) 是非零值，则 $\boldsymbol{X}(i,j)$ 中相应的元素将从对应的三维饼图中移出一部分。

【例 13.5】　某企业 2014 年下半年到 2015 年上半年的产值（单位：万元）分

别为 3829、4073、3254、3612，请使用 pie3 饼图函数进行统计分析。

参考程序如下：

```
>> X=[3829 4073 3254 3612];
>> subplot(1,2,1)
>> pie3(X)
>> title('三维图形');
>> subplot(1,2,2)
>> explode=[0 1 0 0];
>> pie3(X,explode);
>> title('图形分离');
```

程序运行的输出结果，如图 13-6 所示。

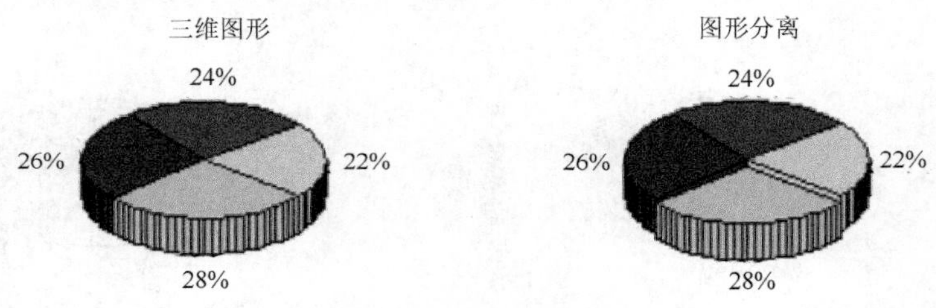

图 13-6　三维饼图

13.2 图像处理

数字图形处理专业课程中图像处理是基本的要求，在 Matlab 中，提供了许多对图像进行操作的函数，本节只介绍基本的函数及其操作，另外，Matlab 还提供了功能强大的图像处理工具，可以对图像进行专业地处理（将在后面章节建模与仿真中介绍），满足图形专业人士的需求。

图像处理的基本操作包括：图像的读写和图像的显示。

1. 图像的读写

在 Matlab 中，可以读写的图像格式包括（后缀为）：bmp、gif、jpg、tif、png、pgm、ico、hdf、pcx、pkm、cur、ras、xwd 等，对于这些格式的图像文件，Matlab 提供了相应的读写命令。常见的读写命令的函数有 imread 和 imwrite，其基本格式为

```
I=imread('fname.fmt');  % 将图像文件读入 Matlab 工作空间
imwritf(I,fname,fmt) %将图像数据和色图数据写入图像文件
```

其中，fname 为读/写的图形文件名，fmt 为图像文件格式，若读入的是灰度图像，

则 ***I*** 为二维矩阵，若读入的是彩色图像，则 ***I*** 为三维矩阵，第三维表示颜色数据。另外，还需要注意的是，若读入的文件不是 Matlab 默认的路径，则 imread 函数应改写为“I=imread（'路径+文件名.格式'）;”。如假设电脑桌面有一个名为 copy，后缀为*.tif 的图像文件，则

```
>> I=imread('c:/Users\lin zhi yang\Desktop\copy.tif');
```

当使用 imwrite 函数保存图像时，其默认的保存类型为 unit8，若图像数据是 double 型时，则 imwrite 函数将矩阵进行偏置，即写入的是 unit8（X-1）。例如：

```
>> whos I  %查看图像数据信息
  Name        Size              Bytes  Class
  I         256x256             65536  uint8
>> imwrite(I,'c:/Users\lin zhi yang\Desktop\copy.bmp');
%将图像 copy 以位图（BMP）的格式进行存储
```

2. 图像的显示

为了将图像数据矩阵以图像的形式显示出来，Matlab 提供了 image 函数、imagesc 和 imshow 函数等。其相应的常用基本格式为

```
image(C)  %将矩阵 C 中的值以图像形式显示出来
imagesc(C)%以 image 类似，主要区别在于 imagesc 可以自动调整值域范围
imshow(I)%显示灰度图像 I
imshow(I,[low high])%值域范围为[low high]
imshow(filename)%显示 filename 文件名中的图像
```

【例 13.6】　读入 rice.png 图像文件，并显示。

参考程序如下：

```
I = imread('rice.png');
J = double(I);
figure;
subplot(2,2,1); imshow(I);
title('origin uint8');
subplot(2,2,2); imshow(J);
title('imshow double');
subplot(2,2,3); image(I);
title('image uint8');
```

```
subplot(2,2,4); imagesc(J);
title('imagesc double');
figure;
imshow(J, [0 255]);
title('imshow double [0 255]');
```

程序运行的结果，如图 13-7 所示。

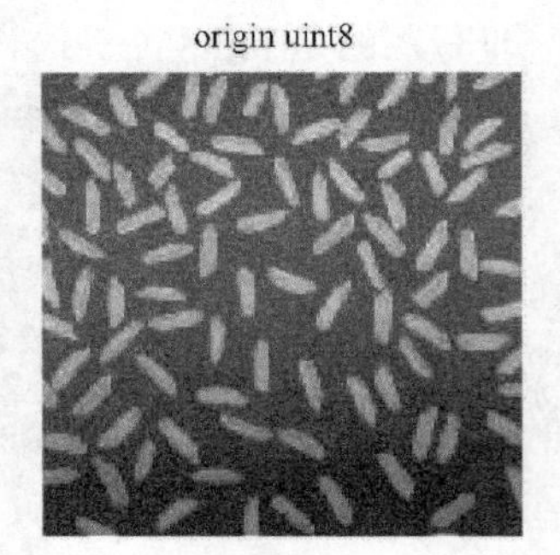

imshow double

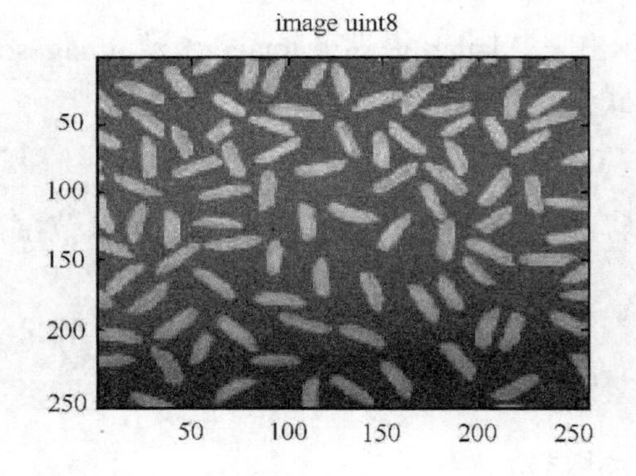

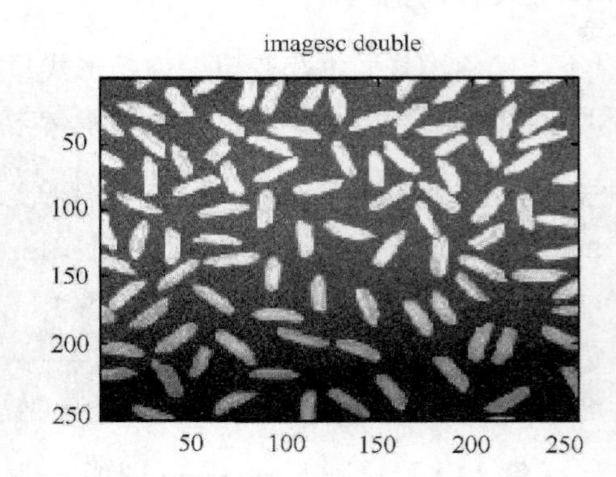

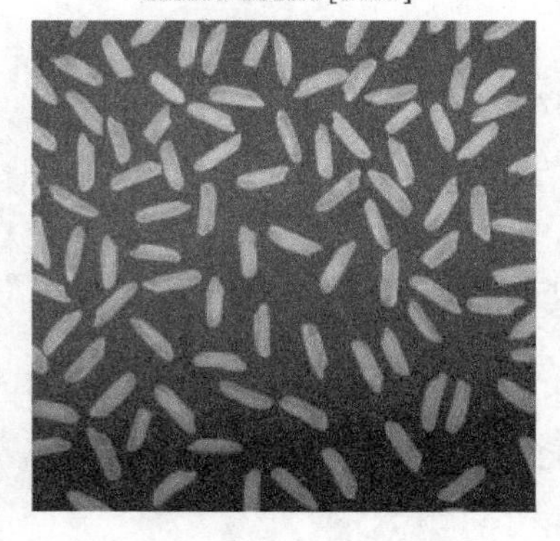

图 13-7　图像的显示

提 高 篇

第 14 章　M 文件函数

在前面章节所编写的程序中，基本上都是直接在 Matlab 工作空间的命令窗口中逐行输入命令并修改（或编译、调试），最后运行。这种方式不能够满足我们真正的需求，如不方便修改、不方便保存等。因此，Matlab 提供了利用 M 文件函数编程工作方式，对于初学者来说，最好是养成利用 M 文件函数进行编写程序的习惯。

所谓的 M 文件函数，就是以扩展名为.m 的标准的文本文件，除此之外，Matlab 提供的许多内部函数、工具箱等，都是利用 Matlab 函数开发的 M 文件。当然，用户也可以自定义函数（类似于系统函数）或根据实际情况，开发自己所需要的程序或工具箱。

注意：所谓的内部函数是指系统内部的函数，如 sqrt 函数，它表示求一个数的开方，这是已经编写好的 M 文件函数，我们不需要知道这个函数或已保存的 M 文件中的命令和中间变量，他们都是隐含的（函数如同一个黑箱），我们只要掌握和学会使用这个函数即可。

一般说来，M 文件函数包括脚本（Script）文件和函数（Function）文件。

14.1　脚 本 文 件

脚本文件与在命令窗口中直接运行命令一样，在命令窗口中输入命令时，系统会自动逐行地运行 M 文件函数中的命令，因此，常把脚本文件称为命令文件，脚本文件中的语句可以直接访问 Matlab 工作空间中的所有变量，在运行过程中所产生的变量均为全局变量（即凡出现同样的变量，可一直使用，并保存在内存中，因此，要注意避免变量的覆盖而造成程序出错，可用 clear 命令清除工作空间的变量）。另外，脚本文件没有输入参数，也没有输出参数。现在举例说明脚本文件的建立和运行。

【例 14.1】　脚本文件的建立和运行。

基本步骤如下：

（1）点击菜单栏中的“File”下拉菜单“New”选择“Blank M-File”选项。（Matlab2010b 以上版本为 Script）或者直接在命令窗口输入 eidt（编辑窗口）。

（2）进入编辑窗口输入需要运行的程序，例如：

```
x=-2*pi:0.05:2*pi;
y=sin(x);
plot(x,y,'c+')
```

```
legend('正弦曲线图') %添加图例
grid on
```

（3）保存该文件（如保存为 li14_1.m），然后点击编辑窗口的“Debug”中的“Run li14_1.m”。或者直接在命令窗口输入 li14_1。程序运行的结果，见图 14-1。

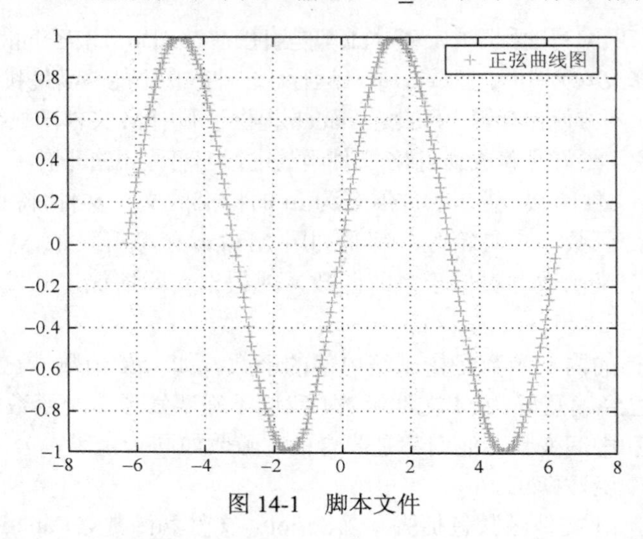

图 14-1　脚本文件

需要注意的是，在运行脚本文件时，若路径发生改变（或与上次运行时的路径不一样）时，需要更改路径，如图 14-2 所示，选择 Change Folder。

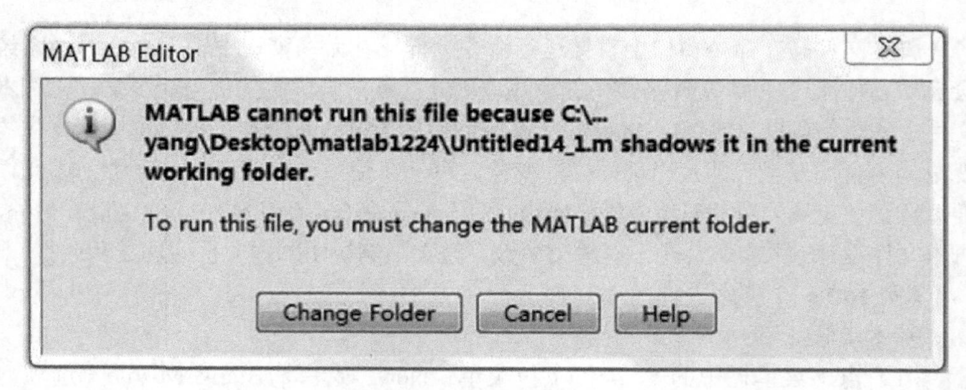

图 14-2　更改路径

【例 14.2】　假如我国国内生产总值的年增长率为 9%，计算 10 年后我国国内生产总值与现在相比增长多少百分比。计算公式为

$$p = (1 + r)^n$$

其中 r 为年增长率，n 为年数，p 为与现在相比的倍数。

解　建立一个 Untitled14_2.m 的脚本文件，内容如下：

```
clear all
r=input('请输入年增长率 r 的值='); %提示用户从键盘输入数值、字符串或
%表达式
n=input('请输入年份 n 的值=');
p=(1+r)^n
fprintf('%.2f %.2f %.2f\n',r,n,p); %读写函数 fprintf('...')可
%以改写 disp(p)表示显示 p 的值，或直接写 p
```

程序运行后，在命令窗口出现提示信息：

```
请输入年增长率 r 的值=
```

按照题目的要求，分别输入 *r* 和 *n* 后有

```
请输入年增长率 r 的值=0.09
请输入年份 n 的值=10
p =
   2.3674
0.09 10.00 2.37
```

14.2　函 数 文 件

函数文件的第一行一般都是以 function 开始，表示该文件为函数文件。与脚本文件类似之处在于它们都是扩展名为“.m”的文本文件。如同脚本 M 文件一样，函数文件不在命令窗口输入，而是由文本编辑器所创建的外部文本文件。另外，函数文件与脚本文件在连接方面是不同的。函数与 Matlab 工作空间之间的连接，是通过传递给它的变量和通过它所创建的输出变量。函数文件的中间变量不出现在 Matlab 工作空间，与 Matlab 工作空间不交互。也就是说，函数文件的变量仅在函数的运行期间有效，一旦函数运行完毕，其所定义的所有变量都会被系统自动清除。对于 Matlab 工具箱中的各种函数实际上都是函数文件，因此，要掌握函数文件。函数文件一般都要带参数和返回值。函数文件的基本格式：

```
function [返回变量] = 函数名(输入变量)
%注释说明部分或 H1 第一注释行
函数体语句
```

注意：在编写函数文件时，为了使程序更加清晰和维护，养成写注释的习惯。

【例 14.3】　函数文件的建立和运行。

基本步骤如下：

（1）点击菜单栏中的“File”下拉菜单中的“New”，选择“Function M-File”（Matlab2010b 以上版本为 Function）。

（2）将默认的代码全部删除，然后添加以下代码。

```
function y=comp(x)
%ex14_3:comp(x)
%comp(x)=(x+2)^2*x
z=x+2;
y=2^2*x;
```

（3）点击编辑窗口菜单栏的“Debug”→“Save File and Run”，保存文件名为 comp（默认），此时会弹出错误信息“??? Input argument “x” is undefined.”，这是因为 x 为未知数，需要对 x 赋值，接着执行下面步骤。

（4）在命令窗口输入 y=comp（10）或输入 comp（10）即给 x 赋值为 10。

```
>> y=comp(10)
y =
   1440
```

【例 14.4】　使用函数文件实现例 14.2。

解　建立一个 ex14_4 的函数文件，内容如下：

```
function p=ex14_4(r,n)
%求我国 10 年后年增长的百分比
p=(1+r)^n
end
```

然后给变量 r 和 n 赋值，在命令窗口输入：

```
>> ex14_4(0.09,10)
p =
   2.3674
ans =
   2.3674
```

注意：不能将函数文件的内容直接复制到命令窗口上运行，否则出错！

14.3　规 则 属 性

使用函数文件时，不但要养成良好的习惯，如添加注释等，还必须遵循以下特定的规则属性。

（1）函数名和文件名必须相同。例如，例 14.4 中的函数名为 ex14_4，则在存储时，必须保存名为 ex14_4.m 文件，这样在赋值时不容易出错。

（2）Matlab 在执行第一个 M 文件函数时，它将打开相应的文本文件（例如，函数发生调用时，就会找到打开相应的被调函数），并将命令编辑成存储器的内部表示，以便执行以后所有需要调用的命令（包括其他 M 文件函数也被编译到存储器中）。注意：在执行函数文件时，即使在函数文件中需要调用，普通的脚本文件（即开头不带 Function 的文件）不被编译，一般都是函数文件之间进行调用。

【例 14.5】 求 $\sum_{n=1}^{20} n!$（即求 $1!+2!+3!+4!+\cdots+20!$）。

解 具体步骤如下：

（1）新建一个函数名为 ex14_5 的函数文件，并保存为 ex14_5.m 文件函数。

```
function g=ex14_5(x)
%主函数
%2015 年 7 月 20 日编
g=0;
for n=1:x
   g=g+fact(n);%调用子函数
end
```

（2）与同样的方式生产以下 fact.m 文件函数。

```
function y=fact(k)%子函数
y=1;
for i=1:k
   y=y*i;
end
```

（3）在命令窗口>>提示下给变量 x 赋值。

```
>>ex14_5(20)
```

程序分析，主函数 ex14_5 调用了子函数 fact，子函数中的 k 为输入参数，函数调用时，将 n 的值传递（单向值传递）给子函数 k，子函数计算后将输出的参数 y 传回给主函数 g，主函数的调用次数由主函数的 x 决定。

最后程序运行的输出结果为

```
ans =
  2.5613e+018
```

（4）紧随 function 之后以%开头的第一注释行称为 H1 行，可由 lookfor 命令搜索的行，如，

```
>> lookfor 主函数
ex14_5                              - 主函数
```

（5）在函数 M 文件中，到第一个非注释行为止的注释行是帮助文本。当需要帮助时，返回该文本，通常情况下，紧随 H1 行后的注释部分可添加函数文件编写和修改信息，如作者、修改日期、版本等内容，有利于档案管理。例如：

```
>> help ex14_5
 主函数
 2015 年 7 月 20 日编
```

（6）函数可以有零个或多个输入参量，也可以有零个或多个输出参量。例如：

```
function [x,y]=exp14_1(a,b,c)
%输入多个变量，输出多个变量
x=a+b+c;
y=a*b*c;
```

在命令窗口调用 exp14_1。

```
>> [x,y]=exp14_1(3,4,5)
x =
   12
y =
   60
```

函数可以按少于函数 M 文件中所规定的输入和输出变量数目进行调用，但不能用多于函数 M 文件中所规定的输入和输出变量数目。若输入和输出变量数目多于函数 M 文件中 function 语句一开始所规定的数目，则调用时自动返回一个错误。例如：

```
>> [x,y]=exp14_1(3,4,5,7)
??? Error using ==> exp14_1
Too many input arguments.
```

（7）若调用一个函数时，所用的输入和输出参量的数目，在函数内是规定好的，函数工作空间变量 nargin 包含输入参量个数，函数工作空间变量 nargout 包含输出参量个数。

【例 14.6】 计算两个数的和。

参考程序如下：

```
function [sum,n]=ex14_6(a,b)
% ex14_6
%计算 a 和 b 的和
%2015 年 7 月编
if nargin==1
   sum=a+0;          %若输入一个参数，则计算与 0 的和
   n=1;
elseif nargin==0
   sum=0;      %若无输入参数，则输出 0
   n=0;
else
   sum=a+b;     %若输入的是两个数，则计算两个数和
   n=2;
end
```

然后在命令窗口调用 ex14_6 函数。

```
>> [sum,n]=ex14_6(5)
sum =
    5
n =
    1
>> [sum,n]=ex14_6(5,8)
sum =
   13
n =
    2
>> [sum,n]=ex14_6
sum =
    0
```

```
n =
    0
```

若不清楚到底输入的参数为多少个时，可用如下命令进行查看。

```
nargin('ex14_6')
ans =
     2
```

（8）如果一个预定的变量，如 pi（pi 为系统已定义的变量，表示π），在 Matlab 工作空间重新定义，它不会延伸到函数的工作空间。反之也一样，即函数内重新定义的变量不会延伸到 Matlab 的工作空间中。例如：

```
>> r=1;
>> s=pi*r^2
s =
   3.1416
>> pi=3;
>> s=pi*r^2
s =
    3
```

（9）函数有它们自己的专用工作空间，它与 Matlab 的工作空间分开。函数内变量与 Matlab 工作空间之间唯一的联系是函数的输入和输出变量。如果函数任一输入变量值发生变化，其变化仅在函数内出现，不影响 Matlab 工作空间的变量。函数内所创建的变量只驻留在函数的工作空间，而且只在函数执行期间临时存在，之后就消失。即函数工作空间变量是不存储信息的。若要再次使用这些变量，可定义该变量为全局变量。全局变量用 global 命令定义，其基本格式为

```
global 变量名
```

说明：除非必须使用的情况应尽量少用或不用全局变量，对全局变量的定义必须在该变量使用前进行，建议选用大写字符命名全局变量。

【例 14.7】 全局变量。

参考程序如下：

```
function  y=qjbl(a,b)
%全局变量举例
```

```
%2015年7月编写
global  QJBL1 QJBL2
y= QJBL1*a+ QJBL2*b;
```

保存为 qjbl.m，然后在命令窗口输入：

```
>> global QJBL1 QJBL2
>> QJBL1=2;
>> QJBL2=4;
>> y=qjbl(3,5)
y =
    26
```

第 15 章　曲线拟合与插值

在许多应用领域中，一般很难直接应用分析方法求得系统变量之间的函数关系，只能通过测量得到一些离散的数据节点，若利用这些数据得到光滑的曲线来反映某些参数的变化规律，称为曲线拟合。如果要获得这些离散点以外的其他点的数值，可以采用插值的方法进行逼近。一般说来，如果测量值是准确的，没有误差，通常采用插值；若测量值与真实值之间有误差，为了描述数据点之间发生的变化，则采用曲线拟合或回归。

15.1　曲 线 拟 合

曲线拟合构造一个简单的函数在某一个区域对有限个采样点的函数值去逼近一个复杂或未知的函数。由于实验或真实测量中有误差，获得的数据不一定准确，为了利用这些数据参数得到一个光滑的曲线来反映这些数据的规律，通常采用最小二乘法进行曲线拟合。

假设测量的数据为 $\{(x_i,y_i),i=0,1,\cdots,n\}$，构造一个 m $(m\leqslant n)$ 次多项式 $p(x)$

$$p(x)=a_1x^m+a_2x^{m-1}+\cdots+a_mx+a_{m+1}$$

与所给的数据进行拟合，若记误差 $\delta_i=p(x_i)-y_i$，$\delta=(\delta_0,\delta_1,\cdots,\delta_m)^{\mathrm{T}}$，设 $\varphi_0,\varphi_1,\cdots,\varphi_m$ 为 $c[a,b]$ 区间上的线性无关组合，可以找到一个函数 $p(x_i)$，使误差平方和最小，即

$$\|\delta\|=\min_{p(x)\in\varphi}\sum_{i=0}^{m}[p(x_i)-y_i]^2 \qquad (15\text{-}1)$$

在数学上，式（15-1）称为多项式的最小二乘曲线拟合。该方法表示在给定的曲线为多项式时，数据点的曲线拟合为最小误差平方和，且能获得最佳拟合。

采用最小二乘法进行曲线拟合，Matlab 提供了 polyfit 函数求解最小二乘曲线拟合问题。其常用的基本格式见表 15-1。

表 15-1　polyfit 函数

格式	说明
p=polyfit（x，y，n）	对描述 n 阶多项式 $y=f(x)$ 的数据进行最小二乘曲线拟合，输出结果 p 为含有 $n+1$ 个元素的行向量
[p，s]=polyfit（x，y，n）	输出结果 s 为包含对 x 进行 QR 分解的三角元素 R、自由度 df 和残差 normr

【例 15.1】　假设测得原始数据 y 的值，如表 15-2。

表 15-2　原始数据 y

x	0	1	2	3	4	5	6	7	8	9	10
y	−0.452	1.834	2.58	4.06	7.16	7.24	7.58	9.16	9.37	9.20	10.2

现在用最小二乘法对多项式进行曲线拟合。首先画出原始数据点，见图 15-1。

```
x=0:10;
y=[-.452  1.834  2.58  4.06  7.16  7.24  7.58  9.16  9.37
9.20  10.2];
plot(x,y,'o') %参数 o 表示圆圈，默认为蓝色
```

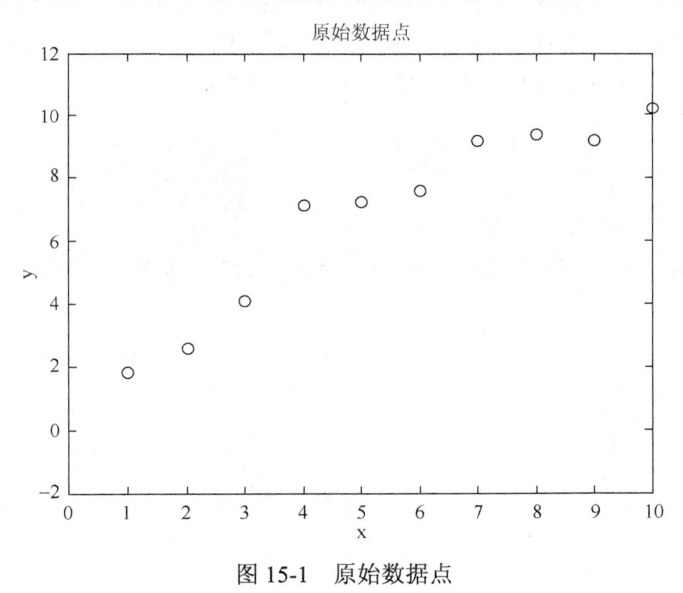

图 15-1　原始数据点

利用 polyfit 函数，根据题目给的数据求最佳拟合。当 n=1 时，得到最简单的线性近似，称为线性拟合或线性回归。考虑 n=3 时，则

```
>> f3=polyfit(x, y, 3)
f3=
   0.0005   -0.1060    2.0428   -0.4797
```

polyfit 函数输出一个多项式系数的行向量，它的解为

$$y = 0.0005x^3 - 0.1060x^2 + 2.0428x - 0.4797$$

为了将曲线拟合的解与数据点比较，通常绘成图后进行分析，则

```
>>xi=linspace(0, 10);%线性等分函数，将 xi 均匀划分为 100 个数据点
```

为了计算在 xi 数据点的多项式值，调用 Matlab 的 polyval 函数，则

```
>>yi3=polyval(f3, xi)
plot(x, y, 'o',x,y,':m',xi,yi3,'r')%参数：表示虚线。参数 r 表示
%红色
xlabel(' x '), ylabel(' y '), title('三次拟合 ')
```

程序运行的结果，如图 15-2 所示。plot 画了三条数据线，第一条为原始数据点，并用圆圈标出，第二条数据线将数据点用直线连接并用虚线表示，第三条数据线画出多项式数据 xi 和 yi3，即三次拟合曲线。多项式阶次的选择是任意的。两点决定一直线或一阶多项式。三点决定一个平方或 2 阶多项式，因此，对于给定 11 个数据点的最大拟合阶次为 10，通过曲线拟合将通过全部给定的数据点。参考以下程序，观察拟合阶次对曲线拟合的变化。十次拟合：

```
f10=polyfit(x, y, 10);
yi10=polyval(f10, xi);
plot(x, y, 'o',xi,yi10,'r' )
xlabel(' x '), ylabel(' y '), title('十次拟合 ')
```

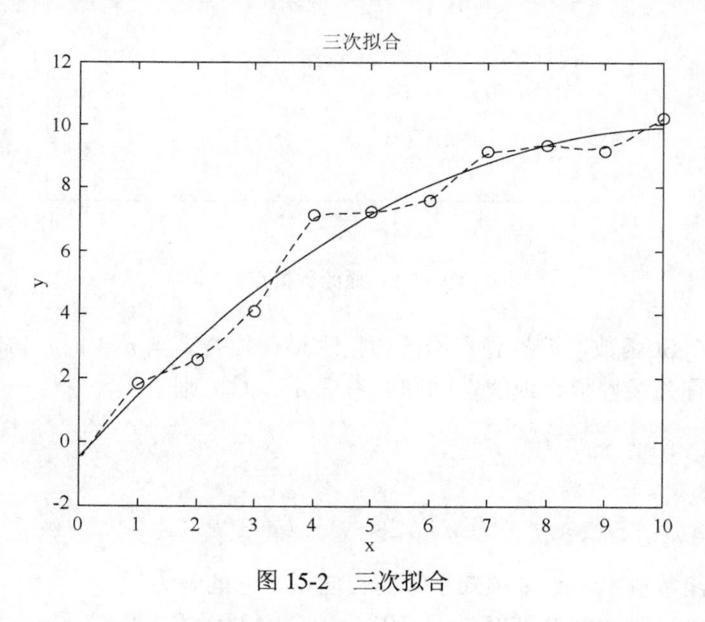

图 15-2　三次拟合

不同的阶次对曲线的影响如图 15-3 所示。从图中可以看出，拟合曲线的阶次越高并不表示拟合效果更好，随着多项式阶次的提高，近似变得不够光滑，也可能造成曲线振荡（因为较高阶次多项式在变零前，可多次求导）。

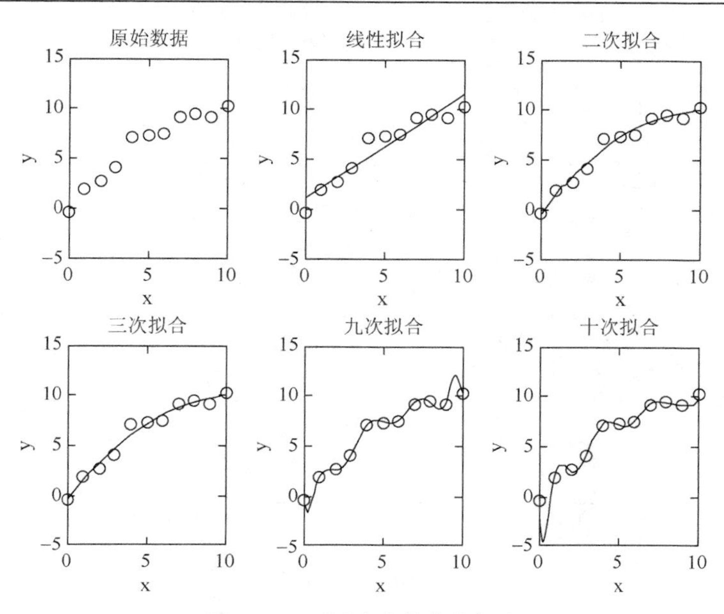

图 15-3　不同阶次的曲线拟合

15.2　一维插值

Matlab 提供了 interp1 函数进行插值，其基本格式为

```
interp1(x,y,xi,method)
```

其中，通过对数据点（x，y）进行插值，计算插值点 xi 的函数值。method 表示插值方法。插值实际上是对数据点之间的函数进行估值，最简单的插值方法是用直线连接所有的数据点，然后在直线上选取相应插值点的数据，当数据点个数的增加时，它们之间的距离将减小，线性插值更精确。如例 15.1 采用插值方法，则

```
x=0:10;
y=[-.452  1.834  2.58  4.06  7.16  7.24  7.58  9.16  9.37
9.20  10.2];
xi=linspace(0,10);
yi1=interp1(x,y,xi); %线性插值
plot(x,y,'o',xi,yi1)
xlabel('x')
ylabel('y')
title('线性插值')
```

程序运行的结果，见图 15-4。

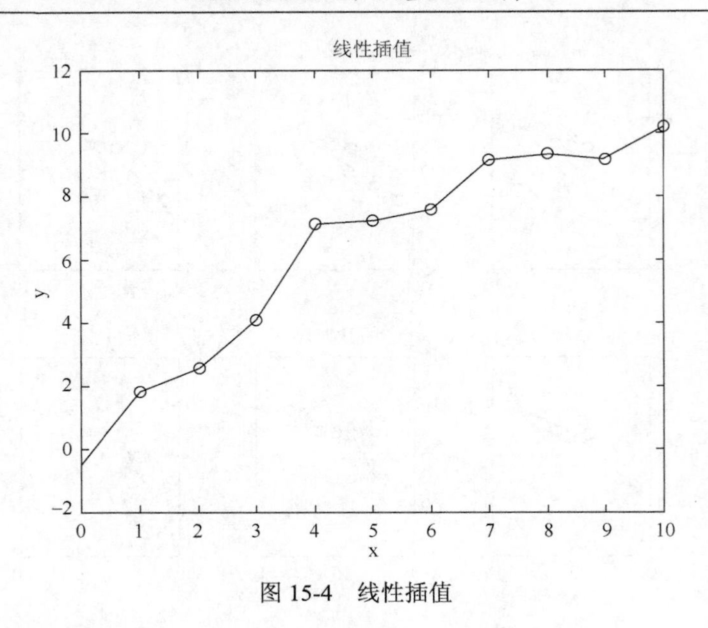

图 15-4　线性插值

这里用到 interp1 插值函数，其采用了默认的插值方法，等价于：

```
interp1(x,y,xi,'linear')
```

这种方法称为线性插值法。由于被插值函数是一个单变量函数，称为一维插值，除了线性插值法外，还有以下常用的方法。

（1）最近点插值法（nearest）：根据插值点与数据点的远近程度进行插值。

（2）三次多项式插值（cubic）：根据数据求出三次多项式，然后进行插值。

（3）三次样条插值（spline）：在每个子区间内构造一个三次多项式，使函数满足插值条件，并且使每个节点具有光滑的条件。

【例 15.2】　一维插值方法比较分析。

参考程序如下：

```
x=0:10;
y=[-.452  1.834  2.58  4.06  7.16  7.24  7.58  9.16  9.37
9.20  10.2];
xi=linspace(0,10);
yi1=interp1(x,y,xi);
subplot(2,2,1)
% 4 个子图 subplot(2,2,2)或 subplot(2,2,3)或 subplot(2,2,4)
plot(x,y,'o',xi,yi1)
xlabel('x')
```

```
ylabel('y')
title('线性插值')
% 4 个标题：title('最近点插值')或 title('三次多项式插值')或
%title('三次样条插值')
yi2=interp1(x,y,xi,'nearest');
% 四种方法：yi3=interp1(x,y,xi,'cubic');或
%yi4=interp1(x,y,xi,'spline');
```

程序运行结果，如图 15-5。

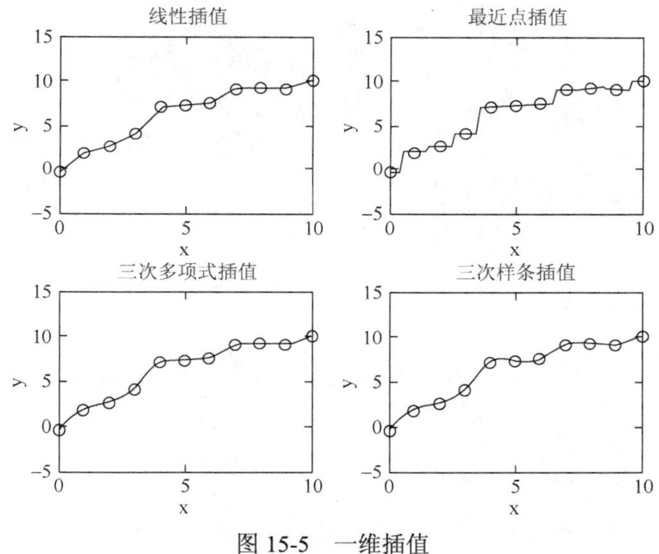

图 15-5　一维插值

结果表明，三次样条插值和三次多项式的插值生产的曲线较为光滑，效果最好。注意：插值方法的好坏要看被插值的函数，不能说在任何情况下，三次样条插值或三次多项式都是最好的方法。另外，Matlab 还提供了三次样条插值函数 spline，例 15.2 参考程序中的 yi4=interp1（x，y，xi，'spline'）等同于 spline（x，y，xi）。

另外，函数 interp1 还可用来在任何值或 x 的值上估计 y 值。

【例 15.3】　假设某次试验测得某日 6：00 到 12：00 之间的每小时的室内温度和室外温度（℃），如表 15-3 所示，分别估计 8：20、9：20、10：20 和 11：30 的温度。

表 15-3　原始数据 y

时间/h	6	7	8	9	10	11	12
室内温度/℃	19	21	23	25	30	27	21
室外温度/℃	17	20	24	27	32	34	31

其中，温度的变化范围为[17, 34]℃。

参考程序如下：

```
t=[6:12]';                    %输入时间，也可以写成 t=6:12
T1=[19,21,23,25,30,27,21]';  %室内温度
T2=[17,20,24,27,32,34,31]';  %室外温度
y1=interp1(t,T1,25/3)        %内插的数据点为 25/3
y=interp1(t,T1,25/3,'spline')  %采用三次样条插值计算
y2=interp1(t,T2,25/3)
y3=interp1(t,T1,[25/3 11.5])  %同时内插多个数据点用[ ]表示
y4=interp1(t,T2,[25/3 11.5],'cubic')
t1=25/3:11.5;                 %表示每小时的变化时间等价于 25/3:1:11.5
y5=interp1(t,T1,t1,'cubic')
y6=interp1(t,T1,t1,'spline')
```

程序运行结果分别为：

```
y1 =                         %对应 25/3 的函数值为 23.6667
   23.6667
y =
   23.3829
%注意，样条插值得到的结果，与上面的线性插值的结果不同。因为插值是一个
%估计或猜测的过程，其意义在于，应用不同的估计规则导致不同的结果。
y2 =                         %对应 25/3 的函数值为 25
    25
y3 =                        %内插两个数据点 25/3 和 11.5，与 y1 的结果相同
   23.6667   24.0000
y4 =                         %采用三次多项式内插多个数据点
   25.0079   33.1875
y5 =                         %以三次多项式对数据点做内插
   23.6032   26.7196   29.5185   25.4074
y6 =                         %以三次样条插值对数据点做内插
   23.3829   26.8095   29.9716   24.8228
```

15.3 二维插值

二维插值与一维插值的基本思想类似，但二维插值是对两变量的函数 $z=f(x, y)$进行插值，其采样点是由这两个参数组成的平面区域。Matlab 提供了二维插值函数 interp2，其调用格式为

```
z1=interp2(x,y,z,x1,y1,method)
```

其中，***x*** 和 ***y*** 表示单调的两个向量，分别描述两个参数的采样点，以 meshgrid 格式形成的网格格式，*z* 为插值点 x1，y1 的函数值，表示一个变量矩阵，***x*** 和 ***y*** 对 *z* 的关系是 z（i,:）=f（x，y（i））和 z（:，j）=f（x（j），y）。即当 ***x*** 变化时，*z* 的第 *i* 行与 ***y*** 的第 *i* 个元素 ***y***(*i*) 相关；当 ***y*** 变化时，*z* 的第 *j* 列与 ***x*** 的第 *j* 个元素 ***x***（*j*）相关。xi 是沿 *x* 轴插值的一个数值数组；yi 是沿 *y* 轴插值的一个数值数组。method 的方法与一维插值函数相同。z1 表示根据相应的插值方法得到的插值结果。

注意：x1 和 y1 的取值范围不能超过 ***x*** 和 ***y*** 的给定范围，否则，输出为“NaN”。

【例 15.4】 假设对平板上的温度分布进行估计，给定的温度值取自平板表面均匀分布的格栅。采集的数据如下：

平板宽度：1～5m

平板垂直宽度：1～3m

格栅的温度（℃）：82，81，80，82，84；79，63，61，65，81；84，84，82，85，86。

对于整个平板的温度分布可表示为矩阵 ***t***：

```
t=[82, 81, 80, 82, 84; 79, 63, 61, 65, 81; 84, 84, 82, 85, 86];
```

为了估计在中间点的温度，***t*** 的行和列与下标宽度 ***w***1 的维数必须一致，则

```
w1=1:0.2:5;       %估计平板的宽度
w=1:5;            %平板的宽度
d=1:3             %平板的垂直宽度
```

对高度为 2m 的平板温度进行插值，例如：

```
di=2;             % 垂直宽度为 2 米
z1=interp2(w, d, t, w1, di) ;                % 线性插值
z2=interp2(w, d, t, w1,di, 'cubic');         % 三次多项式插值
plot(w1, z1, ' :r ', w1, z2,'-b')             % plot results
```

```
xlabel('平板宽度')
ylabel('摄氏度')
title(['温度深度= ' num2str(di)])
```

程序运行的结果，如图 15-6 所示。

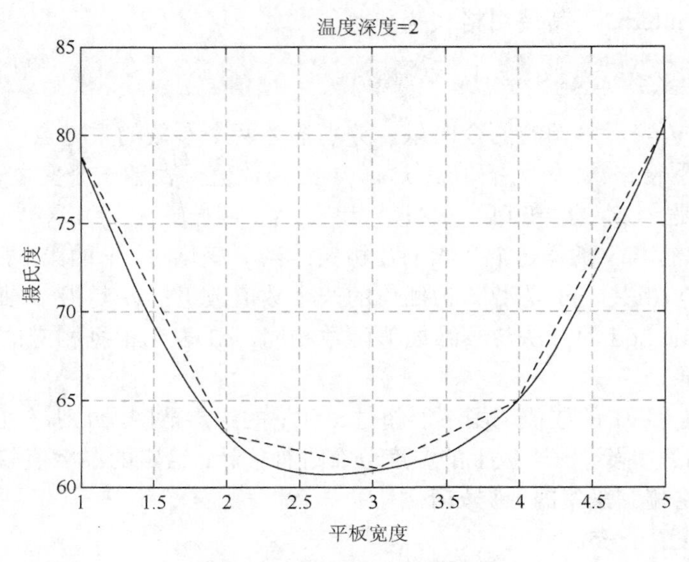

图 15-6　深度为 2 的平板温度

现在考虑对两个方向进行插值。在三维坐标下画出原始数据，分析该数据的粗糙程度。

```
mesh(w, d, t)
xlabel('平板宽度')
ylabel('平板垂直宽度')
zlabel('摄氏度')
axis('ij')
grid on
hidden off
```

程序运行的结果，见图 15-7。

然后在两个方向上插值以平滑数据。

```
d1=1:0.1:3;
[ww,dd]=meshgrid(w1,d1);
```

```
z3=interp2(w,d,t,ww,dd,'cubic');     % 三次多项式插值
subplot(1,2,1)
mesh(w,d,t);
xlabel('平板宽度')
ylabel('平板垂直宽度')
zlabel('摄氏度')
title('原始数据')
axis('ij')
grid on
hidden off
subplot(1,2,2)
mesh(ww,dd,z3);
xlabel('平板宽度')
ylabel('垂直宽度')
zlabel('摄氏度')
title('三次多项式插值')
grid on
hidden off
```

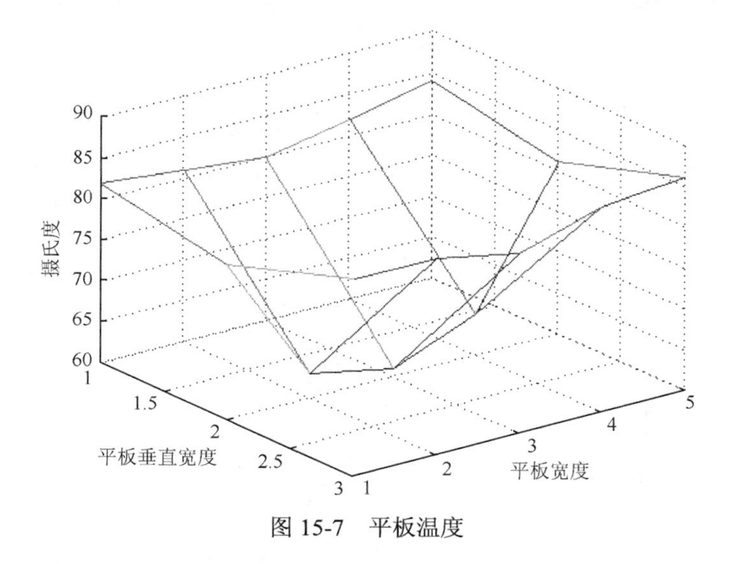

图 15-7　平板温度

程序运行的结果，如图 15-8 所示。

对于两个方向上的插值，本节采用的是三次多项式插值法，感兴趣的同学，可以采用线性插值法和最近点插值法与上例的插值法进行比较。除了以上方法进

行插值外，常见的还有双立方插值法（就本例而言，该方法比三次多项式插值效果更为显著）、双线性插值法等。

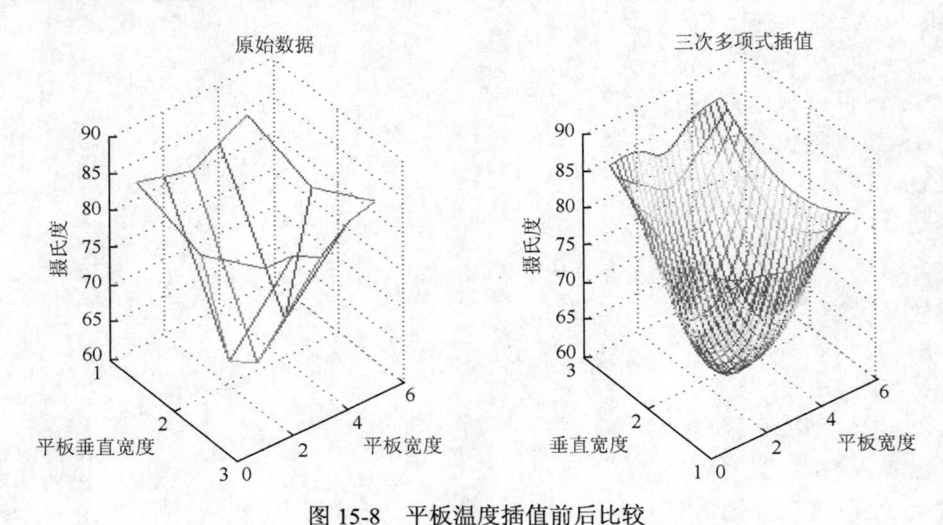

图 15-8　平板温度插值前后比较

第16章　三 次 样 条

当前，三次样条插值应用非常广泛，比如高速飞机的机翼形线、信号处理、机器人研究、图像分析、测绘、勘察和车辆行驶数据分析等。通常这些应用在初始阶段获得的数据或参数之间要么离散不够密集、要么图形不光滑等，不能满足精度的要求，为了解决以上问题，需要对已知的数据参数进行分析处理，如前面章节讨论的插值和拟合。为了得到足够平滑的曲线以及具有良好的数学样条，往往采用三次样条插值。三次样条插值最关键的问题是如何寻找插值函数，但通常情况下，插值函数相对复杂。因此，必须借助 Matlab 这类强大的数学软件，不仅编码少、程序简单能实现复杂的运算，且得到的结论较为合理、精度也高。在 Matlab 中，常用的三次样条插值相关函数有 spline、ppval、mkpp 和 unmkpp 等。

16.1　三次样条插值函数

寻找插值函数最直接的方法是对每个数据点间的曲线进行逼近，这些数据点称为断点。若对两点确定的直线来说，两个点即为断点，两点间的曲线近似有无限多的插值函数。在三次样条插值中，为使插值函数具有唯一性，可以增加约束条件，即通过限定每个插值函数的一阶和二阶导数在断点处相等。

一般说来，寻找插值函数就是求解线性方程，假设给定 N 个断点，则插值函数就有 N–1 个，而每个插值函数有 4 个未知系数，因此所求解的方程组包含 $4\times(N-1)$ 个未知数。可以通过约束条件求解 N–1 个具有 $4\times(N-1)$ 个未知系数的方程确定插值函数。在 Matlab 中，通常采用 spline 函数进行三次样条插值。

spline 函数的基本调用格式为

```
yy=spline(x,y,xi)    %求 y=f(x)在 xi 中各点的三次样条插值，类似于
%interp1(x,y,xi,'spline')
pp=spline(x,y)       %计算 y=f(x)三次样条插值的分段函数
```

【例 16.1】　对正弦曲线进行三次样条插值。

参考程序如下：

```
x= 0:10;
y = sin(x);
xi = 0:.25:10;%内插值
```

```
yy = spline(x,y,xi);
plot(x,y,'o',xi,yy)
```

程序运行的结果，如图 16-1 所示。

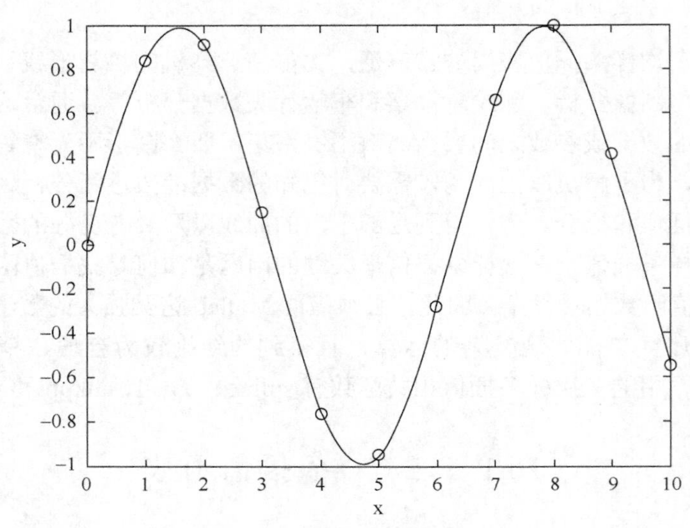

图 16-1　正弦曲线三次样条插值

这种方法只有一组内插值，若对带有两个参数的分段函数进行插值，则

```
>> pp=spline(x,y)
pp =
     form: 'pp'
   breaks: [0 1 2 3 4 5 6 7 8 9 10]
    coefs: [10x4 double]
   pieces: 10
    order: 4
      dim: 1
```

当计算三次样条插值的分段函数时，spline 返回一个 pp 形式或分段多项式形式的数组。这个数组包含了对于任意一组所期望的内插值和计算三次样条所必须的全部信息。给定 pp 形式，可以通过 ppval 函数计算多项式在 x 处的值。例如：

```
>>yi=ppval(pp, xi);
yi =
  Columns 1 through 10
        0    0.2692    0.5017    0.6938    0.8415    0.9408
```

```
0.9878    0.9786    0.9093    0.7789
  Columns 11 through 20
    0.5982    0.3810    0.1411   -0.1075   -0.3501   -0.5715
-0.7568   -0.8928   -0.9742   -0.9974
  Columns 21 through 30
   -0.9589   -0.8578   -0.7032   -0.5065   -0.2794   -0.0342
0.2142    0.4498    0.6570    0.8215
  Columns 31 through 40
    0.9357    0.9937    0.9894    0.9196    0.7927    0.6198
0.4121    0.1807   -0.0632   -0.3085
  Column 41
   -0.5440
```

同样地，也可以对另外一组数据进行内插，例如：

```
>>xi2=linspace(6, 8); %在限定的[6,8]区间内，再次计算三次样条插值
>>yi2=ppval(pp, xi2);
```

对于数据中第一个或最后一个断点，可以分别用第一个或最后一个三次多项式来寻找插值函数。

上述给定的三次样条插值的分段函数 pp，存储了断点和多项式系数，以及三次样条表示的其他向量信息，当要计算三次样条插值时，需要把 pp 分解成各个段，而 Matlab 提供了 unmkpp 函数来实现这个功能，例如：

```
>> [breaks,coefs,l,k,d] = unmkpp(pp)
breaks =
     0     1     2     3     4     5     6     7     8     9    10
coefs =
   -0.0419   -0.2612    1.1446         0
   -0.0419   -0.3868    0.4965    0.8415
    0.1469   -0.5124   -0.4027    0.9093
    0.1603   -0.0716   -0.9867    0.1411
    0.0372    0.4095   -0.6488   -0.7568
   -0.1234    0.5211    0.2818   -0.9589
   -0.1684    0.1509    0.9538   -0.2794
   -0.0640   -0.3542    0.7506    0.6570
    0.1190   -0.5463   -0.1499    0.9894
```

```
   0.1190   -0.1894   -0.8856    0.4121
l =
   10
k =
    4
d =
    1
```

其中，breaks 为断点，coefs 表示矩阵，它的第 i 行表示第 i 个三次多项式，npolys 表示多项式的个数，ncoefs 表示每个多项式系数的个数。

在 Matlab 中，可以通过 nkpp 函数进行恢复。

```
>> pp=mkpp(breaks, coefs)

pp =
     form: 'pp'
   breaks: [0 1 2 3 4 5 6 7 8 9 10]
    coefs: [10x4 double]
   pieces: 10
    order: 4
      dim: 1
```

16.2 举　　例

三次样条函数 spline 除了通过已知函数进行插值外，还可以通过数据点的形式进行插值，例如：

```
x = -4:4;
y = [0 .15 1.12 2.36 2.36 1.46 .49 .06 0];
cs = spline(x,[0 y 0]);
xx = linspace(-4,4,101);
plot(x,y,'o',xx,ppval(cs,xx),'-');
```

程序运行的结果，如图 16-2 所示。

当然，也可以通过两个样条函数进行插值，例如：

```
x = 0:.25:1;
Y = [sin(x); cos(x)];
xx = 0:.1:1;
```

```
YY = spline(x,Y,xx);
plot(x,Y(1,:),'o',xx,YY(1,:),'-'); hold on;
plot(x,Y(2,:),'o',xx,YY(2,:),':'); hold off;
```

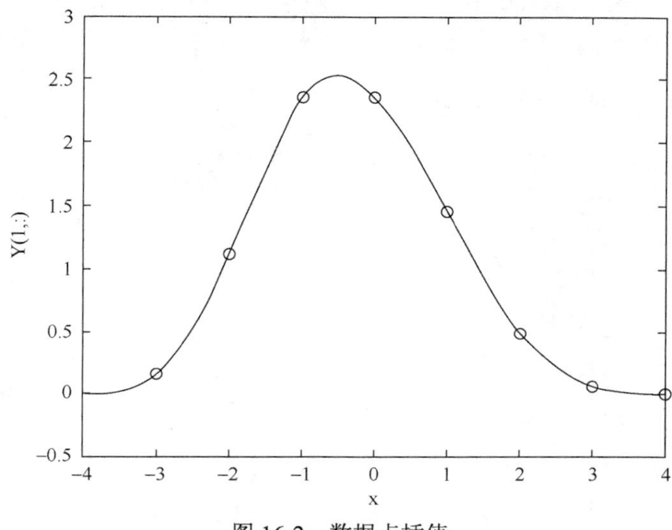

图 16-2　数据点插值

程序运行的结果，如图 16-3 所示。

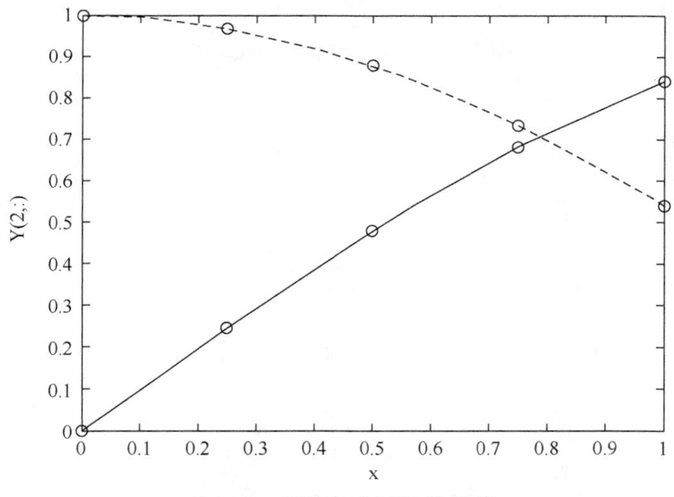

图 16-3　正弦与余弦函数插值

spline 函数常与 ppval 函数一起进行三次样条插值，例如：

```
x= pi*[0:.5:2];
```

```
y = [0  1  0 -1  0  1  0;
     1  0  1  0 -1  0  1];
pp = spline(x,y);
yy = ppval(pp, linspace(0,2*pi,101));
plot(yy(1,:),yy(2,:),'-b',y(1,2:5),y(2,2:5),'or'), axis equal
```

程序运行的结果，如图 16-4 所示。

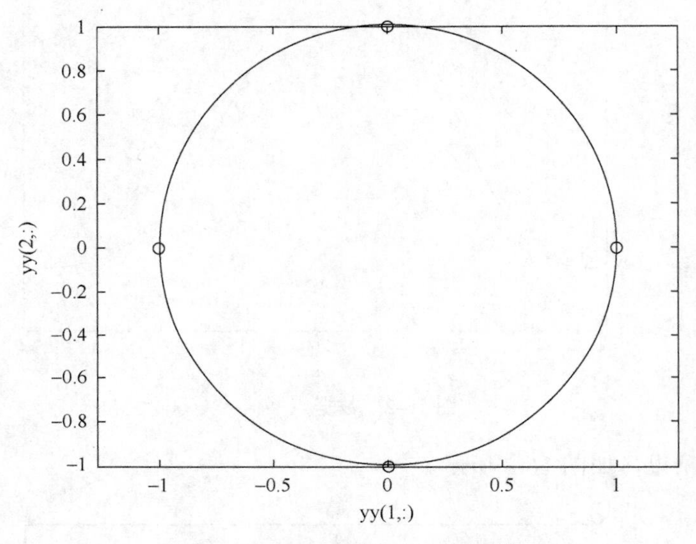

图 16-4　spline 和 ppval 函数插值

第 17 章　傅里叶分析

傅里叶分析在物理学、信号与系统、数字信号处理和概率论等领域都有着非常广泛的应用。本章主要介绍傅里叶正反变换、离散傅里叶变换以及快速傅里叶变换。

17.1　傅里叶变换

傅里叶变换将函数表示成具有不同幅值的正弦函数的和或积分，如对函数 $f(x)$ 进行傅里叶变换，则

$$f = f(x) \Rightarrow F = F(\omega)$$

其中，$F(\omega)$ 称为 $f(x)$ 的象函数，可定义为

$$F(\omega) = \int_{-\infty}^{\infty} f(x)\mathrm{e}^{-\mathrm{i}\omega x}\mathrm{d}x$$

Matlab 提供的傅里叶变换函数为 fourier，其常用格式为

```
F = fourier(f)      %返回对默认自变量 x 的 fourier，若 f = f(ω)，则返回
% F = F(t)
F = fourier(f,v)   %返回对自变量 v 的 fourier,即求 F(v) = ∫_{-∞}^{∞} f(x) e^{-ivx} dx
F = fourier(f,u,v) %以 v 代替 x 并对 u 积分，即求 F(v) = ∫_{-∞}^{∞} f(u) e^{-ivu} du
```

下面举例子说明。

【例 17.1】　计算下面函数的傅里叶变换

$$f(x) = \mathrm{e}^{-x^2}, g(x) = x\mathrm{e}^{-|x|}, f(x,v) = \mathrm{e}^{-x^2\frac{|v|\sin v}{v}} \quad (x \quad real)$$

通过数学推导分别有：

$$f(x) = \mathrm{e}^{-x^2} \Rightarrow F(\omega) = \int_{-\infty}^{\infty} f(x)\mathrm{e}^{-\mathrm{i}vx}\mathrm{d}x = \sqrt{\pi}\mathrm{e}^{-\omega^2/4}$$

$$g(x) = x\mathrm{e}^{-|x|} \Rightarrow F(u) = \int_{-\infty}^{\infty} f(x)\mathrm{e}^{-\mathrm{i}vx}\mathrm{d}x = -\frac{4iu}{(1+u^2)^2}$$

$$f(x,v) = \mathrm{e}^{-x^2\frac{|v|\sin v}{v}} \quad (x \quad real) \Rightarrow F[f(v)](u) = \int_{-\infty}^{\infty} f(x,v)\mathrm{e}^{-\mathrm{i}vu}\mathrm{d}v = -\arctan\frac{u-1}{x^2} + \arctan\frac{u+1}{x^2}$$

通过傅里叶变换 fourier 函数计算，代码分别为

```
>>syms x;
```

```
f = exp(-x^2);
fourier(f)
ans =
pi^(1/2)/exp(w^2/4)
>> syms x u;
f = x*exp(-abs(x));
fourier(f,u)
ans =
-(4*u*i)/(u^2 + 1)^2
>> syms v u;
syms x real;
f = exp(-x^2*abs(v))*sin(v)/v;
fourier(f,v,u)
ans =
piecewise([x <> 0, atan((u + 1)/x^2) - atan((u - 1)/x^2)])
%分段
```

与傅里叶变换相对应的是它的反变换，其定义为

$$f(x)=\frac{1}{2\pi}\int_{-\infty}^{\infty}F(\omega)e^{i\omega x}d\omega$$

同样地，Matlab 也提供了相应的求反变换的函数 ifourier，其常用的基本格式为

```
f=ifourier(F)  %f 返回默认变量为ω的傅里叶反变换，若 F = F(x)，则返回
% f = f(ω)
f=ifourier(F,u)  %f 返回变量为u的傅里叶反变换，即求
% f(u) = 1/(2π) ∫_{-∞}^{∞} F(ω) e^{iuω} dω
f=ifourier(F,v,u)  %以v代替ω的傅里叶反变换，即求
% f(u) = 1/(2π) ∫_{-∞}^{∞} F(v) e^{iuv} dv
```

下面举例子说明。

【例 17.2】　计算下面函数的傅里叶反变换

$$f(\omega)=e^{-\omega^2/(4a)^2},\ f(\omega)=2e^{-|\omega|}-1,\ f(\omega,v)=e^{-w^2\frac{|v|\sin v}{v}}$$

解　相应的格式分别为

```
>> syms a w real;
f = exp(-w^2/(4*a^2));
F = ifourier(f);
F = simple(F)
F =
abs(a)/(pi^(1/2)*exp(a^2*x^2))
>> syms w t real;
f = 2*exp(-abs(w)) - 1;
simplify(ifourier(f,t))
ans =
2/(pi*(t^2 + 1)) - dirac(t)
>> syms w v t real
f=exp(-w^2*abs(v))*sin(v)/v;
ifourier(f,v,t)
ans =
piecewise([w <> 0, -(atan((t - 1)/w^2) - atan((t +
1)/w^2))/(2*pi)])
```

17.2　离散傅里叶变换

离散傅里叶变换（DFT）和傅里叶反变换（IDFT）是数字信号处理领域中应用最为广泛的离散变换。DFT 将有限序列 $x(n)$ 映射到频率域。也就是说，DFT 建立了时域与频域之间的联系，而且能用时域抽样定理将连续时间信号通过抽样转换为离散时间信号等优点。DFT 是复数运算，具有正交性和可分性，因此，可以从一维 DFT/IDFT 扩展到多维 DFT/IDFT，反之亦然。

本节介绍离散傅里叶变换的基本概念及 Matlab 相关函数，到后面通过仿真加以验证。

假设 $x(n)$ 为有限长序列，长度为 N（周期为 N），即 $x(n)$ 只在 $n=0\sim N-1$ 时有值，其他 n 时都为 0，则有限长序列的离散傅里叶变换定义为

正变换：

$$X(k)=\mathrm{DFT}[x(n)]=\sum_{n=0}^{N-1}x(n)W_N^{nk},0\leqslant k\leqslant N-1$$

或

$$X(k)=\mathrm{DFT}[x(n)]=\sum_{n=0}^{N-1}x(n)W_N^{nk}R_N(k)=\tilde{X}(k)R_N(k),0\leqslant k\leqslant N-1$$

其中，$W_N = \mathrm{e}^{-\mathrm{j}\frac{2\pi}{N}}$ 是旋转因子，$R_N(k)$ 为矩形序列的符号，即

$$R_N(k) = \begin{cases} 1, & 0 \leqslant k \leqslant N-1 \\ 0, & \text{其他} \end{cases}$$

反变换：

$$x(n) = \mathrm{IDFT}[X(k)] = \frac{1}{N}\sum_{k=0}^{N-1} X(k) W_N^{-nk}, 0 \leqslant n \leqslant N-1$$

或

$$x(n) = \mathrm{IDFT}[X(k)] = \frac{1}{N}\sum_{k=0}^{N-1} X(k) W_N^{-nk} R_N(n) = \tilde{X}(n) R_N(n)$$

其中 $\tilde{x}(n)$ 看成 $x(n)$ 以 N 为周期的周期延拓，即

$$x(n) = \begin{cases} \tilde{x}(n), & 0 \leqslant n \leqslant N-1 \\ 0, & \text{其他} \end{cases}$$

另一种表示为 $\tilde{x}(n) = x((n))_N$，其中 $x((n))_N$ 表示为 n 模 N（即 n 对 N 取余数）。例如，N=16，n=25 时因为 n=25=1×16+9，故

$$x((25))_{16} = 9$$

Matlab 提供了计算信号的离散傅里叶变换函数 fft，当数据的长度是 2 的幂次或质因数的乘积的情况下，可以使用快速傅里叶变换（FFT）来计算离散傅里叶变换。当数据长度是 2 的幂次时，计算速度显著增加，因此，常选择数据长度为 2 的幂次或者用零来填补数据，使得数据长度等于 2 的幂次非常重要。fft 函数的常用基本格式为

```
Y=fft(X)            %计算向量 X 的离散傅里叶变换或快速傅里叶变换，下同。
Y=fft(X,N)          %计算 N 点离散傅里叶变换，当 X 的长度小于 N 时，对不足
%部分补零，若大于 N，则删除超出 N 的那部分。
Y=fft(X,[],dim)或 Y=fft(X,N,dim) %计算对指定的第 dim 维的离散傅里
%叶变换，当 dim=1 时，与 Y=fft(X,N)基本相同。
Y=ff2(X)           %计算 X 的二维快速傅里叶变换。
Y=ifft(X)           %计算 X 的反快速傅里叶变换
Y=ifft(X,N)         %计算向量 X 的 N 点逆 FFT
Y=ifft2(X)          %计算 X 的二维逆快速傅里叶变换
```

【例 17.3】 给定数学函数

$$x(t) = 2\sin(8\pi t + \frac{\pi}{3}) + \cos(100\pi t)$$

若 FFT 采样点数 N 为 128，试对 t 从 0～1s 采样，采用 FFT 方法分析频谱。

解　参考程序如下：

```
N=128;                          % FFT 采样点数
T=1;                            %终止时间
t=linspace(0,T,N);              %时间向量
x=2*sin(2*pi*4*t+pi/3)+cos(2*pi*50*t);%采样样本值
Ts=t(2)-t(1);                   % 采样周期
f=1/Ts;                         %采样频率
Y=fft(x);                       %计算 x 的 fft
F=Y(1:N/2+1);                   % F(k)=Y(k) (k=1:N/2+1)
f=(0:N/2)/N*Ts;                 %奈奎斯特采样定理，起始为零，终止为 Ts/2
plot(f,abs(F),':o')             %频谱图
xlabel('频率'),ylabel('[F(k)]')
```

程序运行的结果，如图 17-1 所示。

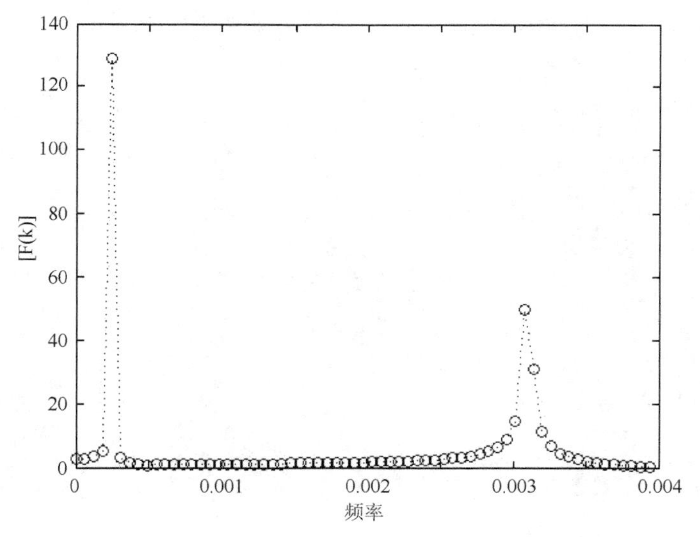

图 17-1　频谱图

现在求它的逆过程，即 Y 的快速傅里叶变换，并与原函数进行比较。参考程序如下：

```
ix=real(ifft(Y));
plot(t,x,t,ix,':')
norm(x-ix)
```

输出结果如图 17-2 所示。

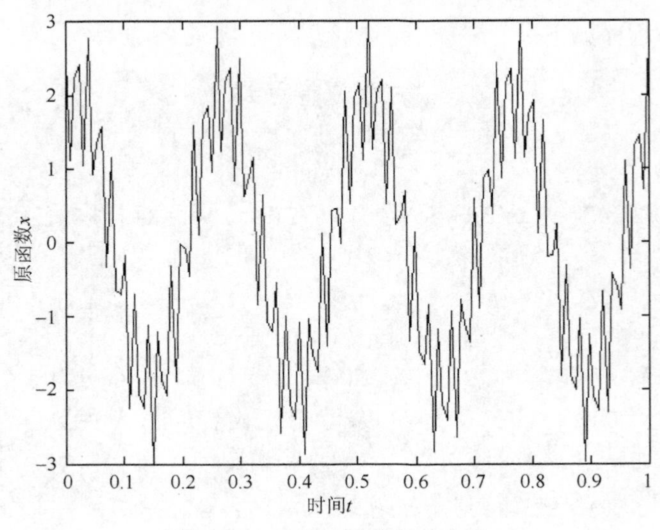

图 17-2　Y 的快速傅里叶变换

【例 17.4】　读入 rice.png 图像文件，求二维傅里叶变换。

参考程序如下：

```
clear
load imdemos rice
imshow(rice)
title('rice.png')
b=fftshift(fft2(rice)); %把 fft 结果平移到负频率上
figure
imshow(log(abs(b)),[]);% 幅值
colormap(jet(64));
colorbar
title('幅值')
```

程序运行的结果，如图 17-3 所示。

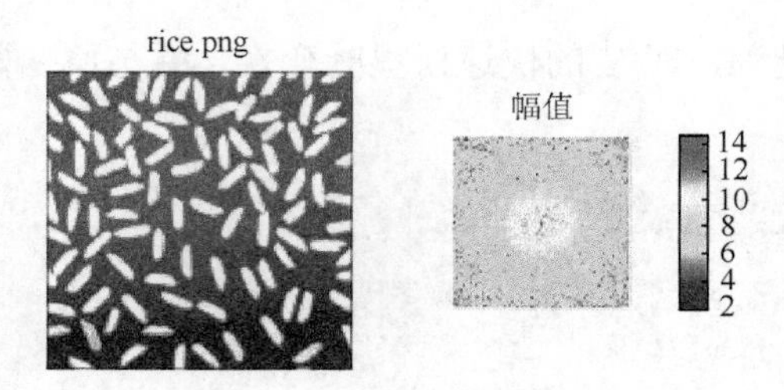

图 17-3　rice.png 图像文件与幅值

【例 17.5】 假设有限长序列

$$x(n)=\begin{cases}1, & 0\leqslant n\leqslant 4\\ 0, & 其他\end{cases}$$

试计算 $x(n)$ 的 $N=16$ 点的离散傅里叶变换 $X(k)$ 。

解 根据离散傅里叶变换定义有

$$X(k)=\mathrm{DFT}[x(n)]=\sum_{n=0}^{N-1}x(n)W_N^{nk}, 0\leqslant k\leqslant N-1$$

其中，$W_N=\mathrm{e}^{-\mathrm{j}\frac{2\pi}{N}}$，$\mathrm{e}^{-\mathrm{j}\theta}=\cos\theta-\mathrm{j}\sin\theta$。

$$X(k)=\sum_{n=0}^{4}x(n)\mathrm{e}^{-\mathrm{j}\frac{2\pi}{N}nk}$$

由于 $X(k)$ 在 0、4、8 和 12 点处为常数，这里只用解析法验证这几点处的离散傅里叶变换。

$$X(0)=\sum_{n=0}^{4}x(n)\mathrm{e}^{-\mathrm{j}\frac{2\pi}{N}n*0}=\sum_{n=0}^{4}x(n)=5$$

$$X(4)=\sum_{n=0}^{4}x(n)\mathrm{e}^{-\mathrm{j}\frac{2\pi}{N}n\times 4}=1+\mathrm{e}^{-\mathrm{j}\frac{2\pi}{16}\times 1\times 4}+\mathrm{e}^{-\mathrm{j}\frac{2\pi}{16}\times 2\times 4}+\mathrm{e}^{-\mathrm{j}\frac{2\pi}{16}\times 3\times 4}+\mathrm{e}^{-\mathrm{j}\frac{2\pi}{16}\times 4\times 4}$$

$$=1+\cos(\frac{\pi}{2})-\mathrm{j}\sin(\frac{\pi}{2})+\cos(\pi)-\mathrm{j}\sin(\pi)+\cos(\frac{3\pi}{2})-\mathrm{j}\sin(\frac{3\pi}{2})+\cos(\frac{4\pi}{2})-\mathrm{j}\sin(\frac{4\pi}{2})$$

$$=1+0-\mathrm{j}+(-1)-0+0-(-\mathrm{j})+1-0=1$$

$$X(8)=1$$

$$X(12)=1$$

程序求解代码如下：

```
L=4;
N=16;
k=[-N/2:N/2];
x=[1,1,1,1,1];
Y=fft(x,N)
Y =
 Columns 1 through 5
  5.0000              3.0137 - 3.0137i        0 - 2.4142i
-0.2483 - 0.2483i   1.0000
 Columns 6 through 10
  0.8341 - 0.8341i         0 - 0.4142i   0.4005 + 0.4005i
1.0000             0.4005 - 0.4005i
```

```
 Columns 11 through 15
      0 + 0.4142i   0.8341 + 0.8341i   1.0000
-0.2483 + 0.2483i        0 + 2.4142i
 Column 16
  3.0137 + 3.0137i
```

注意：下标从零开始。

17.3　离散傅里叶变换的应用

离散傅里叶变换的应用非常广泛，可以通过离散傅里叶变换求两信号的卷积和。

设两序列为 $x(n)$ 和 $h(n)$，它们的卷积和可以定义为

$$x(n)*h(n)=\sum_{m=-\infty}^{\infty}x(m)h(n-m)$$

其中，*表示为卷积和。

对于线性移不变系统来说，设系统的输入系列为 $x(n)$，输出系列为 $y(n)$，根据信号的分解理论，任一系列 $x(n)$ 可写成单位冲激信号的移位加权和，即

$$x(n)=\sum_{m=-\infty}^{\infty}x(m)\delta(n-m)$$

则系统的输出为

$$y(n)=\sum_{m=-\infty}^{\infty}x(m)h(n-m)=x(n)*h(n)$$

【例 17.6】　已知下面两个系列：

$$x(n)=\{3\ 2\ \underset{\uparrow}{0}\ 1\ 4\},-2\leqslant n\leqslant 2$$

$$h(n)=\{\ 2\ \underset{\uparrow}{3}\ \text{-}1\ 1\},-1\leqslant n\leqslant 2$$

求卷积和 $y(n)=x(n)*h(n)$。

解　根据卷积和定义公式有

$$y(n)=\sum_{m=-\infty}^{\infty}x(m)h(n-m)=x(n)*h(n)$$

分别求出信号在每个离散上的值（加权和），主要有以下五个步骤。

（1）变量置换：将所给序列的自变量置换成为 m，得到 $x(m)$ 和 $h(m)$。

（2）时间反转（翻转）：将序列以纵坐标为对称轴翻转。

（3）时间移位：对某一 n，将系列 $h(-m)$ 平移 n 个单位（$n>0$ 时朝右移动），得 $h(n-m)$。

（4）相乘：将 $x(m)$ 和 $h(n-m)$ 各对应点相乘。

（5）求和：将相乘后的各点值相加，得序号输出系列 $y(n)$ 。

因此，得

$$y(0)=\sum_{m=-\infty}^{\infty} x(m)h(-m)=3\times1+2\times(-1)+0\times3+1\times2=3$$

$$y(1)=\sum_{m=-\infty}^{\infty} x(m)h(1-m)=2\times1+0\times(-1)+1\times3+4\times2=13$$

$$y(-1)=\sum_{m=-\infty}^{\infty} x(m)h(-1-m)=3\times(-1)+2\times3+0\times2=3$$

Matlab 提供的内部函数 conv 用于计算两个有限长序列之间的卷积。

参考程序如下：

```
>>x=[3 2 0 1 4];
h=[2 3 -1 1];
y=conv(x,h)
y =
     6    13     3     3    13    11    -3     4
```

如果任意系列是无限长的，那么不能直接用 conv 函数来计算卷积，因此，需要将 conv 函数进行扩展为自定义函数 dconv，它能实现任意位置序列的卷积。

自定义函数 dconv，并保存为 dconv.m。

```
function [y,ny]=dconv(x,nx,h,nh)
nyb=nx(1)+nh(1);
nye=nx(length(x))+nh(length(h));
ny=[nyb:nye];
y=conv(x,h);
```

在命令窗口输入：

```
>> x=[3 2 0 1 4];
h=[2 3 -1 1];
nx=-2:2;
nh=-1:2;
[y,ny]=dconv(x,nx,h,nh)
stem(ny,y)
```

输出的结果为：

```
y =
```

```
     6    13     3     3    13    11    -3     4
ny =
    -3    -2    -1     0     1     2     3     4
```

程序运行的结果，如图 17-4 所示。

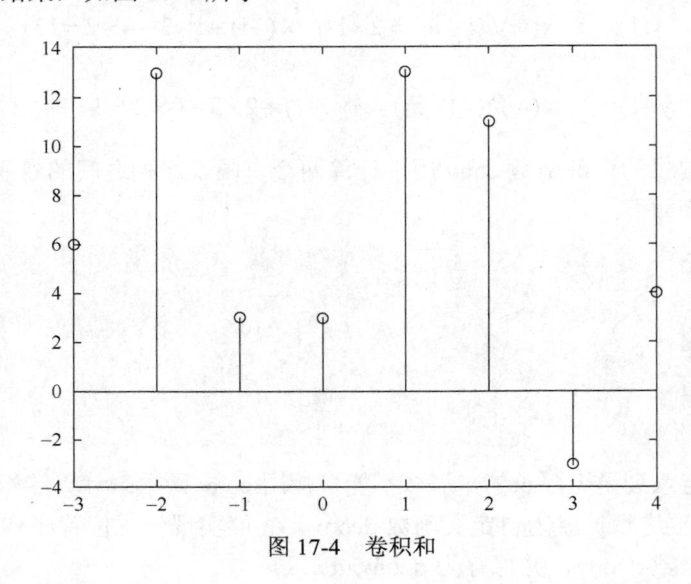

图 17-4　卷积和

Matlab 除了提供 fft 函数外，还包括以下信号处理相关函数，见表 17-1。

表 17-1　信号处理相关函数

函数	说明
conv2	二维卷积
filter	离散时间滤波器
filter2	二维离散时间滤波器
angle	四个象限的相角
unwrap	在 360°边界清除相角突变
nextpow2	2 的下一个较高幂次

第18章　句 柄 图 形

句柄图形是对底层图形例程集合的总称，它实际上是进行生成图形的工作。句柄图形可以被任何用户用来改变 Matlab 生成图形的方式，也允许用户定制图形的许多特征，无论是希望在一幅图形中做一点小变动，还是希望做影响所有图形输出的全局变动。

前面章节中提供的图形功能被认为是高级的命令和函数，包括 plot、mesh 和 axis 及其他，这些函数是建立在底层函数和属性的基础上的，总称为句柄图形。

18.1　句柄图形对象

句柄图形基于这样的概念，一幅图中每一个组成部分是一个对象，每一个对象有一系列句柄和它相关，每一个对象有按需要可以改变的属性。

执行图形命令产生的每一个图形都是图形对象。它们包括图形窗口、坐标轴、线条、曲面、文本和其他。这些对象按父对象和子对象构成层次结构，计算机屏幕是根对象，并且是所有其他对象的父亲。图形窗口是根对象的子对象，坐标轴和用户界面对象是图形窗口的子对象；线条、文本、曲面、补片和图像对象是坐标轴对象的子对象。

根对象可包括一个或多个图形窗口，每一个图形窗口可包含一组或多组坐标轴。所以其他的对象都是坐标轴的子对象（除了 uicontrol 和 unimenu），并且在这些坐标轴上显示。当父对象或子对象不存在时，所有创建对象的函数都会创建它们。例如，如果图形窗口没有打开，执行 plot 命令绘图会创建自动打开一个图形窗口和一组坐标轴，然后在这组坐标轴内画线。

所有产生对象的 Matlab 函数都为所建立的每个对象返回一个句柄（或句柄的列向量），如函数 plot、mesh、surf 等。

18.2　通用函数 get 和 set

属性名是字符串，通常以混合格式给出，每个词的开头字母大写，如 LineStyle，但是 Matlab 识别一个属性时是不区分大小写的，只要有足够多的字符来唯一的辨识一个属性名即可，如坐标轴对象的位置属性可以用 position、Position 或 pos 来调用。

Matlab 中可以直接用{属性名，属性值}来建立对象生成函数，例如：

```
>>F_1=figure('color', 'white'),
```

建立一个窗口，不同的是背景的颜色是白色，而不是缺省的黑色。为了获得和改变句柄图形对象的属性用到 get 和 set 两个函数，get 函数返回某些对象属性的当前值，其语法是 get（handle，'PropertyName'），例如：

```
>>po=get(F_1,'Position');
```

返回具有句柄 F_1 对象的颜色。set 函数改变句柄图形对象属性，其使用语法是 set（handle，'PropertyName'，value），例如：

```
>>set(F_1, 'Position', p_vector);
```

将句柄 F_1 所描述的图形位置设置为向量 p_vector 所指定的值，例如：

```
>>set(L_1, 'Color', 'r');
```

set 函数可以有任意数目的（'PropertyName'，value）对，例如：

```
>>set(L_1, 'Color', 'r','Linewidth',3, `LineStyle','-');
```

将具有句柄 L_1 的线条变成红色，线宽为 2，线型为实线。如果没有指定一个具有固定值的属性，Matlab 就会发出通知，例如：

```
>>set(F_1, 'Position');
A figure's 'Position' property does not have a fixed set of
property values.
```

如果用户不清楚 set 和 get 函数有哪些属性可以应用，可以要求 Matlab 提供帮助，如 set（handle，'PropertyName'）返回一个可以赋给 handle 所描述对象的属性值列表，例如：

```
>>set(F_1, 'Units');
[inches|centimeters|normalized|points|{pixels}]
```

它表示 F_1 所引用图形的单元（Units）属性是五个可允许的字符串，其中像素（pixels）是缺省值。

除了 set 命令，句柄图形对象创建函数（如 figure、axis、line 等）接受多个属性名和属性值对，例如：

```
>>figure('Color','red','NumberTitle','off','Name','Figure
example01');
```

建立一个图形窗口，背景为蓝色，标题为：Figure example01。注意，set 和

get 会返回不同的属性列表，有些属性只可读、不能改变，它们称为只读属性。与每一个对象有关的属性数目是固定的，但不同的对象类型有不同数目的属性，如一个线条对象有 16 个属性，而一个坐标轴对象有 64 个属性。

Matlab 还提供了 delete（handle）来删除对象或它们的子对象，reset（handle）将与句柄有关的全部对象属性（除了 Position 属性）重新设置为该对象类型的缺省值。

18.3　对 象 查 找

句柄图形提供了对图形对象的访问途径，允许用 get 和 set 函数定制图形。Matlab 提供如下查找对象句柄的工具。

text 命令可在图形的任意指定位置增加标记和文本信息，例如：

```
>>F_figure=gcf;
```

返回当前图形的句柄，而

```
>>F_axis=gca;
```

返回当前图形的当前坐标轴的句柄。

```
>>F_object=gco;
>>F_object=gco(F_figure);
```

返回当前图形的当前对象的句柄，返回与句柄 F_figure 有关的图形中当前对象的句柄，当前对象为鼠标刚刚点过的对象。这种对象可以是除了根对象（计算机显示器屏幕）之外的任何图形对象。但是，如果鼠标处在一个图形中而鼠标按钮未点，则 gco 返回一个空矩阵。

一旦通过 set 函数获得一个对象的句柄时，它的对象类型可以通过查询对象的‘type’属性来获得。该属性是一个字符串对象名，如‘figure’‘axes’或‘text’，例如：

```
>>F_type=get(F_object,'type');
```

gcf 函数获得根对象的‘CurrentFigure’属性值，即当前图形的句柄。函数 gca 返回当前图形的‘CuurrentAxes’属性值。gco 函数在试图获得当前对象之前先检查图形是否存在。需要注意的是，gcf 和 gco 函数是获取当前图形窗口和坐标轴的句柄，而 gco 函数是获取最近被选中的图像对象的句柄，图形对象的句柄由系统自动分配，每次分配的值可能不同。

findobj 函数返回符合所选判据的对象的句柄，它检查所有的‘Children’，包括坐标轴的标题和标志；如果没有对象满足指定的判据，findobj 返回空矩阵。

18.4 位置和单位

Position 位置属性是一个 4 个元素的行向量[left，bottom，width，height]，其中[left，bottom]是该对象相对于它的父对象的位置，以图形对象的左下角为基准，而[width，height]描述了该图形对象的宽度和高度，如图 18-1 所示。

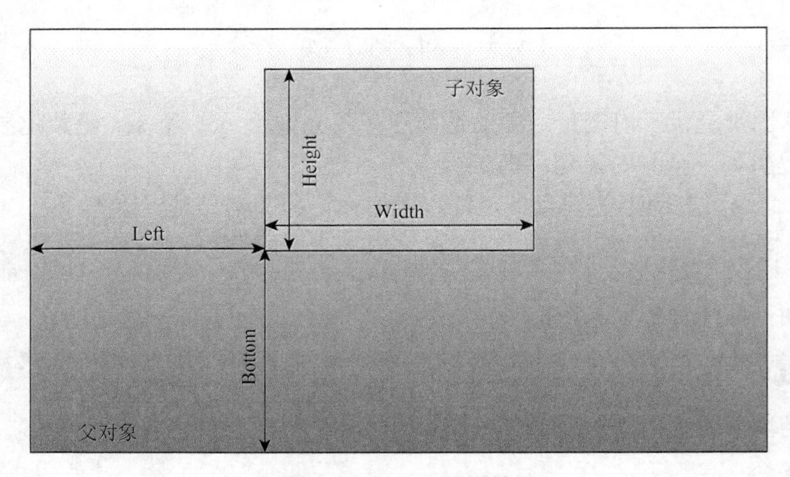

图 18-1 Position 属性

位置向量的单位由该对象的单元属性 Uints 给出，例如：

```
>>get(gcf, 'Position')
ans=
400 400 480 360
>>get(gcf, 'Units')
ans=
pixels
```

位置向量给出的是图形的可画区域，它并不包括该窗口的边界、滚动条或标题条。Units 属性缺省是像素，也可以是英寸、厘米、点或归一化坐标。像素代表了屏幕像素，即在屏幕上可表现出来的最小的矩形对象。归一化坐标是在[0, 1]范围内，屏幕左下角在[0, 0]，右上角在[1, 1]。

为了更好地描述电脑屏幕，其位置属性称为 ScreenSize 而不是 Position，这时[left，bottom]总是[0, 0]，而[width，height]是屏幕的尺寸，单位由根对象的 Units 属性指定。表 18-1 给出了句柄图形函数。

表 18-1　句柄图形函数

函数调用格式	说明
set（handle，'Property'，Value）	设置对象属性
get（handle，'PropertyName'）	获取对象属性
reset（handle）	将对象属性重设为缺省值
delete（handle）	删除一个对象和它所有的子对象
gcf	获取当前图形的句柄
gca	获取当前坐标轴的句柄
gco	获取当前对象的句柄
findobj（'PropertyName'，Value）	获取具有指定的属性值的对象的句柄
waitforbuttonpress	等待键或鼠标按钮在图形中按下
figure（'PropertyName'，Value）	创建图形对象
axes（'PropertyName'，Value）	创建坐标轴对象
line（X，Y，'PropertyName'，Value）	创建线条对象
text（X，Y，S，'PropertyName'，Value）	创建文本对象
patch（X，Y，C，'PropertyName'，Value）	创建补片对象
surface（X，Y，Z，'PropertyName'，Value）	创建曲面对象
image（C，'PropertyName'，Value）	创建图像对象

第 19 章　图形用户界面

用户界面是指人与计算机或计算机程序的交互方式，是用户与计算机进行信息交流的模式，如计算机屏幕上的文字、图形，扬声器产生的声音。用户利用输入设备（如键盘、鼠标、绘图板和话筒等）与计算机通信。

图形用户界面（Graphical User Interface，GUI）是包含图形对象（如窗口、图标、菜单和文本）的用户界面。以某种方式选择或激活这些对象，会引起变化，如鼠标的滑动、点击操作、选择对象等。

命令窗口不是唯一能与 Matlab 交互的方式，句柄 uicontrol 能建立如按钮、滚动条、弹出式菜单及文本框等对象；uimenu 能在图像窗口产生下拉式菜单和子菜单；demo 命令为用户打开一个用来演示历程的窗口。

GUI 可以在 Matlab 中有效地生成工具和应用程序，或是建立演示工作的交互式界面。

19.1　GUI 对象层次结构

由图形命令生成的每一件事物是一个图形对象，不仅包括 uicontrol 和 uimenu 对象，还包括图形、坐标轴和他们的子对象。屏幕是根对象，图形是根对象的子对象，坐标轴、uimenu、uicontrol 是图形的子对象。

根可以包括多个图形，每个图形含有一组或多组坐标轴及其子图像，每个图形也可以有一个或多个与坐标轴无关的 uimenu 和 uicontrol。虽然 uicontrol 对象无子对象，但却具有多种类型；uimenu 对象常将其他的 uimenu 对象作为其子对象。GUI 对象层次结构见图 19-1。

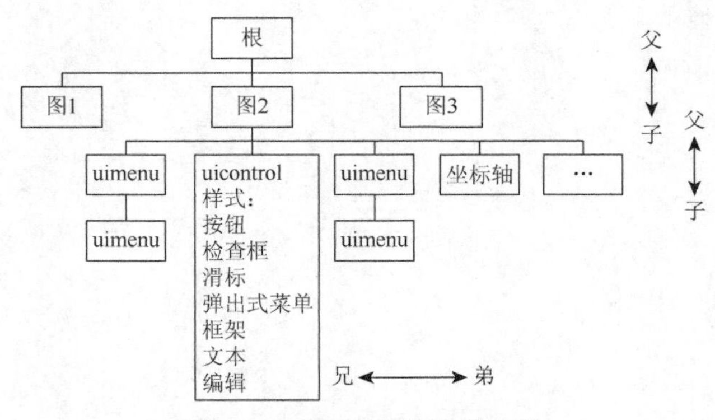

图 19-1　GUI 对象层次结构图

19.2　菜　　单

菜单条位于窗口顶部，Matlab 采用下拉式菜单方式。Matlab 菜单包括 File、Edit、Debug、Parallel、Desktop、Window 和 Help。可以采用 uimenu 函数建立菜单项，uimenu 的句法与其他对象创建函数类似，例如：

```
>>H_1=uimenu(Hx_parent,'PropertyName', PropertyValue,…)
```

其中，H_1 是由 uimenu 生成的菜单项的句柄，通过设定 uimenu 对象的属性值 PropertyName 和 PropertyValue 定义了菜单特性；Hx_parent 是缺省的父辈对象的句柄，必须是图形和 uimenu 对象，uimenu 对象属性见表 19-1。

表 19-1　uimenu 对象的属性

SSAccelerator	指定菜单项等价的按钮或快捷键。对于 windows 系统，按键顺序是 control+字符
BackgroundColor	缺省为亮灰色。可以用三个元素的 RGB 向量表示
Callback	回调字符串，选择菜单项时，回调字符串传给函数 eval；初始值为空矩阵
Checked	备选项的校验标记
on:	校验标记出现在所选的旁边
{off}:	校验标记不显示
Enable	菜单使能状态
on:	菜单项使能，将 Callback 字符串传给 eval
{off}:	菜单项不使能，菜单标志变灰，选择菜单项不起作用
ForegroundColormenu	uimenu 前景（文本）色，是一个三元素 RGB 向量或预先定义的颜色名称，缺省为黑色
Label	含有菜单项标志的文本串
Position	uimenu 对象的相对位置，顶层菜单从左到右编号，子菜单从上至下编号
Separatoron:	分割符——线模式
On:	分割线在菜单项之上
{off}:	不画分割线
*Visible	uimenu 对象的可视性
{on}:	uimenu 对象在屏幕上可见
ButtonDownFcn	当对象被选择时，Matlab 回调函数串传递给函数 eval。初始值为空矩阵
Children	其他 uinemu 对象的句柄
Clipping	限幅模式
on:	对 uimenu 对象无效果
{off}:	对 uimenu 对象无效果
Interruptible	指明 ButtonDownFcn 和 Callback 串可否中断

续表

{on}:	回调不可中断
Yes:	回调串可被中断
Parent	父对象句柄；如果 uimenu 对象是顶层菜单，则为图形对象；若 uimenu 是子菜单，则为父的 uimenu 对象句柄
*Select	值为[on|off]
*Tag	文本串
Type	只读对象识别串，通常为 uimenu
UserData	用户指定的数据。可以是矩阵，字符串等等
Visible	uimenu 对象的可视性
on:	uimenu 对象在屏幕上可见
{off}:	uimenu 对象不可见

属性值仅仅定义了 uimenu 对象的性质并控制菜单如何显示，它们也决定了选择菜单项所引起的动作。

Label 属性定义了出现在菜单或菜单项中的标志，它也可以用来定义 Windows 系统中的快捷键：标志字符串中，在所需字符前加“&”，例如：

```
>>H_top=uimenu('Label','Example');
>>uimenu(H_top,'Label','&Grid','CallBack','grid');
```

定义了键盘上 G 为快捷键，菜单项标志为 Grid 形式；为激活快捷键，在选图形窗口时按 Alt+G 键。

uimenu 对象可设置两个颜色属性，BackGroundColor 属性控制填充菜单背景的颜色。缺省值为浅灰。另一个颜色属性为 ForeGroundColor，它确定菜单项文本的颜色，缺省值为黑色。

改变对象 uimenu 的 Enable 值或 Visible 属性可使菜单项暂时失去功能。Enable 属性通常为 on，当 Enable 属性设为 off 时，标志字符串变灰，菜单项失去功能，在这种状态下菜单项可见但不能被选择。

CallBack 属性值是一个 Matlab 字符串，Matlab 将它传给函数 eval 并在命令窗口的工作空间执行。它对于函数 M 文件有重要的隐含意义。

19.3　控　制　框

控制框是图形对象，如图标、文本框和滚动条，它和菜单一起使用以建立用户图形界面，称之为窗口系统。Matlab 控制框 uicontrol 与 uimenu 相似，都是图形对象，可以放置在 Matlab 的图形窗口中的任意位置并用鼠标激活，包括按钮、滑标、文本框和弹出式菜单。

uicontrol 语法与 uimenu 相同，例如：

```
>>H_1=uicontrol(H_fig,'PropertyName', PropertyValue,…);
```

其中，H_1 是由 uicontrol 函数生成 uicontrol 对象的句柄，通过设定 uicontrol 对象的属性值 PropertyName、PropertyValue 定义了 uicontrol 的属性；H_fig 是父对象的句柄，必须是图形。如果图形对象句柄省略，就用当前的图形。Uicontrol 函数可以建立 8 种不同类型的控制框（按钮键、无线按钮、检查框、静态文本框、可编程文本框、滑标、弹出式菜单和控制框属性），属性 style 决定了所建控制框的类型，Callback 属性值是当控制框激活时，传给 eval 在命令窗口执行的 Matlab 字符串。uicontrol 对象属性见表 19-2。

表 19-2　uicontrol 对象的属性

BackgroundColor	uicontrol 背景色，缺省为亮灰色。可以用三个元素的 RGB 向量表示
Callback	回调字符串，当 uicontrol 激活时，回调字符串传给函数 eval；初始值为空矩阵
ForegroundColormenu	uicontrol 前景（文本）色，是一个三元素 RGB 向量或预先定义的颜色名称，缺省为黑色
HorizontalAlignment	标志串水平排列
left：	相对于 uicontrol 文本左对齐
{center}：	相对于 uicontrol 文本居中
right：	相对于 uicontrol 文本右对齐
Max	属性 Value 的最大许可值。最大值取决于 uicontrol 的 type。当 uicontrol 处于 on 状态时，无线按钮及检查框将 Value 设为 Max；该值定义了弹出式菜单最大下标值或滑标的最大值。当 Max–Min>1 时，可编辑文本框是多行文本，缺省值为 1
Min	属性 Value 的最小许可值。最小许取决于 uicontrol 的 type。当 uicontrol 处于 off 状态时，无线按钮及检查框将 Value 设为 Min；该值定义了弹出式菜单最小下标值或滑标的最小值。当 Max–Min>1 时，可编辑文本框是多行文本，缺省值为 0
Position	位置向量[left，bottom，width，height]。其中，[left，height]表示相对于图形对象左下角的位置。[width，height]表示 uicontrol 的尺寸，单位由属性 Uints 确定
Enable*	控制框使能状态
{on}：	uicontrol 使能。激活 uicontrol，将 Callback 字符串传给 eval
off：	uicontrol 不使能。标志串模糊不清，激活 uicontrol 不起作用
String	文本字符串，在按钮键、无线按钮、检查框和弹出式菜单上指定 uicontrol 的标志。对于可编辑文本框，该属性设置成由用户输入的字符串。对弹出式菜单或可编辑文本框中多个选项每一项由“|”分割，整个字符串用引号括起来。框架和滑标、不用引号
Style	定义了 uicontrol 对象的类型
{pushbutton}：	按钮键：选择时执行一个动作

续表

radiobutton：	无线按钮键：单独使用时，在两个状态之间切换；成组使用时，由用户选择一个选项
checkbox：	检查框：单独使用时，在两个状态之间切换；成组使用时，由用户选择一个选项
edit：	可编辑框：显示一个字符串并可让用户改变
text：	静态文本框：显示一个字符串
silder：	滑标：让用户在值域范围内选择一个值
frame：	框架：显示包围一个或几个 uicontrol 的框架，使其形成一个逻辑群
popmenu：	弹出式菜单：含有许多互斥选择的弹出式菜单
Units	位置属性单位
inches：	英寸
centimeters：	厘米
normalized：	归一化坐标值，图形在左下角映射为（0, 0），右上角映射为（1, 1）
points：	打印设置点，等于 0.353（1/72 英寸）
{pixels}：	屏幕像素，是计算机分辨率的最小单位
Value	uicontrol 当前值。无线按钮和检查框在 on 状态时，Value 设为 Max，当 off 状态时，Value 设为 Min。由滑标将 Value 设置为[Min，Max]区间的值，弹出式菜单把 Value 值设置为所选项的下标（1≤Value≤Max）。文本对象和按钮不设置该属性
ButtonDownFcn	当 uicontrol 被选择时，Matlab 回调函数串传给函数 eval。初始值为空矩阵
Children	uicontrol 对象一般无子对象，通常返回空矩阵
Clipping	限幅模式
{on}：	对 uicontrol 对象无效果
off：	对 uicontrol 对象无效果
Interruptible	指明 ButtonDownFcn 和 Callback 串可否中断
{on}：	回调不能由其他回调中断
Yes：	回调串可被中断
Parent	包含 uicontrol 对象的图形句柄
*Select	值为[on|off]
*Tag	文本串
Type	只读对象识别串，通常为 uicontrol
UserData	用户指定的数据。可以是矩阵，字符串等等
Visible	uicontrol 对象的可视性
on：	uicontrol 对象在屏幕上可见
{off}：	uicontrol 对象不可见

19.4 中断回调的规则

一旦回调开始执行，通常都在下一个回调事件处理之前运行完毕。将

Interruptable 属性设置为 Yes，可改变缺省值，从而当正在执行的回调遇到 drawnow、figure、getframe 或 pause 命令时，允许处理的回调事件悬挂起来。事件队列执行计算操作或设置对象属性的命令一经发出，Matlab 便进行处理；而涉及图形窗口输入或输出的命令则生成事件，事件包括产生回调的指针移动或鼠标按钮动作，以及重新绘制图形的命令。

回调在达到 drawnow、getframe、pause 或 figure 命令之前一直执行，不含这些命令的回调不会被中断，一旦达到这些特殊命令之一，停止执行回调，将其悬挂起来，并检查事件队列中每一个悬挂事件。如果产生悬挂回调的对象的 Interruptable 属性设为 Yes，则在被悬挂的回调恢复之前按序处理掉所有悬挂。如果 Interruptable 属性为 No，则只处理悬挂的事件，放弃回调事件。

即使正在执行的回调是不能被中断的，当回调达到 drawnow、figure、getframe 或 pause 命令时，仍然处理悬挂的事件。通过避免在回调中使用所有这些特殊命令，消除此类事件。如果回调中需要这些特殊命令，但又不要任何悬挂事件，甚至是刷新屏幕，来中断回调，则可以使用 drawnow 命令。

drawnow 命令迫使 Matlab 刷新屏幕，只要 Matlab 回到命令提示，或者执行 drawnow、figure、getframe 或 pause 命令，屏幕就刷新。drawnow 的特殊形式 drawnow（'discard'）使事件队列中所有事件放弃。在回调中将 drawnow（'discard'）包含在一个特殊命令之前，就含有清除事件队列的效果，防止刷新事件，以及回调事件中断回调。

第 20 章　符号数学工具箱

Matlab 提供的符号数学工具箱（Symbolic Math Toolbox）是使用字符串来进行符号分析，而不是基于数组的数字分析。

符号数学工具箱是操作和求解符号表达式的工具集合，有复合、简化、微分、积分以及求解代数方程和微分方程的工具；还有一些用于线性代数的工具，如求逆、行列式、正则表达式的精确计算、矩阵的特征值和数值计算误差等，见前面第 8、10 章内容；还支持可变精度运算，即能以指定的精度返回结果。

符号数学工具箱建立在 Maple 软件的基础上，当要求 Matlab 进行符号运算时，就请求 Maple 计算并将结果返回到 Matlab 的命令窗口。

20.1　符号表达式

Matlab 将符号表达式理解为字符串，以示与数字变量运算的区别。符号表达式是代表数字、函数、算子和变量的 Matlab 字符串或字符串数组；符号方程式是含有等号的符号表达式；符号算术是使用已知的规则和给定符号恒等式求解这些符号方程的事件，它与代数和微积分所学到的求解方法完全一样。符号表达式与等效的 Matlab 表达式见表 20-1。

表 20-1　符号表达式与等效的 Matlab 表达式

符号表达式	Matlab 表达式
$2/x^n$	`2/x^n`
$1/\sqrt{6x}$	`1/sqrt（6*x）`
$\cos(x^4)-2\sin(x)$	`cos（x^4）-2*sin（x）`
$M=\begin{bmatrix} a & b \\ c & d \end{bmatrix}$	`sym（'[a b, c d]'）`
$\int_a^b \frac{x^2}{\sqrt{2-x^3}}\mathrm{d}x$	`int（'x^2/sqrt（2-x^3）', 'a', 'b'）`

用单引号以隐含方式定义符号表达式，例如：

```
>> diff('cos(x)')
ans =
     -sin(x)
Warning: The method char/diff will be removed in a future
release. Use sym/diff instead. For example diff(sym('x^2')).
```

因此，用 sym 明确指出[*a b*，*c d*]是一符号矩阵。

```
>>y=sym(' [a b; c d] ')
y =
   [ a, b]
   [ c, d]
```

当字符表达式含有多个变量时，可以用如下的计算得到变量 *a*、*x* 和 *y*，例如：

```
>>symvar('a*x+y*3')
ans =
     'a'
     'x'
     'y'
```

如果创建了符号表达式，希望提取表达式的某一部分，或者合并两个表达式或求得表达式的数值，也有多种方法。所有符号函数作用到符号表达式和符号数组，并返回符号表达式或数组。可以运用 Matlab 中的 isstr 函数来找出一个表达式是否为字符串或是一个整数。

compose 函数将两个符号表达式复合，例如：

```
>> f=sym('2*x^2+3*x-5')
f =
   2*x^2 + 3*x - 5
>> g=sym('x^2-x+7')
g =
   x^2 - x + 7
>> compose(f,g)
ans =
     2*(x^2 - x + 7)^2 - 3*x + 3*x^2 + 16
```

```
>> compose(g,f)
ans =
    (2*x^2 + 3*x - 5)^2 - 3*x - 2*x^2 + 12
```

finverse 函数用于给出一个符号函数的逆函数，例如：

```
>>finverse(sym('e^x'))
ans =
     log(x)/log(e)
```

如果解不唯一，就给出警告，例如：

```
>>finverse(sym('sin(x)'))
Warning: finverse(sin(x)) is not unique.
ans =
     asin(x)
```

也可以用来求表达式的解，例如：

```
>>finverse(sym('ax+b'))
ans =
     b - ax
>>finverse(sym('a*b+c*d-a*z'), 'a')
ans =
    (a - c*d)/(b - z)
```

symsum 函数求表达式的“符号和”，symsum（f）返回 $\sum_{x=0}^{x-1} f(x)$，symsum（f, 's'）返回 $\sum_{x=0}^{x-1} f(s)$，symsum（f，a，b）返回 $\sum_{x=a}^{b} f(x)$ 和 symsum（f，'s'，a，b）返回 $\sum_{x=a}^{b} f(s)$，如计算 $\sum_{x=0}^{x-1} x^2$，有

```
>>symsum(sym('x^2'))
ans =
     x^3/3 - x^2/2 + x/6
```

计算$\sum_{n=1}^{n}(2n-1)^2$，有

```
>>symsum(sym(' (2*n-1)^2'),1, 'n')
ans =
    (4*n^3)/3 - n/3
```

计算$\sum_{n=1}^{\infty}\frac{1}{(2n-1)^2}$，有

```
>>symsum(sym('1/(2*n-1)^2'),1,inf)
ans =
     pi^2/8
```

20.2　符号表达式绘图

Matlab 提供 ezplot 函数来对表达式进行绘图。

```
>> g=sym('x^2-x+7');
>>ezplot(g);
```

结果见图 20-1，图中绘制了自变量 x 在[−6, 6]区间内对应的 x^2-x+7 字符串表达式的图形。

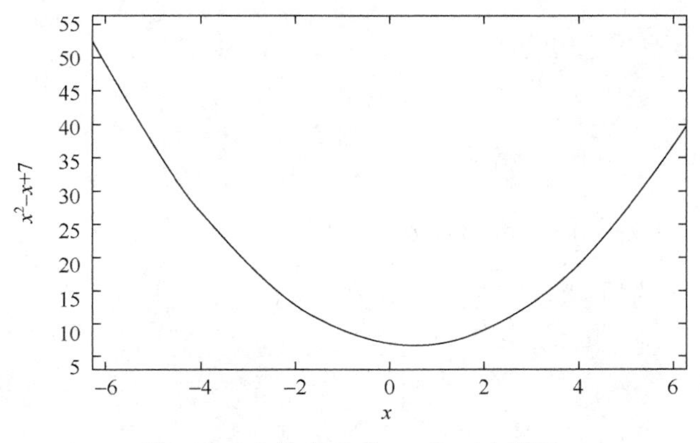

图 20-1　表达式“x^2-x+7”对应图形

如果作如下修改，得到图 20-2。

```
>>ezplot(g,[0,6]);
>>grid on;
```

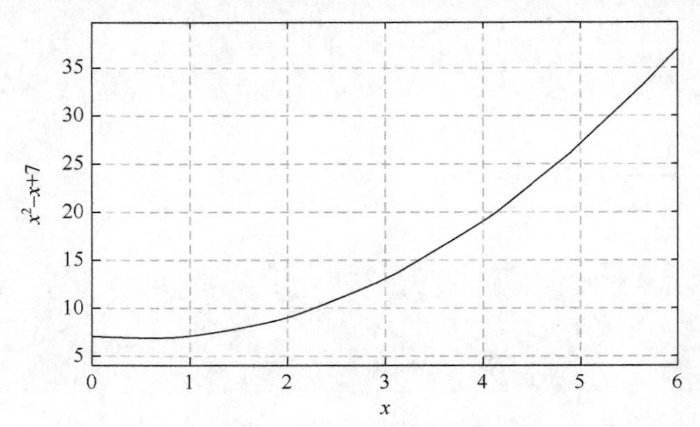

图 20-2 表达式“x^2-x+7”自变量取值在[0, 6]对应图形

20.3 符号表达式简化

泰勒展开函数 taylor 如下面所示，其中 pretty 函数给出常用的表示形式。

```
>>f=taylor(sym('log(x+1)/(x-5)'))  %缺省为 6 项
f =
  - (1207*x^5)/37500 + (293*x^4)/7500 - (41*x^3)/750 +
(3*x^2)/50 - x/5
>> pretty(f)
     5        4       3     2
  1207 x   293 x    41 x   3 x    x
 - ------- + ------ - ----- + ---- - -
  37500     7500     750    50    5
```

符号表达式可用其他等价形式表示，例如：

```
>>f=sym(' (x^2-1)*(x-2)*(x-3) ');
>> collect(f)   %合并同类项
ans =
    x^4 - 5*x^3 + 5*x^2 + 5*x - 6
>>factor(ans)   %多项式乘积形式
ans =
```

```
    (x - 1)*(x - 2)*(x - 3)*(x + 1)
>>expand(f)
ans =
    x^4 - 5*x^3 + 5*x^2 + 5*x - 6
```

另外，simple 是强大的工具，它能给出符号表达式的多种形式，例如：

```
>>simple(sym('sin(x)^2+3*x+cos(x)^2-5'))
   simplify:
   3*x - 4
   radsimp:
   cos(x)^2 + sin(x)^2 + 3*x - 5
   simplify(100):
   3*x - 4
   combine(sincos):
   3*x - 4
   combine(sinhcosh):
   cos(x)^2 + sin(x)^2 + 3*x - 5
   combine(ln):
   cos(x)^2 + sin(x)^2 + 3*x - 5
   factor:
   cos(x)^2 + sin(x)^2 + 3*x - 5
   expand:
   cos(x)^2 + sin(x)^2 + 3*x - 5
   combine:
   cos(x)^2 + sin(x)^2 + 3*x - 5
   rewrite(exp):
   3*x + ((1/exp(x*i))/2 + exp(x*i)/2)^2 + (((1/exp(x*i))*i)/2
- (exp(x*i)*i)/2)^2 - 5
   rewrite(sincos):
   cos(x)^2 + sin(x)^2 + 3*x - 5
   rewrite(sinhcosh):
   cosh(-x*i)^2 - sinh(-i*x)^2 + 3*x - 5
   rewrite(tan):
   3*x + (tan(x/2)^2 - 1)^2/(tan(x/2)^2 + 1)^2 +
(4*tan(x/2)^2)/(tan(x/2)^2 + 1)^2 - 5
```

```
mwcos2sin:
3*x - 4
collect(x):
3*x + cos(x)^2 + sin(x)^2 - 5
ans =
3*x - 4
```

又例如：

```
>> simple(sym(' (-a^2+1)/(1-a) '))
simplify:
a + 1
radsimp:
(a^2 - 1)/(a - 1)
simplify(100):
a + 1
combine(sincos):
(a^2 - 1)/(a - 1)
combine(sinhcosh):
(a^2 - 1)/(a - 1)
combine(ln):
(a^2 - 1)/(a - 1)
factor:
a + 1
expand:
a^2/(a - 1) - 1/(a - 1)
combine:
(a^2 - 1)/(a - 1)
rewrite(exp):
(a^2 - 1)/(a - 1)
rewrite(sincos):
(a^2 - 1)/(a - 1)
rewrite(sinhcosh):
(a^2 - 1)/(a - 1)
rewrite(tan):
(a^2 - 1)/(a - 1)
```

```
    mwcos2sin:
    (a^2 - 1)/(a - 1)
    collect(a):
    a + 1
ans =
    a + 1
```

20.4　改变运算精度

Matlab 中缺省的精度要求是 16 位，例如：

```
>>format long
>>pi
ans =
     3.141592653589793
```

vpa 函数用来修改精度要求，例如：

```
>>vpa('pi',24)
ans =
     3.14159265358979323846264
```

20.5　代数方程求解

Matlab 应用 solve 命令求解符号方程，如果表达式不是一个方程式，求解之前让表达式等于零。

```
>> solve(sym('*x^2+b*x+c'))
ans =
     -(b + (b^2 - 4*a*c)^(1/2))/(2*a)
     -(b - (b^2 - 4*a*c)^(1/2))/(2*a)
```

或者

```
>> solve('a*x^2+b*x+c')
ans =
    -(b + (b^2 - 4*a*c)^(1/2))/(2*a)
    -(b - (b^2 - 4*a*c)^(1/2))/(2*a)
```

如果希望对非缺省变量求解，需要指定变量，例如：

```
>> solve('a*x^2+b*x+c', 'b')
ans =
    -(a*x^2 + c)/x
```

求解带有等号的符号表达式，例如：

```
>> solve(' (x)=sin(x) ')
ans =
    pi/4
```

也可以求解代数方程组，命令 solve（s1，s2，…，sn）对缺省的变量 x 求解 n 个方程构成的方程组：命令 solve（s1，s2，…，sn，'v1，v2，…，vn'）对 n 个未知数求解方程组。

20.6 微分方程求解

dsolve 函数用来计算常微分方程的符号解，用字母 D 来表示求微分，用 D2 和 D3 来表示求二重、三重微分，以此类推。字母 D 后面所跟的字母代表因变量。如方程 $\mathrm{d}^2y/\mathrm{d}x^2=1+y^2$ 用符号表达式 D2y=0 来表示。求一解微分方程 $\mathrm{d}y/\mathrm{d}x=1+y^2$ 的通解为

```
>>dsolve('Dy=1+y^2')
ans =
      i
      -i
tan(C3 + t)
```

其中，第三个解中 C3 为常数。如果一直初始条件 $y(0)=1$，则

```
>>dsolve('Dy=1+y^2', ' y(0)=1')
ans =
    tan(pi/4 + t)
```

设二阶微分方程及初始条件为

$$\frac{\mathrm{d}^2y}{\mathrm{d}x^2}=\cos(2x)-y,\frac{\mathrm{d}y}{\mathrm{d}x}|0=0,y(0)=0 \tag{20-1}$$

有

```
>>y=dsolve('D2y=cos(2*x)-y', 'Dy(0)=0', 'y(0)=0')
y =
```

```
    cos(2*x) - cos(t)*(cos(2*x) - 1)
```

求以下二阶微分方程

$$\frac{d^2y}{dx^2}-2\frac{dy}{dx}-3y=0 \tag{20-2}$$

其通解为

```
>>y=dsolve('D2y-2*Dy-3*y=0')
y =
    C13*exp(3*t) + C14/exp(t)
```

增加初始条件 $y(0)=1$， $y(1)=1$，可得

```
>>y=dsolve('D2y-2*Dy-3*y=0', 'y(0)=0', 'y(1)=1')
y =
    1/(exp(t)*(1/exp(1) - exp(3))) - exp(3*t)/(1/exp(1) -
exp(3))
```

接着可以用 simple 命令得到该解的其他形式，或者用 pretty 命令有

```
>> pretty(y)
          1              exp(3 t)
  ------------------------ - --------------
          /1    \      1
exp(t) |------ - exp(3) |    ------ - exp(3)
          \exp(1)   /exp(1)
```

dsolve 也可以求解微分方程组，如

$$\begin{cases}\dfrac{df}{dx}=3f+4g\\ \dfrac{dg}{dx}=-4f+3g\end{cases} \tag{20-3}$$

其通解为

```
>>[f,g]=dsolve('Df=3*f+4*g', 'Dg=-4*f+3*g')
f =
    C19*cos(4*t)*exp(3*t) + C18*sin(4*t)*exp(3*t)
g =
    C18*cos(4*t)*exp(3*t) - C19*sin(4*t)*exp(3*t)
```

若添加初始条件可得

```
>>[f,g]=dsolve('Df=3*f+4*g', 'Dg=-4*f+3*g', 'f(0)=0',
'g(0)=1')
f =
   sin(4*t)*exp(3*t)
g =
   cos(4*t)*exp(3*t)
```

精　通　篇

第 21 章　系统建模仿真基本原理与方法

21.1　计算机仿真的过程

21.1.1　系统仿真的数学基础

仿真也称为模拟，在本质上，系统的计算机仿真就是根据物理系统的运行原理建立相应的数学描述并进行计算机数值求解的过程。根据系统设计的目标问题和相关的系统原理提出相应的系统数学描述，通常可以表达为一系列的数学方程及其边界条件。

分析得出系统数学描述的过程称为系统建模过程。相应地，把系统的数学描述称为系统数学模型或仿真模型。为了对系统数学模型进行计算机数值分析，还需要将数学模型以某种计算机语言表达出来，然后进行调试、运行，最后得出数值结果。用计算机语言重新表达的数学模型称为系统的计算机仿真模型。对用户而言，由于所使用的仿真软件平台不同，所建立的计算机仿真模型形式也可能不同，可以是字符形式的一系列程序代码，也可以是图形化的一组信号流通图、系统方框图或状态转移图等。

根据物理模型的特点、原理及不同的系统仿真目标所得出的数学模型和相应求解算法也不尽相同。例如，对于确定系统的波形仿真通常就是代数方程或微分方程的数值求解问题；对于具有随机因素的系统仿真是一个概率与随机过程的试验和统计分析问题；对于以系统参数优化为目标的仿真则是一个数值寻优问题。

对于实际系统的建模，特别是对于复杂的通信系统的建模问题，往往需要考虑多种因素。系统模型中可能既含有代数方程和微分方程描述的确定系统模块，也含有概率模型描述的传输信道和噪声模块，这需要考虑如何使传输容量最大化、传输错误和失真最小化等问题。因此，通信系统的计算机仿真过程往往是多种形式的数学模型和各种算法综合的数值计算过程。

由于计算机仿真需要大量的数值计算（如微分方程、数值寻优的迭代计算、反复多次的随机试验和统计计算等），对计算机运行速度和存储容量提出了很高的要求。除了硬件性能外，仿真软件平台的选择、所使用的仿真语言等也会影响仿真速度和效率。同时，数值算法本身也是影响仿真速度、精度、稳定性的关键因素。例如，微分方程的数值求解问题会针对不同类型和条件的微分方程产生若干种不同的数值算法，需要根据具体仿真问题加以选择；针对信号变换域的求解问题也产生了相应的各种快速变换算法；基于矩阵运算和并行运算的现代信号处理算法也都具有相同的情况。

为了提高仿真的效率，在系统数学建模过程中往往需要忽略对系统影响微小的因素，并对系统本身以及周边环境做出某些理想化的假设，从而简化系统模型，突出设计所关注的中心问题。需要指出，系统模型的建立和简化是针对仿真和分析中具体评估指标来进行的。例如，在分析小信号放大器件传输特性的模型中，往往可以忽略放大器的非线性特征，从而将传输模型线性化，这样便于数值计算，也便于得出解析结果。但是，如果仿真分析的系统评估指标是该放大器的失真度，那么其非线性特征就不能忽略了，因为非线性正是产生失真的主要原因。总之，在数学建模过程中，既要考虑模型能够尽可能接近物理系统的真实运行情况，又要在仿真评估指标精度允许的情况下对模型进行简化。

21.1.2 计算机仿真的一般过程

在得到系统数学模型之后，进行系统仿真的第一步是建立计算机程序，即编制仿真代码（包括计算程序，可视化编程的方框图、信号流图等）。这些程序和框图通常是层次化的，由主程序和子程序（函数）构成，如果是可视化框图，那么通常在主系统框图下，链接着许多子系统框图和功能模块。可视化编程中构造的方框图、信号流图等实际上在计算机中仍然存储为程序代码，可视化只不过是面向用户表现的友好界面而已。

可以将系统模型中通用的子函数和功能模块以函数库的形式保存起来，以便在新的系统计算机编程中重新利用，从而简化编程过程、提高效率。这也是层次化建模和编程的显著优点。除了在仿真程序中需要设置仿真系统的设计参数外，在执行仿真程序之前还必须设置好相应的仿真参数，如仿真时间长度、仿真步长、信号采样速率、随机数种子、计算精度等。

首先在仿真执行阶段，仿真程序将产生信号，并处理和存储这些信号。然后在仿真的结束阶段仿真程序则负责根据仿真产生的结果数据进行统计分析，以便对系统性能作出评估。最后，仿真程序还要调用后处理程序进行进一步数据分析、处理，并显示结果。当然，也可以将仿真程序设计成一边执行仿真计算，一边对仿真的当时输出数据进行处理和显示。例如，仿真中同时显示输出信号的波形变化，这样可以得到一种“实时”的动画效果。如果仿真结果不满足要求，用户可以调整系统结构和参数等，并再次执行仿真，直到找出合适的设计结果为止。

对仿真模型和仿真结果的检验是仿真数据有效性的保证。由于验证仿真结果的正确性往往较为困难，多数情况下甚至是不可能的，所以，通常的验证方法是证伪，而不是证实。例如，对于同一个仿真问题，可以首先建立多个独立的、以不同方式编程的计算机仿真模型，然后通过检验这些模型的仿真运行结果在误差许可的范围内是否一致来判断建模和编程中是否存在错误。显然，如果仿真结果存在显著差别，则说明这些模型中至少有一个是错误的。这样，通过模型的相互比较就能够查找出错误根源，进而改进和修正模型。

仿真验证包含以下内容：

（1）对仿真数学模型的有效性的验证。

（2）对计算机仿真模型（程序）的验证。

（3）对仿真算法的验证。

（4）对仿真结果置信度的分析。

21.2　通信系统模型的分析

21.2.1　按照系统层次分类

针对一个通信系统的最高层次的描述是对通信网络层次的描述，在网络层模型上，通信系统往往由通信节点及链接这些节点的通信链路和传输系统组成。在网络层次模型中，研究和设计的主要目标是信息流量控制和分配，而不关心通信信号具体的处理和传输过程。传输协议的设计、优化和验证是网络层次模型分析和仿真的主要工作。

在网络层次之下是对通信节点和链路及传输信号的具体化，称为链路层次模型。通信链路是由调制器、编码器、放大器、传输信道、解码器、解调器等元素构成。这些元素负责具体的信号处理和传输工作。在链路层次上，研究和考察的对象是信号的传输过程、信号处理的算法对传输质量的影响，而并不关心算法和传输过程的具体实现方法。编码算法、解码算法、调制算法的有效性、传输可靠性、传输容量分析、传输错误率分析等是链路层次模型分析和仿真的主要任务。

现代通信系统中，通信链路中的各元素可以由硬件实现，也可以是具有相同功能的软件实体或软件硬件的混合体，而不再仅仅指传统的电路或纯硬件系统。对链路层次模型中元素的具体化就是电路实现层次的模型，如用于处理信号的模拟电路、数字电路、植入数字信号处理芯片中的算法等。在电路实现层次的通信模型中，需要关心的是具体的功能实现问题，如硬件电路的设计、算法的设计和程序设计等，而通信系统的性能指标，如传输错误率等则不作为考察对象。

对网络层次通信系统的建模和研究所要解决的是系统规划和通信网全局性能设计问题，具体就是通信协议的设计和研究、如何协调网络流量、信息负载均衡以及网络效益最大化问题，但不关心通信节点之间的具体传输方法。对链路层次上的通信系统建模和研究所解决的是节点传输性能问题，具体就是采用什么样的调制解调方式、什么样的编解码方案、能够达到的传输性能指标等问题，不关心信号处理的具体实现方法，也不关心网络整体性能问题。而在电路层次的通信模型中，研究的对象是信号处理单元的具体实现和优化问题，如采用什么硬件、什么算法、如何优化实现模块的输入输出波形和指标要求等，在电路层次的通信模型中不关心其上层的系统性能指标。

在网络层次，一般通过一个事件驱动的仿真器（软件）来仿真信息流或数据包流在网络中的流动过程，并通过仿真来估计诸如网络吞吐量、响应时间、资源利用率等指标，以作为节点处理器速度、节点缓冲区大小、链路容量等网络参数的设计依据。通过网络层次的仿真可以对节点信息处理标准、通信协议及通信链路拓扑结构进行设计和验证工作。

链路层次上研究的是针对不同物理信道中的信息承载波形的传输问题。物理信道包含自由空间、有线信道、光纤信道、无线衰落信道等。对于数字通信系统，仿真评估的系统指标通常是比特错误率、传输速率等。在仿真模型中的模块，如调制器、编码器、滤波器、放大器、信道等仅仅做功能性描述，通过对输入输出波形或符号的仿真，来验证链路设计是否满足由网络层次仿真所要求的链路质量指标。

电路实现层次的仿真器，如模拟电路仿真语言 Spice 和数字系统仿真语言 HDL 等，用来设计和验证电路系统是否达到了链路层次系统所要求的功能指标，在实现层的仿真用于提供支持链路系统的行为模型。例如，链路层给出了滤波器的带宽、衰减等指标，电路实现层就研究如何实现满足要求的滤波器并通过仿真来验证是否达到设计目标。

21.2.2　按照信号类型分类

通信中信号是指携带信息的某一物理量，在数字上一般表示为时间 t 的函数 $f(t)$。根据函数类型的不同可以将信号划分为模拟信号、数字信号、时间连续信号和时间离散信号等。如果信号在时间域上（定义域）是连续的，称为时间连续信号，反之称为时间离散信号。如果一个时间连续信号的值域也是连续的，则成为模拟信号。如果一个时间离散信号在值域上也是离散的，则称为数字信号。

需要注意的是，不同的信号可用来表达相同的消息，而不同的消息也可以用相同的信号来表示，消息到信号的映射关系是通过收发双方事先协调认可的。不同信号类型之间可以相互转化，例如，声音通过话筒转换为以电量表示的模拟信号，再通过时间取样转化为时间离散信号，如果再对这个时间离散信号的幅度进行离散化，就得到了数字信号。数字信号可以通过编码表示为二进制序列，这样的二进制序列也是数字信号。而数字调制可将数字信号映射为随时间连续变化的电信号波形，从波形函数的角度看，调制过程又将数字信号转化成了模拟信号。

按照链路层通信系统仿真模型中流通的信号类型的不同，可将其分为连续时间系统、离散时间系统、模拟系统、数字系统及混合系统等。例如，把输入量和输出量都是时间 t 的连续函数的系统称为连续时间系统，而将输入输出都是时间离散信号的系统称为离散时间系统。如果在系统中，采用的信号类型不唯一，则称为混合系统。

21.2.3　按照系统特征分类

在链路层通信系统模型中，往往关心的是在给定输入的情况下系统的输出是什么，系统输出与输入以及系统本身的参数有什么联系等问题，而不关心系统的内部构造和具体实现。

如果描述系统的参数不随时间发生改变，称之为恒参系统；反之称为变参系统或时变系统。如果系统参数的变化是确知的，即系统参数是时间的确定函数，那么就称为这类系统为确定系统；反之，若系统参数是服从某种随机分布的随机过程，则称为随机系统。

在数学上，系统模型一般采用输出（响应）、输入（激励）以及系统固有参数之间的函数关系来表达。如果系统当前时刻的输出仅仅取决于当前时刻的系统输入，而与系统以往的输入无关，则这样的系统被称为无记忆系统；反之，如果系统的当前输出与输入信号的历史值有关，则称之为记忆系统或动态系统。无记忆系统的输入 $x(t)$ 与输出 $y(t)$ 之间的关系可以表示为时间 t 的代数函数，即 $y(t)=f(x(t))$。例如，增益为 k 的线性放大器是无记忆系统，表示为 $y(t)=kx(t)$。对于有记忆系统，如果输入输出信号是时间离散的，则系统输入输出关系必须用差分方程来描述，称为离散有记忆系统。如果输入输出是连续时间信号，那么就要用微分方程来描述。系统参数是所描述的微分方程或差分方程的系数，如果这些系数是不随时间变化的常数，那么相应的系统就是恒参系统。

系统的输入和输出信号可以是一个，也可以是多个。按照输入输出信号的数目可以将系统划分为单输入单输出系统、单输入多输出系统、多输入单输出系统和多输入多输出系统。对于一般的有记忆系统，输入输出信号中还可能既存在连续信号，又存在离散信号，这种情况下，需要联合微分方程组和差分方程组来刻画系统行为。数学上，通过变量代换，这些刻画系统的微分方程组或差分方程组可以用一组一阶微分方程或差分方程来表示，方程组中的未知变量称为系统的状态。相应地，将以系统状态作为变量的方程组称为系统的状态方程。如果其中微分或差分方程是线性常系数的，则称之为系统的线性状态方程。

为了简化数学表达式，可以用一个向量函数来表示多个信号，也可以用矩阵来表示线性状态方程，从而建立起基于矩阵表示的一般线性系统的数学模型。对于一般记忆确定系统的仿真，实质上就是对状态方程组的数值求解过程。

21.3 通信系统仿真的方法

21.3.1 基于动态系统模型的状态方程求解方法

动态系统（即有记忆系统）的数学描述是状态方程。系统建模，就是根据研究对象的物理模型来找出相应的状态方程的过程。对动态系统的仿真，是利用计算机对所得到的状态方程进行数值求解的过程。在通信系统中，人们关心的信号是以时间为自变量的函数，所以相应状态方程中的状态变量、输入变量、输出变量也都是时间的函数。

对于确定系统，当给定系统的初始状态和输入信号，其输出信号也是确定的。在连续时间系统中，状态方程是一组微分方程。在当前时刻 t 处的状态向量值（高阶系统可能是多个独立状态，故表示为向量）$s(t)$和输入信号向量值 $x(t)$ 已知的条件下，以微分方程组形式的状态方程确定了当前时刻输出信号向量 $y(t)$ 以及“与当前时刻无限接近的下一时刻” $t+\mathrm{d}t$ 的新状态向量 $s(t+\mathrm{d}t)$。如此类推，如果已知当前系统的状态，由状态方程就能给出未来所有时刻上的系统状态值和输出信号值。

在计算机数值求解中，只能以一个微小的时间间隔 Δ 来近似表示当前时刻与下一时刻之间的无穷小时间差 $\mathrm{d}t$，所以数值求解（微分方程的数值求解）是近似的，这个微小的时间间隔 Δ 称为步长。在给定求解精度情况下，需要根据动态系统的性质以及输入信号的特征来选择求解步长和求解算法。通常，求解步长过小将增加计算量，使仿真速度下降，而求解步长太大会严重影响仿真结果的精度，甚至导致求解递推过程不收敛而使求解失败。

微分方程的求解算法分为两类：变步长算法和固定步长算法。在变步长算法中，求解步长是自适应变化的，以兼顾求解精度和求解速度。而固定步长算法中的步长需要在仿真之前根据系统特征、信号特征和精度要求进行设置。在通信系统中，流动的信号和相应的处理部件一般是频带受限的，由取样定理给出了保证连续信号离散化过程不失真所要求的最大取样间隔，所以，只要固定步长算法的求解步长设定满足取样定理的要求，一般就能够保证求解输出的正确性。

对于离散时间系统，状态方程以一组差分方程的形式给出。求解就是要得出在各离散时刻（0，1，2，…，k）上的系统状态值和输出信号值。当给定当前离散时刻 k 处的状态向量值 $s(k)$以及当前输出的时间离散信号取值 $x(k)$，由差分方程组就确定了当前系统输出信号取值 $y(k)$ 及下一时刻（k+1 时刻）新的系统状态值 $s(k+1)$。如果已知系统的初始状态 $s(0)$和输入的离散信号 $x(k)$，k=0，1，2，…，通过递推就可以得出未来各个离散时刻的系统状态值和系统输出信号。

如果系统模型中存在数模转换模块（如取样器、模拟低通滤波器等），那么系统中既存在时间连续信号，又有时间离散信号，其状态方程中既有微分方程，又有差分方程。对于这种混合系统，在进行数值求解时往往可根据取样定理，采用满足系统最高工作频率的固定步长算法，这样易于协调微分方程和差分方程之间的数据交互。

21.3.2　基于概率模型的蒙特卡罗方法

蒙特卡罗（Monte Carlo）方法是基于随机试验和统计计算的数值方法，也称为计算机随机方法或统计模型方法，现代蒙特卡罗方法是以概率为基础的方法。

蒙特卡罗方法的基本思想很早以前就被人们认识和利用了。17 世纪，人们就知道用时间发生的“频率”来决定事件的“概率”。19 世纪，人们用投针试验的方法来计算圆周率，这是一种手工形式的蒙特卡罗方法。随着计算机的出现，特别是近年来高速计算机的出现，使得在计算机上大量、快速地模拟这样的随机试验成为可能。

蒙特卡罗方法的数学基础是概率论中的大数定理和中心极限定理。大数定理指出随着独立随机试验次数的增加，试验统计事件出现的频率将接近于该统计事件的概率。蒙特卡罗方法的基本思想是当所求问题是某种随机事件出现的概率，或者是某一随机变量的期望值时，通过某种“实验”的方法，以这种事件出现的频率来估计该随机事件的概率，或者得出这个随机变量的某些数字特征，并将其作为问题的解。如果所求解的问题不是一个随机事件问题，那么可用数学分析方法找出与之等价的随机事件模型，然后再利用蒙特卡罗方法来求解。

就通信系统而言，由于面临信道、噪声环境以及系统本身的复杂性，使得求解问题的维数（变量的个数）可能高达数百甚至上千。即使找到了解析结果，用传统的数值方法也难以计算。况且在更多的情况下，当系统模型考虑了多种因素后，解析结果往往是难以得出的。蒙特卡罗方法用于复杂性计算时可不依赖于维数，也不必知道问题的解析表达式，就可以很好地解决这个问题。利用高速计算机，以前这些无法计算的问题现在能够得出数值结果了。

在建模和仿真中，应用蒙特卡罗方法主要有两部分工作：一是用蒙特卡罗方法模拟某一过程时，产生所需要的各种概率分布的随机变量；二是用统计方法把模型的数字特征估计出来，从而得到问题的数值解，即仿真结果。

仿真模型是对实际问题的简化描述，如果实际问题具有确定解，那么通常来说仿真模型就是一个确定型模型。如果实际问题本身具有某些随机性质，如系统结构和参数的随机性、激励型号的随机性，那么通常对应的仿真模型就是一个概率模型。概率模型用来描述和仿真一个概率过程，其仿真结果通常是对某些观察结果的概率统计。

经典的处理随机性问题的方法是将随机性问题转换为某个确定型问题，然后进行求解，因此对于随机性问题也可以建立确定性模型求解。但是，对于实际系统中的随机性问题，要建立确定性模型往往并非易事，对所建立的数学模型的分析更为艰难，而且往往在构造确定性模型的过程中会对随机因素进行简化和近似而造成模型和实际系统之间误差。

对于本身不具备随机性质的确定性问题，也可以构造出概率模型，然后通过对概率模型的仿真试验得出统计结果。J. V. Neumann 使用概率模型来研究确定性问题，并将这种方法称之为蒙特卡罗方法。现在一般将对概率模型的计算机随机模拟方法称为蒙特卡罗方法，利用蒙特卡罗方法建模和仿真的主要过程是：根据实际问题构造概率模型、为概率模型的仿真产生所需要的各种概率分布的随机变量、为仿真结果建立各种统计量的估计。

蒙特卡罗方法的主要优点是：能够相对简单地、更加精确地对复杂的随机系统进行建模，而不需要对模型进行复杂的理论和数学分析，在建模时能够排除许多繁复的工作，特别是在高水平的仿真和数值计算软件的支持下，建模和仿真更加便捷。另一个优点是它所得结果可以和数学分析所得出的结论互相印证，从而验证模型、算法的正确性和有效性，因此，现代科学研究论文中通常都以数值计算和蒙特卡罗方法来对算法和理论分析进行对照验证。

为概率模型仿真产生所需要的各种概率分布的随机数是蒙特卡罗仿真过程中必不可少的工作，随机数分布特征的优劣是影响蒙特卡罗仿真性能的主要因素；此外，蒙特卡罗仿真得到的结果往往也是随机数据，需要用统计学的手段进行分析和处理。因此，对于各种分布随机数的产生方法、分布的物理含义和相互关系的理解就显得尤为重要。随机数的概率分布参数估计和分布特征及其仿真结果的可信度等需要有定量的指标加以度量。随机数产生和常用随机分布函数见附录。

21.3.3　混合方法

在实践中，往往首先根据研究目的、系统结构及所需要得出的系统参数等指标来建立相应的仿真模型。如果系统属于动态系统，在数学上即用状态方程描述，那么对该系统的仿真过程就是求解该微分方程组的过程。然而，许多时候希望考察系统在具有随机性的环境中的表现，研究系统的老化过程、热稳定性及系统对噪声的处理情况等，这时系统模型的参数（如输入信号、方程系数等）将含有随机成分，那么对系统的仿真就是在具有随机变量条件下的微分方程数值求解问题，这样的仿真方法称为混合方法，因为仿真同时使用了基于数值计算的状态方程求解方法和基于统计计算的蒙特卡罗方法。由于通信系统是一种工作在随机噪声环境下的动态系统，所以对通信系统的一般仿真方法就是确定方程求解与统计计算相互结合的混合方法。

并非任何计算机数值求解过程都可以看成系统的仿真过程。如果计算是对理论所得的解析公式的数值计算，那么这种计算就不是仿真。例如，在加性高斯信道条件下，数字通信系统的传输误码率与信噪比之间的关系可以通过概率分析方法得到解析公式，根据误码率解析公式计算得出结果的过程仅仅是解析数值计算过程，不是系统仿真过程；而通过蒙特卡罗方法对传输进行试验并进行误码统计得出结果的过程是仿真过程。

显然，如果解析计算和仿真过程都是可取的，那么在误差范围内，两者所得出的结果必然是一致的，这样就可以通过仿真结果与解析结果之间的对比来检验程序的正确性。可见，对系统的仿真只需要建立系统的数学模型，而不需要对模型的理论求解（在实际系统中，往往理论求解是不可能或不存在的，如将上述系统的输入信号变为随机噪声，或者将上述系统变为一个时不变系统或非线性系统）。因此，当验证了仿真计算过程的正确性之后，可以将其推广到更为复杂或更加接近实际的情况，从而得出通过解析方法难以得到的数值结果。

21.4　计算机仿真的优点和局限

计算机仿真具有经济、安全、可靠、试验周期短等优点，在工程领域的应用越来越广泛。通信领域与计算机领域的固有关系使得通信领域在计算机应用更为活跃。

现代通信系统和电子系统通常为复杂的大规模系统，在噪声和各种随机因素的影响下，一般很难通过解析方法求得系统的精确数学描述。即便对于一些较为简单的问题，能够得出数学表达式，往往也难以使用解析法求解，这种情况下系统仿真就成为了一个极为有利的工具。利用仿真技术可以绕过艰难的解析求解过程，较为容易地获得问题的数值结果。

在现代通信系统新协议、新算法和新的体系结构的设计和性能评估中，直接进行试验测试几乎是不可能的，因为这些新系统根本就还没有实现，在这种情况下只能通过仿真来检验所考察的对象，以验证有关的假设、评价算法的性能。此外，在学习通信系统理论的过程中，仿真技术是理解原理、验证有关假设、评价算法的性能的有效手段，也是进行探索和发现的有效途径。

计算机仿真技术在实际应用过程中也存在一些不足和需要问题，例如：

（1）模型的建立、验证和确认比较困难。

（2）对实际系统的建模方法不正确，或者建模时的假设条件、参数选取、模型的简化使得与实际系统的差别较大。

（3）建模过程中忽略了部分次要因素，使得模型仿真结果偏离实际系统。

（4）仿真实验时间过短。

（5）随机变量的概率分布类型或参数选取不当。

（6）仿真输出结果的统计方法不同，存在统计误差。

（7）计算机字长、编码和应用算法会影响仿真结果。

总之，在考察复杂系统时，这些系统往往具有随机性和复杂性，难以用准确的数学方程描述出来，这时应用计算机仿真技术来分析和研究问题。然而，计算机仿真并不能完全替代传统的数学解析分析或传统试验测量技术。事实上，仿真模型是否合理、仿真结果是否最终有效，这是通过物理实验测量以及与数学分析结果相对比来验证的。将仿真方法和分析手段、硬件测试相结合可以发挥更强大的作用。通过不断重复的仿真实验可以更加深入地了解系统的工作原理，确认系统中关键结构和关键参数。解析分析、仿真以及实际系统测试相结合、相互补充、印证是系统研究、系统设计和优化的基本途径。

在建模与仿真过程中，一些基本的数学解析方法是必需的。理解所设计的系统参数之间的相互依赖关系，如通信系统的误码率、均方误差、信噪比、传输功率、传输带宽、传输速率、信道容量、调制方式之间的联系，有助于保障仿真系统建模的正确性，也有助于判断仿真结果是否合理。当改变仿真系统的参数后，就需要确保因为参数变化而观察到的仿真运行结果变化是合理的，即可以通过物理概念来解释，与已知的理论和实验结果之间不是互相矛盾的。

21.5 常用仿真软件

Matlab 是工程界和学术界广泛采用的通用科学计算语言，已经成为科学工作者进行数值计算、系统建模仿真、数值结果处理和交流的事实标准平台。Simulink 是 Matlab 中一个可视化方框图系统，该系统更加直观、更加贴近系统工程设计的思维模式。Matlab/Simulink 将强大的数值计算能力和丰富的数据可视化功能、友好的图形用户界面融为一体，语法简洁，语句接近于数学描述，可以将复杂的信号处理和仿真算法用非常简短的代码表达出来，易于学习、交流和模型验证，具有丰富的各专业专用的函数库和专业工具箱，大大提高了系统研究和设计开发的效率。

Matlab 是一个跨操作系统的数值计算工具，并具有功能强大而简洁的软件、硬件接口方式，可以十分方便地与 C、C++、Fortran 等语言相结合进行混合编程，使各种语言优势互补。Matlab/Simulink 仅仅通过数条指令或模块就能方便地完成与计算机声卡、串口等外部接口的数据交互，为半实物仿真和组建虚拟实验仪器提供了便利条件。此外，Matlab/Simulink 还提供了与目标 DSP 系统等硬件仿真平台的结合工具，可以将仿真代码和仿真模型方框图直接翻译为 DSP 的执行语言，使信号处理算法的仿真过程与实现过程相互融合。

Matlab/Simulink 适合于科学计算、链路层次的系统仿真，但商业版本需要付费。有一些开源代码的科学计算软件提供给学术界免费试用，如法国国家信息与自动化研究所（INRIA）的科学家开发的开放源码软件 Scilab，其语法与 Matlab 非常接近，熟悉 Matlab 编程的人很快就能掌握 Scilab 的使用。Scilab 提供了语言转换函数，可以自动地将用 Matlab 编写的程序翻译为 Scilab 语言。另外，GNU（操作系统，是 GNU'S Not Unix 的简称）提供了开放源码软件 Octave，也是一个不错的选择，Octave 直接使用 Matlab 语言的语法，与 Matlab 兼容度很高。这些开源软件也是跨操作系统平台的，数值计算能力也十分强大，但是在专用函数库、工具箱、图形界面、框图建模功能方面还有待提高。

另外，用户应该根据不同的仿真需求进行仿真工具选择，如对于网络层次的建模和仿真问题，有 OPNET、NS 等软件平台可供选择。对于链路层次的仿真问题，可以根据不同的仿真目标选择 Matlab/Simulink、Systemview、Scilab 及 C、C++语言。对于电路实现层次的仿真问题，Spice 常用于模拟电子电路的建模和仿真，而 VHDL 语言则常用于数字系统的仿真和实现。

21.6　Internet 资源

用户在MathWorks公司的主页www.mathworks.com和中文网站cn.mathworks.com可以得到各种帮助。

产品与服务项目中可以获得 Matlab 产品家族、Simulink 产品家族和 Polyspace 产品家族的信息。Matlab 产品家族致力于并行计算、数学、统计与优化、控制系统、信号处理与通信、图像处理与机器视觉、测试与测量、金融计算、生物计算、代码生成与验证、应用发布和数据库访问与报告的仿真。

Simulink 产品家族致力于事件建模、物理建模、控制系统建模、信号处理与通信、代码生成、实时仿真与测试、验证、确认与测试、仿真绘图与报告的仿真和建模。

用户在该网站可下载相关产品、获得安装协助、查找并分享代码以及向专家求教，还可以获得相关文件资料、例程、常见问题的解答，参与编码游戏和追踪并绘制各种趋势图。

Matlab 中文论坛（www.ilovematlab.cn）作为全球最大的 Matlab 和 Simulink 中文社区，用户可以免费注册会员，然后可下载代码、讨论问题、请教资深用户及结识相关书籍作者。

MathWorks 公司提供在线培训课程，用户可以从能够上网的任何地点参与这些交互的实时在线课程。教师在线引导使用与课堂培训同样全面的教学课程。在全球多个时区提供和安排入门级、专业级和高级课程，并在教学过程中提供课程所需的教材及 Matlab 与 Simulink 产品的临时试用版。用户可以在任何地点随时参加自定进度培训，MathWorks 公司能够为用户提供为期 90 天的无限制访问权限，用户根据自己的学习进度进行学习。自定进度培训涵盖与课堂培训同样全面的教学课程。课程内容以短模块形式提供，用户能够根据自己的特定需要按顺序或随机查阅。课程结合了概念性、交互性培训，而且包含测验，可帮助受训者了解自己对概念的掌握程度。用户也可以参加在线讨论或与教师在线聊天。MathWorks 公司提供的在线课程包括：Matlab 基础知识、Matlab 编程技术和 Matlab 数据处理与可视化三个课程内容。

用户也可以选择参加当地面授课程，如 Matlab 金融应用基础（上海）、Stateflow 逻辑驱动系统建模（北京）、Simulink 信号处理（上海）、Matlab 基础（北京）和 Simulink 系统和算法建模（北京）。

用户在在线研讨活动中可以获得多种谈论和实践机会，如 Matlab and Simulink to C/C++在线研讨会、Finding Parasitic Infections with Matlab 在线研讨会、Performing Power System Studies 在线研讨会、Simscape：Reach for the Run Button 在线研讨会和 Matlab 高效数学建模方法在线研讨会等；可以获得视频点播的资源，如 Matlab 量化投资技术、使用 Simulink 和 Stateflow 快速实现飞行器的设计仿真技术、基于 SimDriveline 搭建智能自行车动力传动系统、机器人系统工具箱入门和 Matlab 汽车行业数据分析技术等。

第 22 章　离散时间信号与系统建模

本章主要讨论用 Matlab 语言描述离散时间信号与系统中的离散时间信号表示、线性时不变离散系统和差分方程的建模问题。

22.1　离散时间信号表示

对于一个离散时间信号 $x(n)$，其中变量 n 表示整数（若为非整数就没任何意义）。$x(n)$ 是一个数值序列，常用的表示方法为

$$x(n)=\{\cdots,x(-2),x(-1),x(\underset{\uparrow}{0}),x(1),\cdots\}$$

这里，箭头朝上表示在 n=0 时的采样点或样本值。在 Matlab 中，对于一个有限长序列来说，可以用行向量表示，例如，一个序列 $x(n)=\{3\ 2\ \underset{\uparrow}{0}\ 3\ 1\ 4\}$ 表示为

```
>> n=[-2,-1,0,1,2,3];
x=[3 2 0 3 1 4];
```

注意：Matlab 没有表示无限长序列的函数。

为了分析离散时间信号与系统，需要对常见的基本序列进行描述。

1. 单位脉冲系列

$$\delta(n)=\begin{cases}1, & n=0\\ 0, & n\neq 0\end{cases}=\left\{\cdots,0,0,\underset{\uparrow}{1},0,\cdots\right\}$$

为了表示单位脉冲系列，可利用 Matlab 中的 zeros 函数来实现一个有限长序列的 $\delta(n)$，要实现在区间 $n_1\leqslant n_0\leqslant n_2$ 上的 $\delta(n-n_0)$，可借助逻辑关系式 $n==0$ 来实现。自定义函数 dwmcxl 如下：

```
function [x,n] = dwmcxl(n0,n1,n2)
%单位脉冲序列
% 2015.8.1 编
n=n1:n2;
x=[(n-n0)==0];
end
```

则，当 $n_0=3$，$n_1=0$，$n_2=5$ 时，有

```
>> [x,n]=dwmcxl(3,0,5)
x =
     0     0     0     1     0     0
n =
     0     1     2     3     4     5
>> stem(n,x)
```

程序运行的结果，见图 22-1。

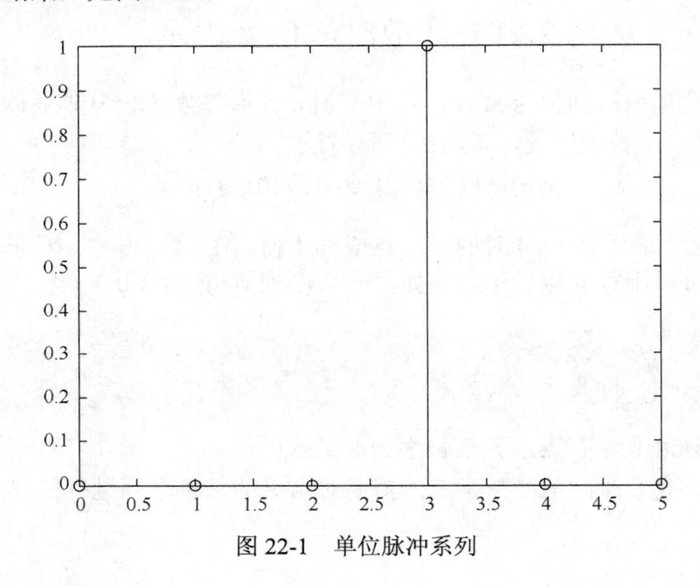

图 22-1　单位脉冲系列

2. 单位阶跃序列

$$u(n)=\begin{cases}1, & n\geqslant 0\\ 0, & n<0\end{cases}=\{\cdots,0,0,\underset{\uparrow}{1},1,\cdots\}$$

对于单位阶跃序列，可通过 ones 函数来实现。若要实现在 $n_1 \leqslant n_0 \leqslant n_2$ 区间上的 $u(n-n_0)$，可通过逻辑关系式 $n >= 0$ 来实现。

自定义函数 dwjyxl 如下：

```
function [x,n] = dwjyxl(n0,n1,n2)
%单位阶跃序列
% 2015.8.1 编
n=n1:n2;
x=[(n-n0) >= 0];
end
```

同样，当 $n_0=3$ ， $n_1=0$ ， $n_2=5$ 时，有

```
>> [x,n]=dwjyxl(3,0,5)
>> [x,n]=dwjyxl(3,0,5)
x =
     0     0     0     1     1     1
n =
     0     1     2     3     4     5
>> stem(n,x)
```

程序运行的结果，见图 22-2。

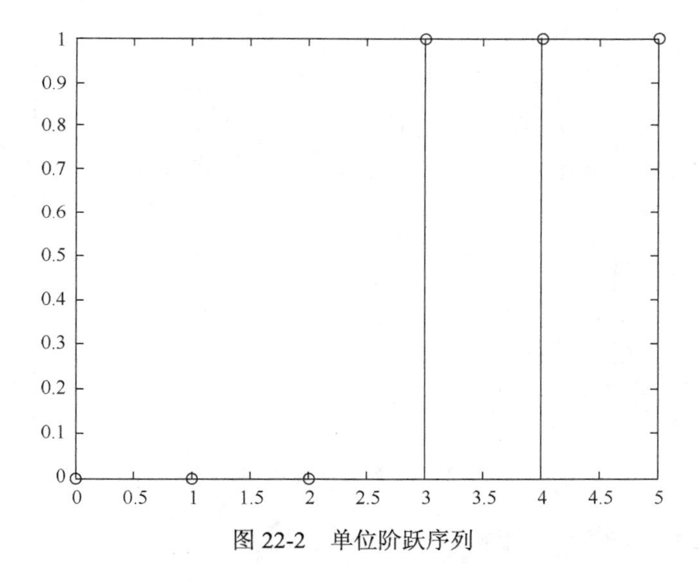

图 22-2　单位阶跃序列

3. 复指数序列

$$x(n)=\mathrm{e}^{(\alpha+\omega_0 \mathrm{j})n},\forall n$$

当 $\alpha<0$ 时，为衰减序列，$\alpha>0$ 时，为增长序列，ω_0 为频率，单位为弧度（rad），例如，产生复指数序列 $x(n)=\mathrm{e}^{(3+2\mathrm{j})n}$ ，其中 $0\leqslant n\leqslant 5$ 。则

```
>> n=0:5;
>> x=exp((3+2j)*n);
```

【例 22.1】　按要求画出序列：

$$x(n)=\delta(n+1)-\delta(n-3)\text{ ，}\quad -5\leqslant n\leqslant 5$$

参考程序如下：

```
>> n=-5:5;
x=dwmcxl(-1,-5,5)-dwmcxl(3,-5,5);
stem(n,x)
xlabel('n')
ylabel('x(n)')
```

程序运行的结果，见图 22-3。

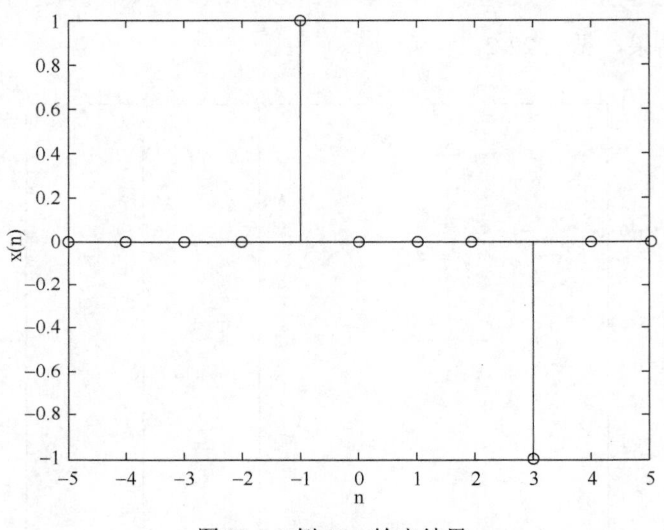

图 22-3　例 22.1 输出结果

【例 22.2】　产生如下复指数序列：

$$x(n)=\mathrm{e}^{(-0.3+0.2\mathrm{j})n}\text{，}\ -5\leqslant n\leqslant 5$$

分别求它的实部、虚部、幅度和相位。

```
>> n=-10:10;
a=-0.3+0.2j;
x=exp(a*n);
subplot(2,2,1);
stem(n,real(x));
title('实部');
xlabel('n')
subplot(2,2,2);
```

```
stem(n,imag(x));
title('虚部');
xlabel('n');
subplot(2,2,3);
stem(n,abs(x));
title('幅度');
xlabel('n');
subplot(2,2,4);
stem(n,(180/pi)*angle(x));
title('相位');
xlabel('n');
```

程序运行的结果，如图 22-4 所示。

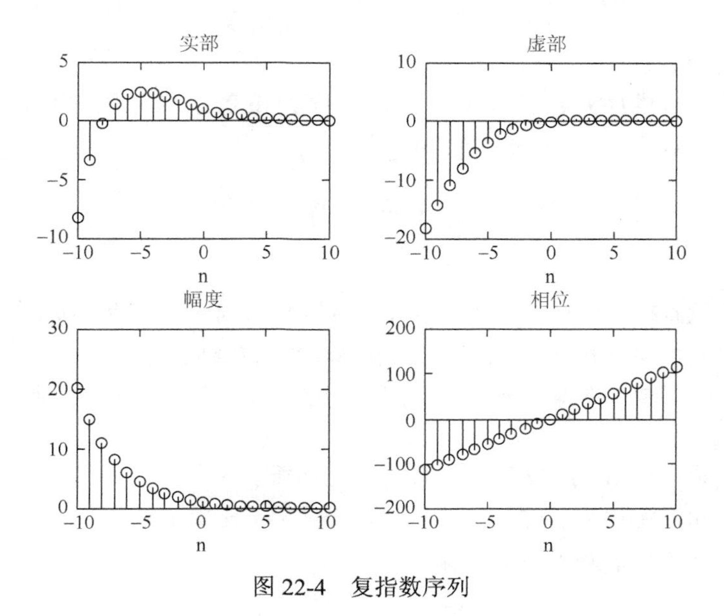

图 22-4　复指数序列

22.2　线性时不变离散系统

离散系统通常使用运算符 $T[\cdot]$ 来描述，对于输入序列 $x(n)$（或称为激励）通过变换后得到输出系列 $y(n)$（或称为响应），即

$$y(n)=T[x(n)]$$

注意：广义地说，离散系统可划分为线性和非线性系统，本书只讨论线性系统。

所谓的线性时不变系统（LTI）是指一对输入 $x(n)$ 和输出 $y(n)$ 在时间上的任意时移 n 是不变的。即

$$y(n)=L[x(n)]\Rightarrow L[x(n-k)]=y(n-k)$$

其中，$L[\cdot]$ 和移位运算符是可逆的。

设输入系列为 $x(n)$ 和输出系列为 $y(n)$，一个 LTI 系统的脉冲响应为 $h(n)$，可通过线性卷积和运算表示为

$$y(n)=x(n)*h(n)$$

其中*表示卷积和运算。

因此，对于 LTI 系统可以用时域上的脉冲响应 $h(n)$ 来表示，即

$$x(n)\rightarrow \boxed{h(n)}\rightarrow y(n)=x(n)*h(n)$$

【例 22.3】　已知线性时不变的输入和脉冲响应分别为

$$x(n)=\begin{cases}1,\ 0\leqslant n\leqslant 4\\ 0,\ 其他\end{cases},\quad h(n)=\begin{cases}0.5^n,\ 0\leqslant n\leqslant 5\\ 0,\ 其他\end{cases}$$

求输出响应 $y(n)$。

解　若 $x(n)$ 的序列长度为 $N1$，$h(n)$ 的序列长度为 $N2$，则它们的线性卷积和的长度为 $N1+N2-1=10$。根据卷积和定义有：

$$y(n)=\sum_{m=-\infty}^{\infty}x(m)h(n-m)=x(n)*h(n)$$

步骤如下：

（1）变量置换：将所给序列的自变量 n 置换成为 m，得到 $x(m)$ 和 $h(m)$。

（2）时间反转（翻转）：将序列以纵坐标为对称轴翻转。

（3）时间移位：对某一 n，将系列 $h(-m)$ 平移 n 个单位（$n>0$ 时朝右移动），得 $h(n-m)$。

（4）相乘：将 $x(m)$ 和 $h(n-m)$ 各对应点相乘。

（5）求和：将相乘后的各点值相加，得序号 n 出的 $y(n)$。

例如，计算 0 点和 1 点处的输出为

$$y(0)=\sum_{m=-\infty}^{\infty}x(m)h(-m)=1\times 1=1$$

$$y(1)=\sum_{m=-\infty}^{\infty}x(m)h(1-m)=1\times\frac{1}{2}+1\times 1=\frac{3}{2}$$

对于 $h(n-m)$ 可理解为 $h(m)$ 先进行反转再移位，反之亦然。输出 $y(n)$ 可看作 $x(m)$ 和 $h(n-m)$ 重叠的样本和，通过图解法卷积过程见图 22-5。最后的输出响应 $y(n)$，如图 22-6 所示。

对于两个系列都从 n=0 开始，Matlab 提供的内部函数 conv（x，h）用于计算

两个有限长序列之间的卷积，例如：

```
>>x=[1 1 1 1 1],h=[1 1/2 1/4 1/8 1/16 1/32]
```

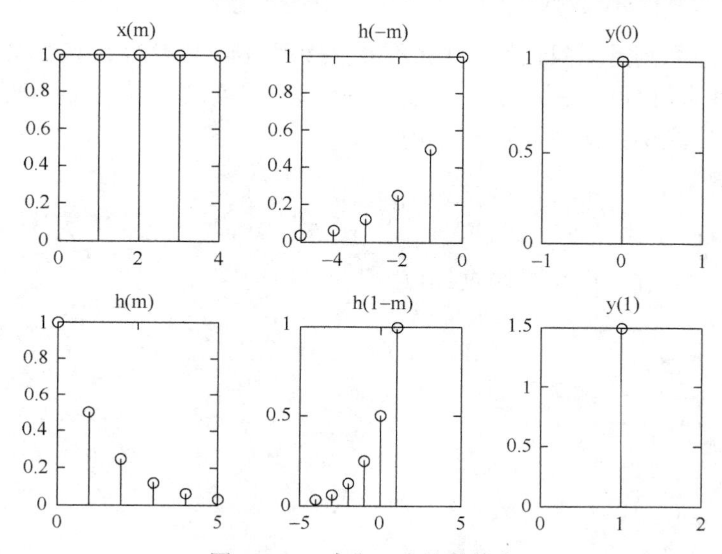

图 22-5　0 点和 1 点处的输出

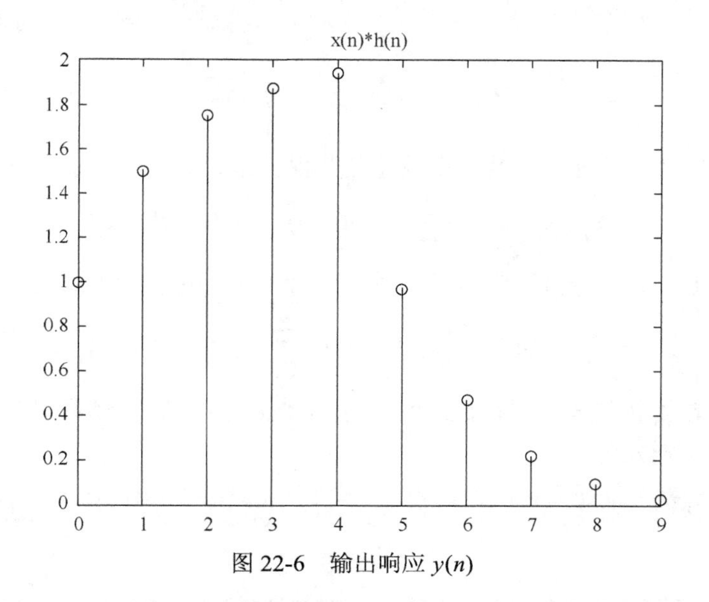

图 22-6　输出响应 $y(n)$

```
>>y=conv(x,h)
y =
  Columns 1 through 6
```

```
   1.0000    1.5000    1.7500    1.8750    1.9375    0.9688
  Columns 7 through 10
   0.4688    0.2188    0.0938    0.0313
```

如果任意系列是无限长的，那么不能直接用 conv 函数来计算卷积，因此，需要将 conv 函数进行扩展为自定义函数 dconv，它能实现任意位置序列的卷积。

利用自定义函数文件求系统输出响应：

```
function[y,ny]=dconv(x,nx,h,nh)
n1=nx(1)+nh(1);
n2=nx(length(x))+nh(length(h));
ny=n1:n2;
y=conv(x,h);
>>x=[1 1 1 1 1];
nx=0:4;
nh=0:5;
h=0.5.^nh;
[y,ny]=dconv(x,nx,h,nh)
stem(ny,y)
```

22.3 差 分 方 程

对于 LTI 系统可通过线性常系数差分方程描述如下：

$$\sum_{k=0}^{N} a_k y(n-k) = \sum_{m=0}^{M} b_m x(n-m)\text{，}\quad n \text{ 为任意整数}$$

若 $a_N \neq 0$，则差分方程为 N 阶。差分方程的另一种表示形式为

$$y(n) = \sum_{m=0}^{M} b_m x(n-m) - \sum_{k=1}^{N} a_k y(n-k)$$

若已知输入和差分方程系数，可利用 Matlab 中的 filter 函数对差分方程进行数值求解，其形式为

```
y=filter(b,a,x)
```

其中，

```
b=[b0,b1,...,bM];a=[a0,a1,...,aN];
```

对于差分方程的系数矩阵，$\boldsymbol{x}$ 表示输入序列矩阵，输入 $\boldsymbol{y}$ 与输入 $\boldsymbol{x}$ 必须有相同的长度，且系数 a0 不能为零。因此，可通过 impz 函数计算脉冲响应，其形式为

```
h=impz(b,a,n)
```

计算出来的 b 为分子系数，a 为分母系数，n 为脉冲响应样本。

【例 22.4】　已知 LTI 系统的差分方程为

$$y(n)-y(n-1)+0.9y(n-2)=x(n)-x(n-1)$$

其中，$n=-20,\cdots,120$。

（1）求脉冲响应 $h(n)$。

（2）求单位阶跃响应 $g(n)$。

解　建模

（1）单位脉冲响应 $h(n)$ 是输入为 $\delta(n)$ 时的零状态响应。

令 a=[1, −1, 0.9]；b=[1, −1]；$x(n)=\delta(n)$，通过 impz 函数求脉冲响应，则

```
>> figure(1)
b=[1,-1];
a=[1,-1,0.9];
n=-20:120;
h=impz(b,a,n);
stem(n,h)
xlabel('n');
ylabel('h(n)');
title('脉冲响应');
```

程序运行的结果，见图 22-7。

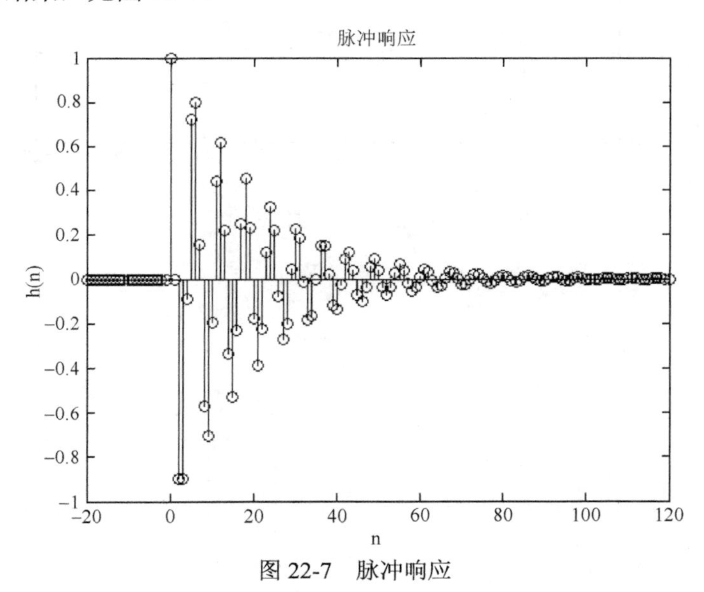

图 22-7　脉冲响应

（2）阶跃响应是输入为单位阶跃序列 $u(n)$ 时的零状态响应。

令 $y(0)=y(-1)=y(-2)=0$ ，$x(n)=u(n)$ 。则通过 filter 函数求阶跃响应，例如：

```
>> [x,n]=dwjyxl(0,-20,120);
b=[1,-1];
a=[1,-1,0.9];
g=filter(b,a,x);
stem(n,g)
xlabel('n');
ylabel('g(n)');
title('阶跃响应');
```

程序运行的结果，如图 22-8 所示。

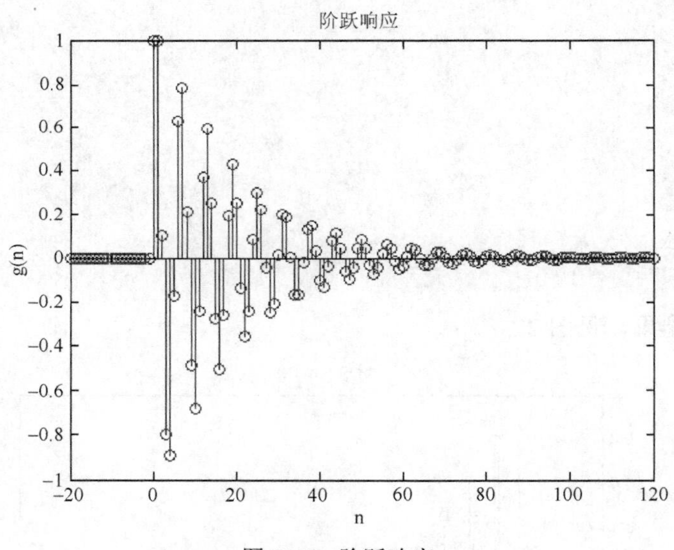

图 22-8　阶跃响应

第 23 章　Simulink 信号与系统建模

Simulink 是由 MathWorks 公司于 20 世纪 90 年代初开发的产品，其功能强大，不管是线性系统还是非线性系统、离散系统还是连续系统等都能通过仿真建模实现。Simulink 系统仿真建模是通过模块化建立动态系统仿真模型。Simulink 提供了大量的模块库，如信号源模块库（Sources）、连续系统模块库（Continuous）、离散系统模块库（Discrete）和输出模块库（Sinks）等标准模块库。另外，用户也可以自定制和创建模块。本章通过信号与系统建模为例，介绍建模仿真基本原理与建模仿真方法，最后介绍 S 函数及其应用。

23.1　建模仿真基本原理

本节将介绍常用的 Simulink 系统仿真模块库与基本原理。

23.1.1　Simulink 系统仿真模块库

启动 Simulink（点击 Matlab 界面的左下角 Start 按钮或在命令提示符“>>”下输入 Simulink 命令），单击模块库浏览器的“+”号，可以看到 Simulink 模块库中子模块库下的基本模块。首先查看 Simulink 基本模块库窗口，右键点击“Simulink”，选择“Open Simulink Libray”，如图 23-1 所示。

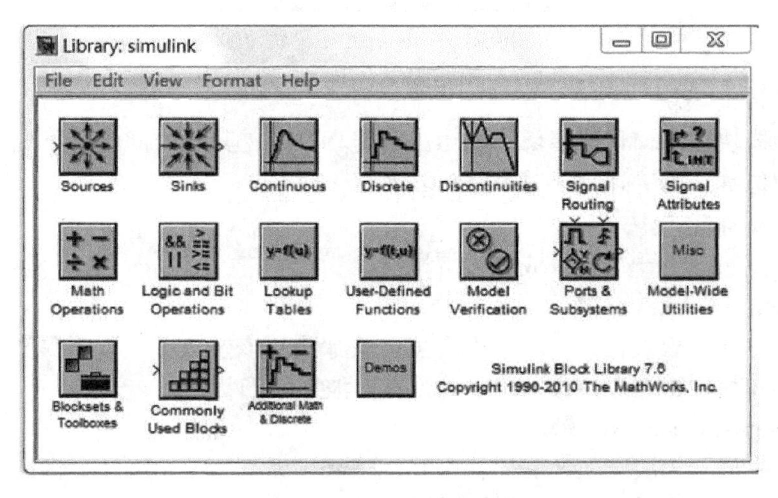

图 23-1　Simulink 模块库窗口

双击其中的子模块图标，将打开子模块库对应的基本模块。

23.1.2 常用模块基本原理

1. Sources 子模块

操作时可以双击 Sources 子模块进行选择，如图 23-2 所示。也可以通过点击 Simulink 下拉菜单中 Sources 模块进行选择操作，如图 23-3 所示。为了操作方便通常在下拉菜单中选择，当然也可以通过 Simulink 菜单中的“Enter search term”处进行查找相关的模块。另外，若需要帮助提示信息，可以双击任一模块，在弹出的对话框中点击 Help 帮助命令，显示帮助提示窗口。

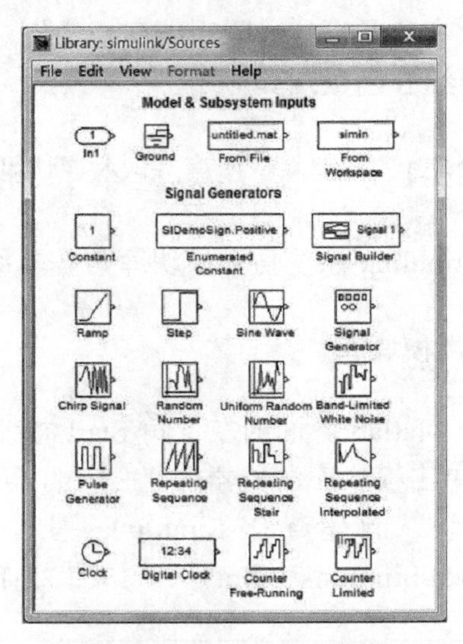

图 23-2 Sources 子模块

1）Clock 模块

时钟模块在每一仿真步骤下输出当前仿真时间，其他时间保持不变。若对离散系统的仿真，则选择数字时钟（Digital Clock）。

2）Constant 模块

常量模块产生一个实数或复数常量值。

3）Pulse Generator 模块

脉冲生成器模块在固定时间内产生方波脉冲。该模块可以设置幅度，脉冲宽度，周期和相位延迟等参数，用于确定输出波形的形状。

4）Signal Generator 模块

信号生成器模块产生 4 种不同波形的信号，如正弦波、方波、锯齿波和随机波形，默认单位为赫兹（Hz）或弧度/秒（rad/s）。

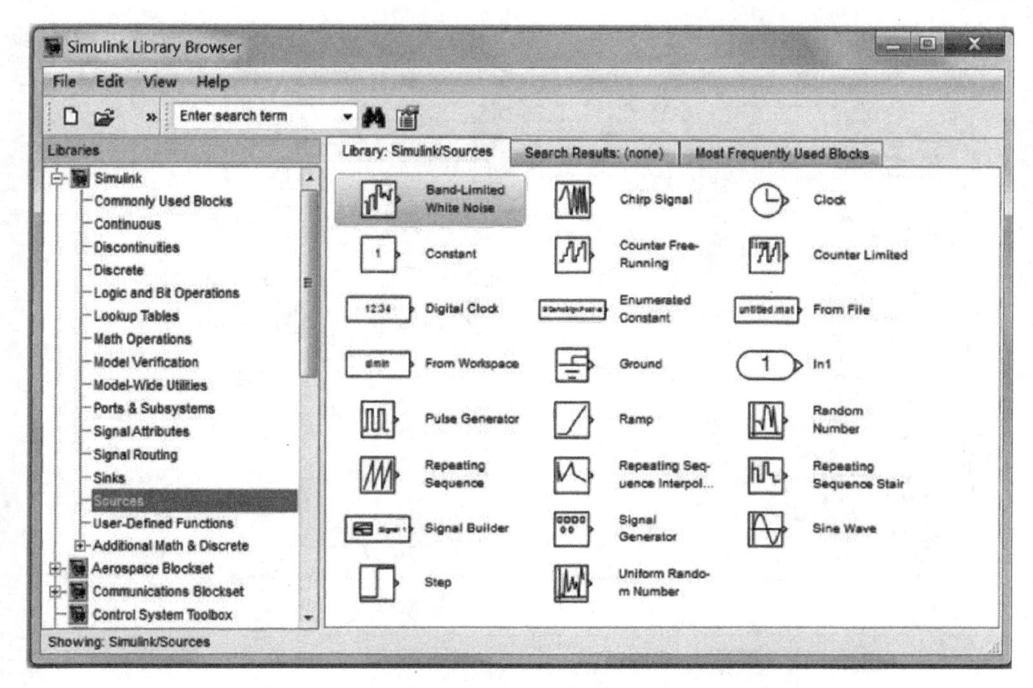

图 23-3　下拉菜单中选择 Sources 子模块

5）Sine Wave 模块

正弦波信号模块产生正弦曲线，可以是离散时间模型或样本模型。

6）Step 模块

阶跃信号模块产生一个上下电平的阶跃信号，如果仿真时间小于 Step time 参数值，则该块的输出是初始值（Initial value）的参数值。对于模拟时间大于或等于 Step time，输出是最终值（Final value）的参数值。

2. Continuous 子模块

点击 Simulink 下拉菜单中 Continuous 模块进行选择操作，如图 23-4 所示。

连续系统模块库中常用的模块有：

1）Integrator 模块

积分模块为连续时间积分单元。

2）State-Space 模块

状态空间模块常用于 Simulink 动态仿真模型设计，其参数设置对话框可设定状态空间模块的系数矩阵与初始状态。

3）Transport Delay 模块

传输延迟模块常用于 Simulink 连续系统模块建立仿真模型。

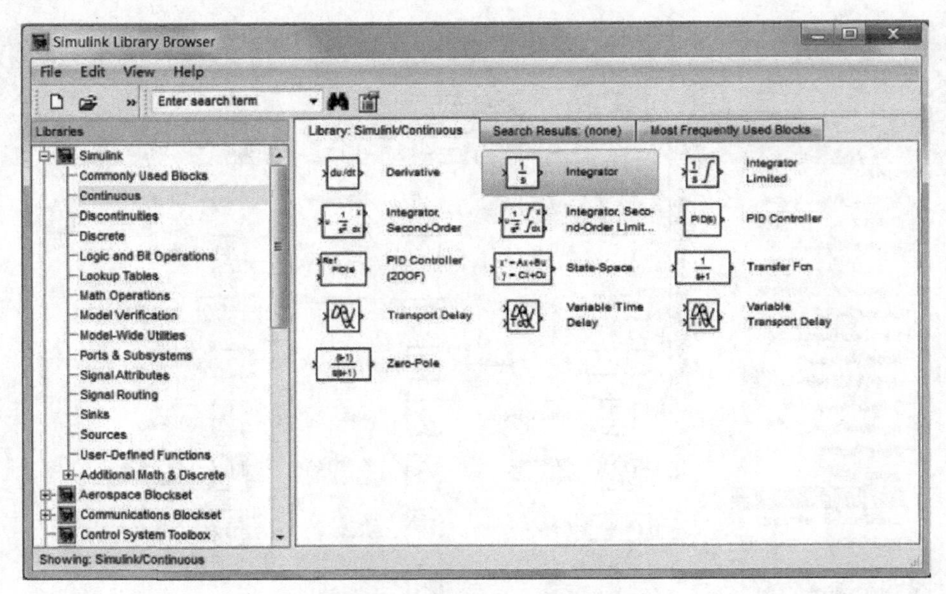

图 23-4　Continuous 子模块

4）Transfer Fcn 模块

传递函数是描述线性微分方程中一种常用方法，通过拉普拉斯变换将原来的线性微分方程转换成代数形式，从而以多项式系数的形式来描述系统。该模块常用于建立连续系统传递函数的 Simulink 仿真模型。

3. Discrete 子模块

点击 Simulink 下拉菜单中 Discrete 模块进行选择操作，如图 23-5 所示。

离散系统模块主要用于建立离散采样系统建模。常用的模块有：

1）Discrete Filter 模块

离散滤波器模块主要用于实现无限冲激响应（IIR）和有限冲激响应（FIR）滤波器。通过参数设置矢量的分子和分母多项式的系数，分母的阶数必须不小于分子的阶数。

2）Integer Delay 模块

整数延迟模块表示输出前 N 个采样时刻的输入值，可以是标量或矢量。如果输入是一个向量，所有元素的矢量和延迟都要相同的样本周期，用方程表示为 $y(n)=x(n-N)$， N 为整数。

3）Unit Delay 模块

单位延迟模块是离散时间系统中最基本的模块之一，一个输入值对应输出的前一个采样时刻值，用差分方程表示为 $y(n)=x(n-1)$，当设置整数延迟模块的“Number of delays”参数为 1 时，效果等同于单位延迟模块。

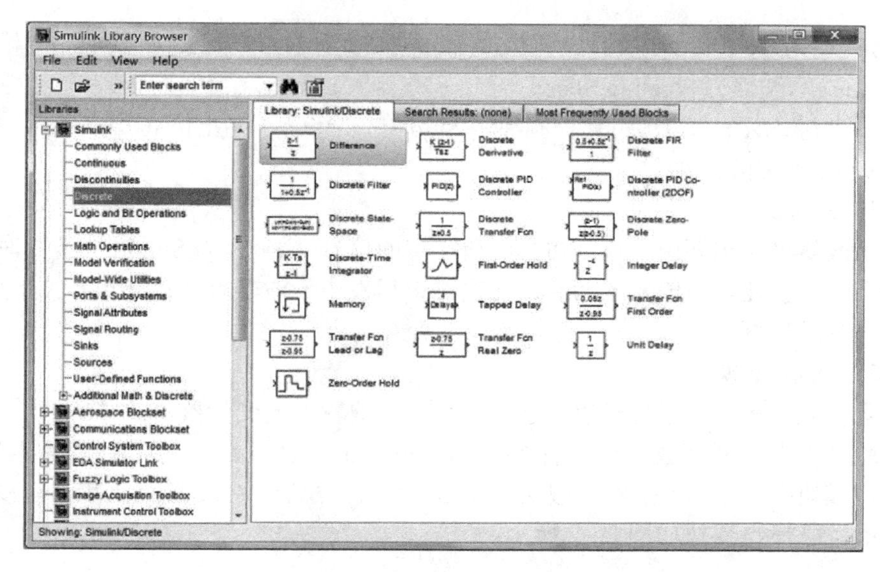

图 23-5　Discrete 子模块

4. Sinks 子模块

点击 Simulink 下拉菜单中 Sinks 模块进行选择操作，如图 23-6 所示。

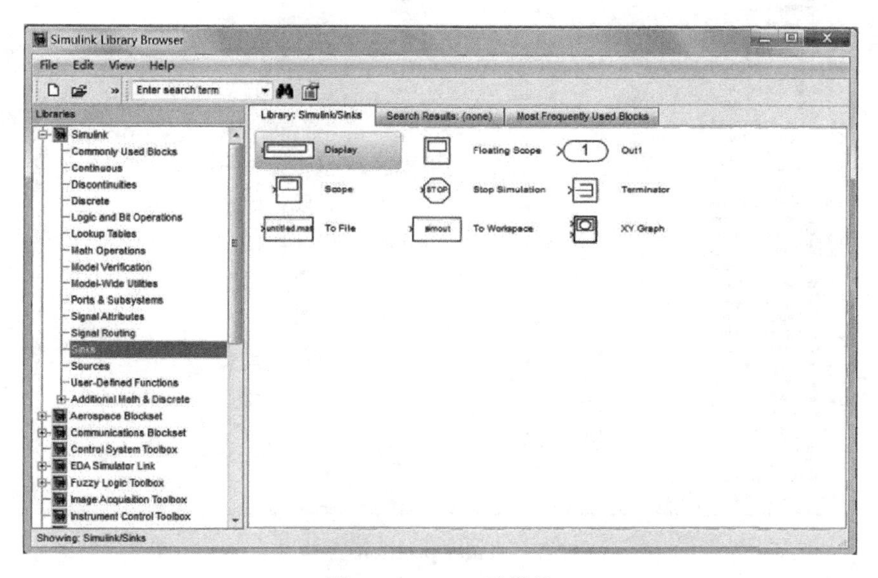

图 23-6　Sinks 子模块

接收模块是任何一个模型中是必不可少的，通过接收模块可查看输出波形或输出结果。接收模块分为模块与子模块输出，如 Out1（子系统输出）、Terminal

（信号终端）、To File（到文件）和 To Workspace（到工作空间）。数据观测器模块，如 Scope（示波器）、Floating Scope（浮动示波器）、Display（数字显示）和 XY Graph（XY 轴双输入示波器），仿真控制模块 Stop Simulation（终止仿真）。

Sinks 常用的模块有：

1）Scope 模块

示波器模块主要用于显示仿真时所产生的信号，横坐标为 Simulink 仿真时间，纵坐标为示波器端口输入的信息。仿真结束后双击示波器就可打开仿真图形以及参数设置对话框。

2）Display 模块

数字显示模块可以用于以数字形式显示当前输入的变量数值。

除了以上 4 种子模块，还有 Math Operation（数学操作）子模块。常用的数学操作模块有：求和、加法、减法、Gain（增益）模块、Product（乘积）等模块。详细的数学操作模块如图 23-7 所示。

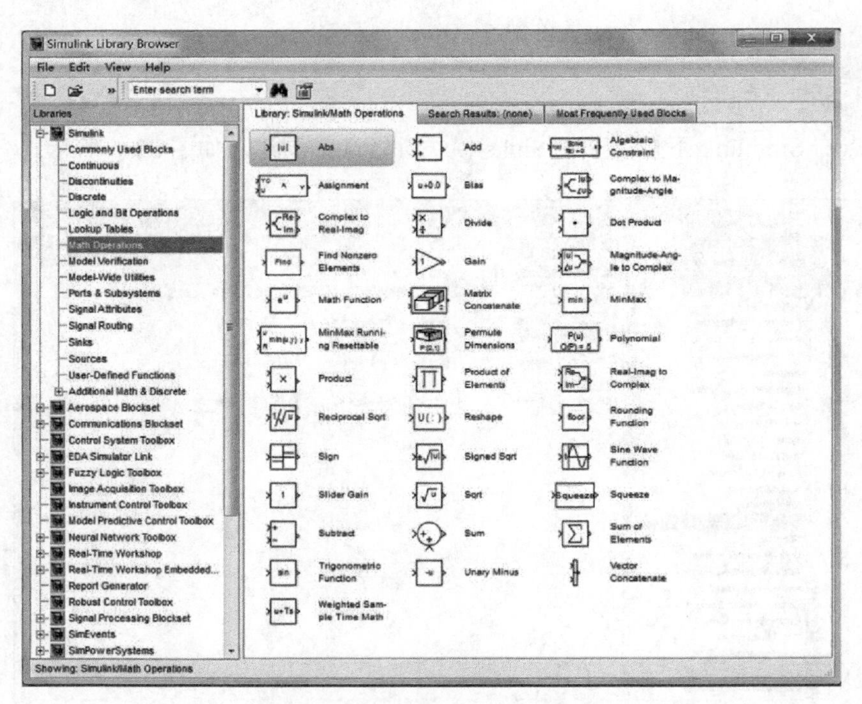

图 23-7　Math Operations 子模块

23.2　系统建模仿真方法

系统建模仿真方法包括：模块编辑、模块连接、模块参数和属性设置、系统仿真参数设置和启动系统仿真与仿真结果分析等。

1. 模块编辑

启动 Simulink，会出现 Simulink Library Browser（浏览器），见图 23-3。单击浏览器菜单栏中的“File”文件，选择下拉菜单“New”的子选项“model”（或单击工具栏中的New model命令按钮），弹出文件名为untitled的模型编辑窗口，如图 23-8 所示。

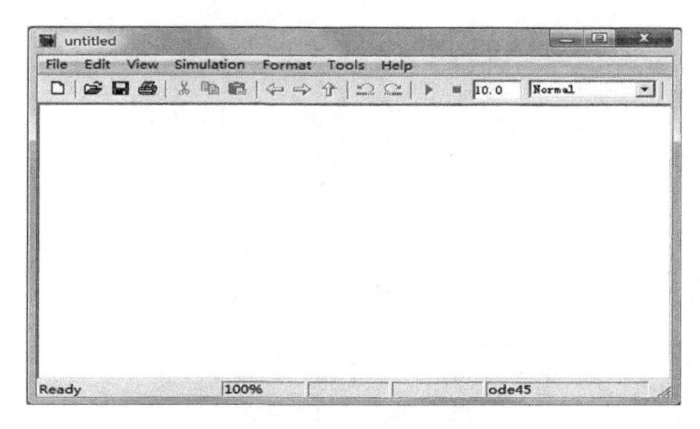

图 23-8　模型编辑窗口

首先将浏览器中的模块拖放到模型编辑窗口中创建模型，所谓的模块拖放是用鼠标选取相应的模块，此时，所选模块的角上出现黑色的小方块，按下鼠标左键不放，拖向模型编辑窗口，也可以同时选取多个模块。由于建模过程中常需要重复使用同一个模块，因此，可以复制和删除相应的模块。有时候为了需要要对模型外形进行调整，要调整模块的方向，首先在模型编辑窗口选取要调整的模块，然后右键点击该模块，选择菜单中的“Format”选项，其中“Rotate Block”命令表示顺时针方向旋转 90°，“Filp Block”命令表示旋转 180°。另外，为了美观可以改变模块的颜色，同样的在该模块下右击鼠标，选择菜单中的“Foreground Color”和“Background Color”命令分别对前景色和背景色进行填充，要产生阴影效果可选择“Format”菜单中的“Show Drop Shadow”命令。在仿真建模过程中，为了直观和分析方便，常需要修改模块名，右键点击该模块，在“Format”菜单下选择“Hide Name”（隐藏文件名）其对应的是“Show Name”或“Flip Name”（相对移动），也可以直接操作鼠标对文件名进行修改，方法是双击需要改变模块的名字，进行修改即可。

2. 模块参数设置和模块连接

模型拖放后，接着是模块的连接，Simulink 中的所有模块都允许用户进行设置，方法是双击要设置的模块或在该模块上右击，在弹出的对话框中设置相应的参数。例如，双击阶跃信号，见图 23-9，用户可以设置 Step time（阶跃时刻）、Initial value（初始值）、Final value（终值）和 Sample time（采样时间）等。参数设置后，将模块间进行连接，方法是将要连接的模块按住鼠标左键，移动到鼠标另一个模块的输出端，连接完后释放鼠标左键。当连接时出现红色，表示未连接好，需要重新连接，可以操作鼠标进行调整，要删除连线，可单击该线，然后按 Delete 键删除或利用 cut 命令进行剪切。

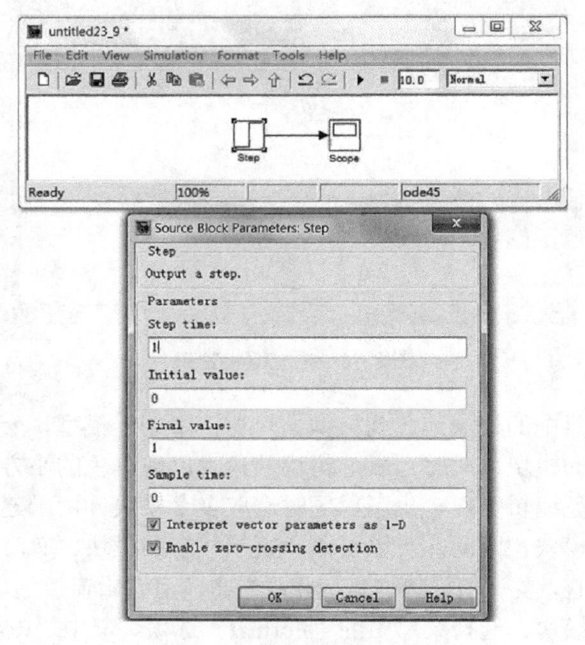

图 23-9　模块设置与连接

同样地，示波器的参数设置，可以双击示波器在图形窗口点击右键，如选择 Axes properties 更改图形在 y 轴上的最大值和最小值。

3. 系统仿真参数设置

模块参数设置和模块连接后，通常要对系统仿真参数进行设置，系统仿真参数设置决定仿真采用的算法和输出模式等，是 Simulink 仿真的关键也是难点。系统仿真参数设置的方法是打开要设置的系统仿真模型，在模型窗口中的菜单栏选项“Simulation”下拉菜单中的“Configuration Parameters”命令，打开仿真参数设置对话框，如图 23-10 所示。在对话框中，仿真参数设置分为 9 个选项，常用的选项有：

1）Solver 选项

设置仿真的起始和停止时间，默认为 0.0s 和 10.0s，求解算法，默认为 ode45（Dormand-prince），即四/五阶的龙格-库塔（Rung-Kutta）法，一般情况下，连续系统可选择 ode45 可变步长（Variable-step）算法，所谓的可变步长是指在仿真过程中要根据计算的要求改变步长，其对应的固定步长（Fixed-step）是指在仿真过程中计算步长不变，对于刚性系统应选择可变步长的 ode15s（多步数字微分公式的解法器）算法，离散无连续系统一般选择固定步长的 Discrete（no continuous states）（可实现积分的固定步长解法器），对于离散连续状态系统可采用如 ode4（Dormand-prince），即四阶龙格-库塔算法或 ode5（默认值）固定步长五阶龙格-库塔算法，该方法适用于大多数连续或离散系统，但不适用于刚性系统。

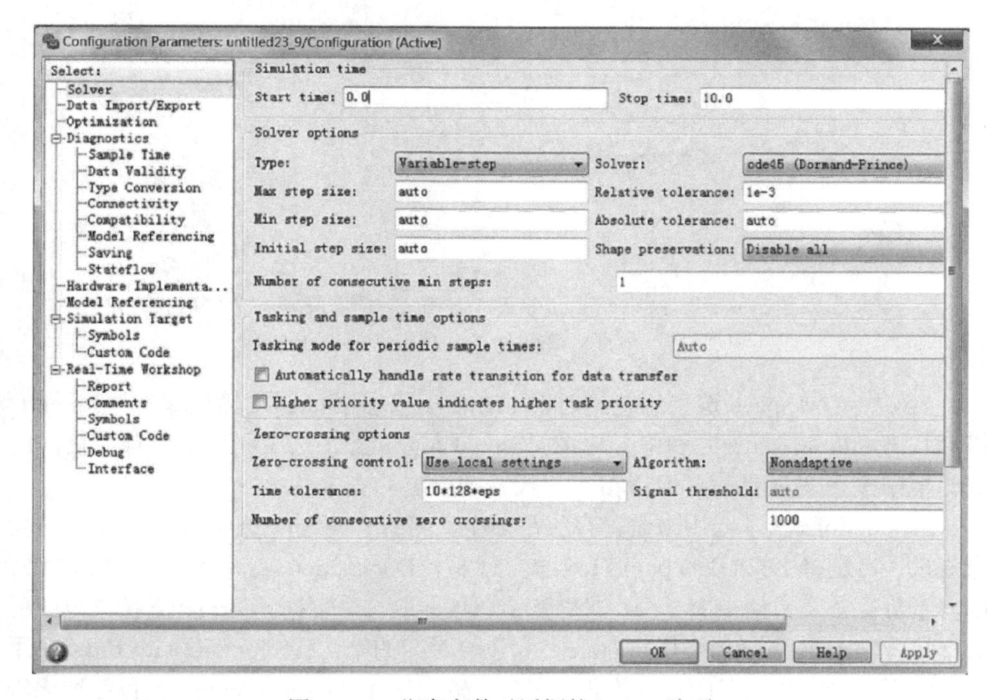

图 23-10　仿真参数对话框的 Solver 选项

2）Data Import/Export 选项

该选项主要设置 Matlab 工作空间数据的导入和导出，如图 23-11 所示。对话框中主要包括从工作空间中导入数据（Load from workspace）、保存到工作空间（save to workspace）和保存选项（save options）。

Load from workspace 选项组包括 Input 和 Initial state 两个复选框，若仿真模型中有输入端口（In 模块），选定 Input 复选框，并在工作空间中获取时间变量 t

和输入变量 u，默认情况为$[t, u]$，其中 t 是一维时间列向量，通常表示仿真时间，u 表示与 t 长度相等的 n 维列向量状态值(n 表示输入端口的数量)。选中 Initial state 复选框表示模块的初始化状态，可在 Matlab 工作空间中获取状态初始值的变量名，注意：变量中的数据个数必须与状态模块数相同。

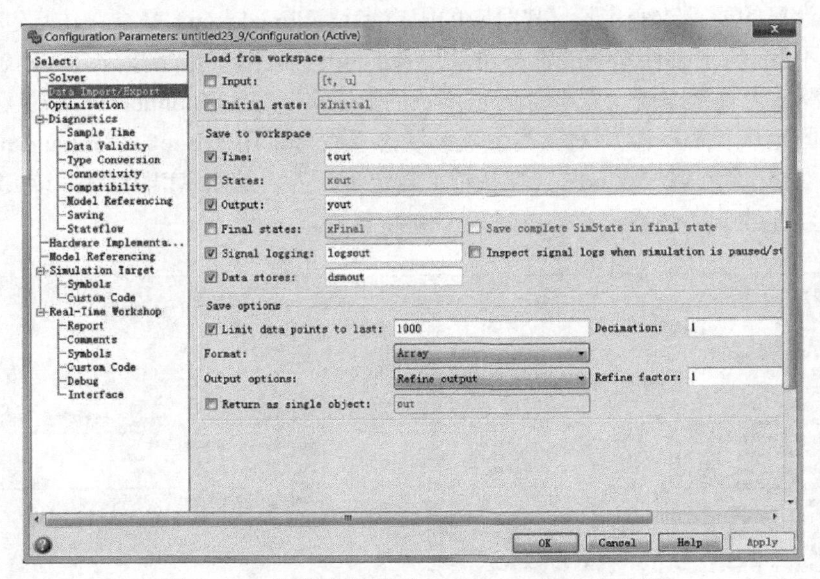

图 23-11　仿真参数设置 Data Import/Export 选项

save to workspace 选项组包括时钟（Time）、状态（States）、输出端口（Output）、最后状态（Final states）和信号记录（Signal logging）。选中相应的选项在后面的编辑框中输入变量名，将保存相应的数据到指定的变量。

save options 选项组用来设置存放在工作空间的有关选项，如设定工作空间的变量规模，可选择 Limit data points to last 文本框，Decimation 默认值是 1，若改为 2，则表示每行 2 个数据中取一个，即每隔 1 个数据取一个数据。Format 下拉菜单中可选择矩阵（Array）、结构（Structure）和包含时间的结构（Structure with time），用于确定保存到工作空间的数据格式。另外，输出选项（Output options）包括细化输出（Refine output）、产生附加输出（Produce additional output）和仅在指定的时刻产生输出（Produce specified output only）。细化输出的目的是使输出的数据曲线更加平滑，产生附加输出是由指定产生输出的附加时刻向量，与仿真计算时改变步长要一致。仅在指定的时刻产生输出表示仅仅提供在指定的时间点上的输出值。

4. 启动系统仿真

参数设置后，单击模型窗口的▶按钮或选择模型编辑窗口菜单栏中的

“Simulation”下拉菜单中的 Start 命令，启动仿真当前模型的仿真。

5. 仿真结果分析与保存

双击 Scope 模块或其他输出图形模块，显示系统输出图形，显示图 23-9 的输出波形见图 23-12 所示，如果要查看多个波形，可点击菜单栏中的图标，将 Number of axes 设置为相应的数字。若要将示波器的数据同时保存在 Matlab 工作空间默认名为 ScopeData 的结构矩阵或矩阵中，可以选中 Save data to workspace 复选框。

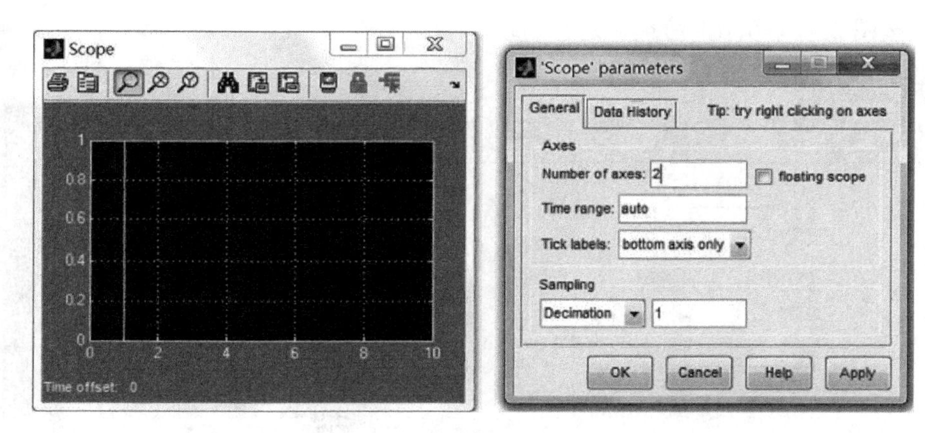

图 23-12 仿真结果与 Scope 设置

模型创建完后，保存或另存为将模型进行保存，其文件扩展名（后缀）为.mdl。对于一个已保存的模型文件可以进行重新编辑和修改，只需要双击文件名或在 Matlab 中打开该模型文件，也可以在 Matlab 命令窗口中直接输入模型文件名（不需要后缀.mdl）。注意：在命令窗口输入时，该文件必须在当前目录下或已定义的搜索路径中。

23.3 Simulink 信号与系统建模示例

【例 23.1】 产生一个合成信号

$$x(t)=\sin 2\pi t+\frac{1}{3}\sin 6\pi t+\frac{1}{5}\sin 10\pi t$$

解 具体步骤如下：

（1）新建一个模型窗口。

（2）添加模块到模型窗口中。

从信号源（Sources）模块中，添加 Sine Wave 模块，并复制 2 次，得到 3 个正弦信号源，然后在 Math Operations 模块中，添加 Add 模块，将 3 个正弦信号进行合成。最后，从接收（Sinks）模块中，添加示波器（Scope）模块，用于显示合成图形。

（3）模块参数的设置和模块连接。

分别双击每个正弦信号（Sine Wave），参数分别设置为：频率（Frequency）为：2*pi，6*pi 和 10*pi，幅度值（Amplitude）为：1，1/3 和 1/5，其余参数不变为默认值。双击 Add 模块，将 List of signs 设置++改为+++表示对 3 个输入量进行合成，采样时间（Sample time）不变。

按图 23-13 所示，将模块进行连接。

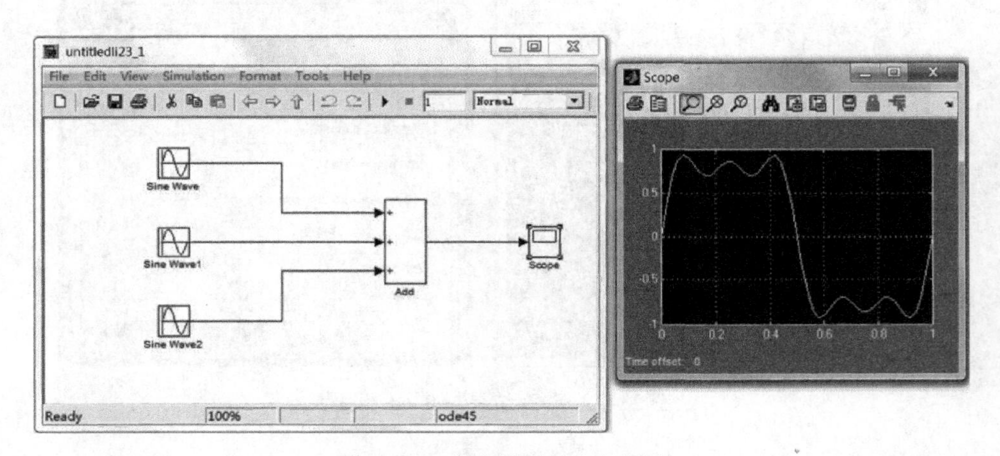

图 23-13 仿真模型与仿真结果

（4）系统仿真参数设置。

单击模型窗口菜单栏选项中的“Simulation”，选择下拉菜单中的 Configuration Parameters 选项，打开仿真参数设置对话框，选择 Solver 选项卡，设置起始时间（Start time）和停止时间（Stop time）为 0s 和 1s。算法选择类型（Type）为可变步长（Variable-step），右栏中的 Solver 设置为 ode45（Dormand-prince），即四/五阶的龙格-库塔法。若算法选择类型为固定步长（Fixed-step），则 Solver 可设置为 ode5（Dormand-prince），即五阶龙格-库塔算法，然后设置 Fixed step size 为 0.001s 即可。

（5）仿真开始。

单击模型窗口的 ▸ 按钮或选择模型编辑窗口菜单栏中的“Simulation”下拉菜单中的 Start 命令，点击仿真开始。

（6）仿真结果分析。

仿真开始后，若有错误根据提示信息将对应错误进行修改，然后再次点击仿真开始，若无错误，双击示波器，将看到仿真结果，为了显示效果，通常单击示波器图形窗口工具栏中的（Autoscale）按钮，或者右键点击图形选择菜单栏中的 Autoscale，将自动调整坐标使波形完整显示。如图 23-13 所示，显示了 3 次谐波合成的方波。

【例 23.2】 已知二阶微分方程 $x''(t)+3x'(t)+2x(t)=2u(t)$，其中 $u(t)$ 为单位阶跃函数，初始状态为 0，试用三种不同方法进行仿真建模。

解　依题意知 $x(0)=0$，输入信号为阶跃信号，输出为 $x(t)$。

方法一：用积分器直接构造求解微分方程的模型。

将原方程改写后得

$$x''(t)=2u(t)-3x'(t)-2x(t)$$

系统模型，见图 23-14。

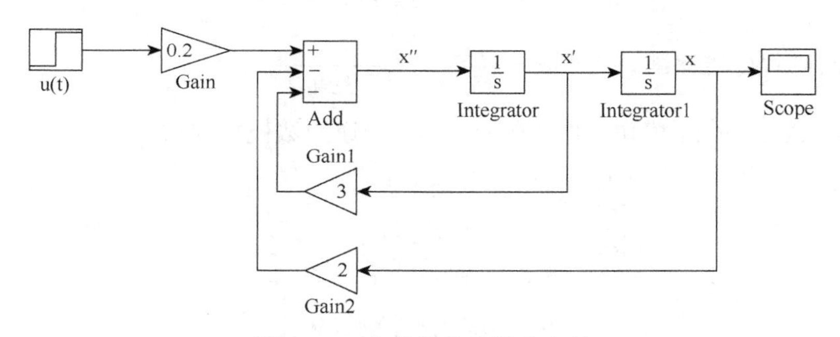

图 23-14　积分器构造微分方程

（1）从 Sources 输入模块中，选择 Step 模块，Step 设置为 0，模块名由 Step 改为 u(t)（点击 Step 模块的文字 Step 进行修改）。

（2）从 Math Operations 数学操作模块中，选择 Add 模块并双击该模块将 List of signs 改为+—，选择 Gain 模块（增益模块），并复制 2 个将其按顺时针旋转 90 度（右击增益模块，选择菜单栏的 Format→Flip Bock 或者 Format→rotate Block→Clockwise 旋转 2 次），分别按照图 23-14 设置为：3，2 和 2。

（3）从 Continuous 模块中选择积分模块 Integrator，并复制 1 个，参数为默认值。

（4）从 Sinks 输出模块中，选择 Scope 示波器模块，双击示波器选择 Parameters，即按钮，在 Data history 标签中，选中 Save data to workspace 复选框，使送入示波器的数据保存在 Matlab 工作空间的默认名为 ScopeData 的结构矩阵中。

（5）选择模型窗口菜单栏中的 Simulation→Configuration Parameters 命令设置系统仿真参数，在对话框中选择 Solver 选项，将 Simulation time 中的 Stop time 停止时间设置为 20s。

（6）点模型窗口的 ▶ 按钮，仿真开始，双击示波器查看图形，可右键点击图形窗口选择菜单中的 Autoscale 或点击示波器图形窗口工具栏中的 🔭 按钮。

注意：可双击任一位置对模型进行文字标注。

方法二：用传递函数模块进行建模。

对微分方程 $x''(t)+3x'(t)+2x(t)=2u(t)$ 两边进行拉普拉斯变换。

例如，对 $x''(t)$ 进行拉普拉斯变换，则

$$L[x''(t)]=\int_{-\infty}^{+\infty}x''(t)\mathrm{e}^{-st}\mathrm{d}t=\int_{-\infty}^{+\infty}\mathrm{e}^{-st}\mathrm{d}x'(t)=x'(t)\mathrm{e}^{-st}\mid_{-\infty}^{+\infty}+s\int_{-\infty}^{+\infty}x'(t)\mathrm{e}^{-st}\mathrm{d}t$$

其中，$x'(t)\mathrm{e}^{-st}\mid_{-\infty}^{+\infty}=0$，$X(s)=\int_{-\infty}^{+\infty}x(t)\mathrm{e}^{-st}\mathrm{d}t$，$U(s)=\int_{0}^{+\infty}\mathrm{e}^{-st}\mathrm{d}t$

因此，得到的方程为

$$s^2X(s)+3sX(s)+2X(s)=2U(s)$$

经调整后得传递函数为 $G(s)=\dfrac{X(s)}{U(s)}=\dfrac{2}{s^2+3s+2}$

通过 Continuous 模块中的 Transfer Fcn 传递函数模块建模，如图 23-15 所示。

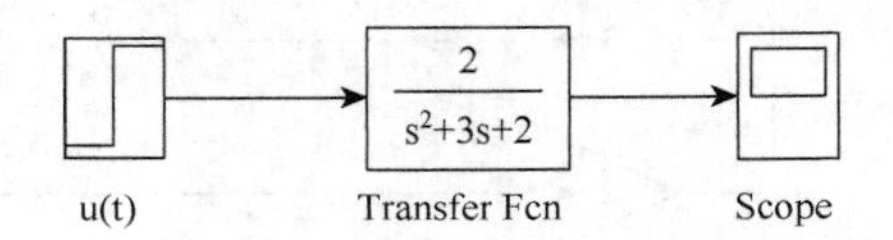

图 23-15　传递函数建模

（1）双击 Transfer Fcn 模块，在 Numerator coefficients 文本框中输入[2]，Denominator coefficient 文本框中输入[1 3 2]，其他为默认值。

（2）设置系统仿真参数。在对话框中选择 Solver 选项，将 Simulation time 中的 Stop time 停止时间设置为 20s。在 Data Import/Export 选项中的 Initial state 初始状态改为[0；0]，其余为默认值。

（3）点模型窗口的 ▶ 按钮，仿真开始，双击示波器查看图形，可右键点击图形窗口选择菜单中的 Autoscale 或点击示波器图形窗口工具栏中的 🔭 按钮。

方法三：用状态方程模块建立模型。

状态方程是一个单自由度的二阶系统，其状态变量有两个：x_1 和 x_2，不妨令 $x_2=x'$，$x_1=x$，则 $x_1'=x_2$，$x_2'=x''$，其中输出为 $y=x_1$。于是可以建立系统的状态方程为

$$\begin{bmatrix}x_1'\\x_2'\end{bmatrix}=\begin{bmatrix}0&1\\-2&-3\end{bmatrix}\begin{bmatrix}x_1\\x_2\end{bmatrix}+\begin{bmatrix}0\\2\end{bmatrix}u$$

$$y=[1\ 0]\begin{bmatrix}x_1\\x_2\end{bmatrix}+0u$$

若令 $x_2'=x_1$，输出为 $y=x_2$

$$\begin{bmatrix}x_1'\\x_2'\end{bmatrix}=\begin{bmatrix}-3 & -2\\1 & 0\end{bmatrix}\begin{bmatrix}x_1\\x_2\end{bmatrix}+\begin{bmatrix}2\\0\end{bmatrix}u$$

$$y=x_2=[0\ \ 1]\begin{bmatrix}x_1\\x_2\end{bmatrix}+0\times u$$

因此，可写成状态方程为

$$\begin{cases}x=\boldsymbol{A}x+\boldsymbol{B}u\\y=\boldsymbol{C}x+\boldsymbol{D}u\end{cases}$$

其中，$\boldsymbol{A}=\begin{bmatrix}0 & 1\\-2 & -3\end{bmatrix}$，$\boldsymbol{B}=\begin{bmatrix}0\\2\end{bmatrix}$，$\boldsymbol{C}=[1\ \ 0]$，$\boldsymbol{D}=[0;0]$，或，$\boldsymbol{A}=\begin{bmatrix}-3 & 2\\1 & 0\end{bmatrix}$，$\boldsymbol{B}=\begin{bmatrix}2\\0\end{bmatrix}$，$\boldsymbol{C}=[0\ \ 1]$，$\boldsymbol{D}=[0;0]$。

根据状态方程建立模型，如图 23-16 所示。

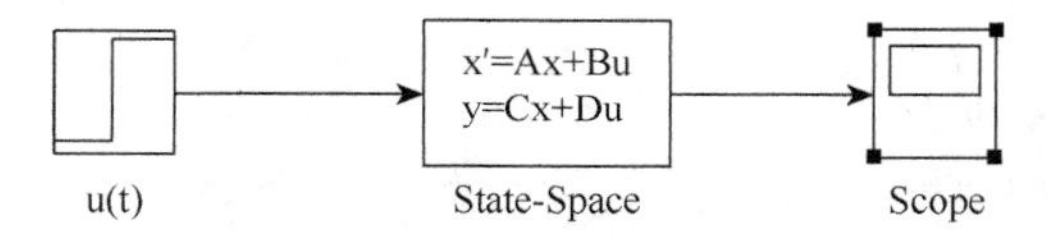

图 23-16 状态方程建立模型

（1）在 Continuous 模块库中选择 State-Space 状态方程模块，双击 State-Space 模块，设置 Parameters 参数，依次为 **A**=[0 1；–2 –3]，**B**=[0；2]，**C**=[1 0]和 **D**=[0；0]。

（2）设置系统仿真参数。在对话框中选择 Solver 选项，将 Simulation time 中的 Stop time 停止时间设置为 20s。

（3）点击模型窗口的 ▸ 按钮，仿真开始，双击示波器查看图形，可右键点击图形窗口选择菜单中的 Autoscale 或点击示波器图形窗口工具栏中的 按钮。

三种不同方法最后生成的图形效果一样，如图 23-17（a）所示。另外也可以通过以下方式生成图形，仿真结果如图 23-17（b）所示。

```
>>a=[1 3 2];
>>b=[2];
>>sys=tf(b,a); %tf 为传递函数
>>t=0:1:20;
>>y=step(sys,t); %step 为阶跃函数
>>plot(t,y)
```

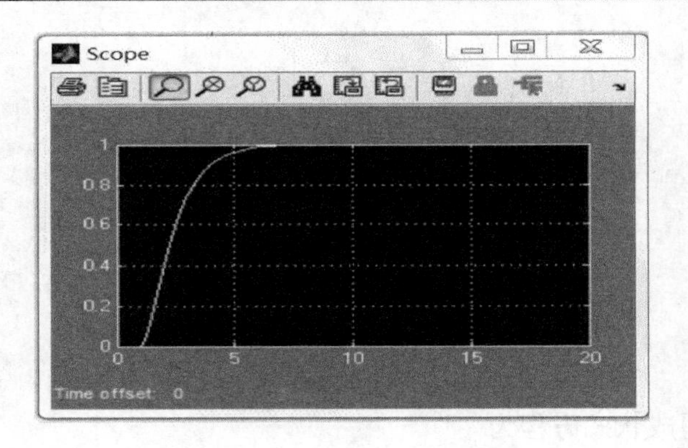

(a)

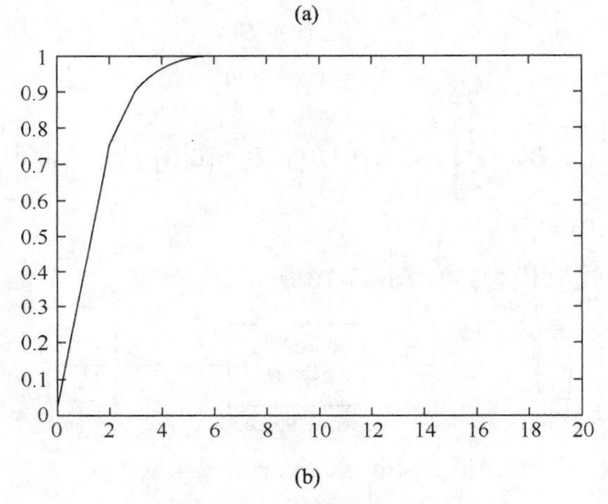

(b)

图 23-17 仿真结果

【例 23.3】 利用 Simulink 仿真求信号积分

$$y=\int_0^1 (x+1)\sin(x)\mathrm{e}^x\mathrm{d}x$$

解 仿真过程如下：

（1）新建一个模型编辑窗口。

（2）从 Sources 模块中，添加 Clock（时钟）模块，在 User-Defined Funtions（用户自定义模块）中将 Fcn 函数模块添加到模型窗口中，在 Continuous 连续模块中添加积分模块 Integrator，在 Sinks 输出模块中添加 Display 模块。

（3）将模块按图 23-18 进行连接。

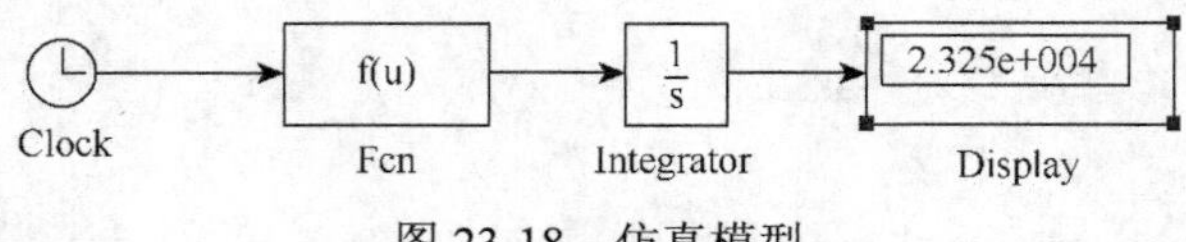

图 23-18 仿真模型

（4）双击 Fcn 模块，打开 Function Block Parameters：Fcn 对话框，在 Expression

文本框中输入 u*sin（u）*exp（u），其余为默认值。

（5）设置仿真参数，在对话框中选择 Solver 选项，将 Simulation time 中的 Start time 时间设置为 0，Stop time 停止时间设置为 1，表示积分的上下限。在 Solver options 算法选择中，将 Type 设置为 Fixed-step，并在右栏的具体算法框中选择 ode5（Dormand-Prince），然后把 Fixed step size 设置为 0.001s。

（6）启动仿真，仿真结束后，Display 模块显示结果为见图 23-18，也可以根据实际需求进行更改格式，如双击 Display 模块，在 Format 提示框中将 short 类型改为 long 类型等。

【例 23.4】 有如下微分方程，假设输入信号为单位阶跃信号，要求用 Simulink 模型进行仿真。

（1） $y'(t)+3y(t)=2x(t)$

（2） $y'''(t)+y''(t)+3y(t)=x''(t)+x(t)$

（3） $y''(t)+2y'(t)+y(t)=0$，初始状态为 $y(0)=1$， $y'(0)=2$

解 1）通过积分器构造微分方程模型把原微分方程变为

$$y'(t)=-3y(t)+2x(t)$$

仿真过程如下：

（1）新建一个模型编辑窗口。

（2）从 Sources 模块中，添加 Step（单位阶跃信号）模块，在 Math Operations 模块添加一个 Add 和两个 Gain 模块到模型窗口中，右击增益模块选择 Format 菜单中的 Flip Block 命令进行 180°旋转。在 Continuous 连续模块中添加积分模块 Integrator，在 Sinks 输出模块中添加 Scope 模块。

（3）将模块按图 23-19 进行连接。

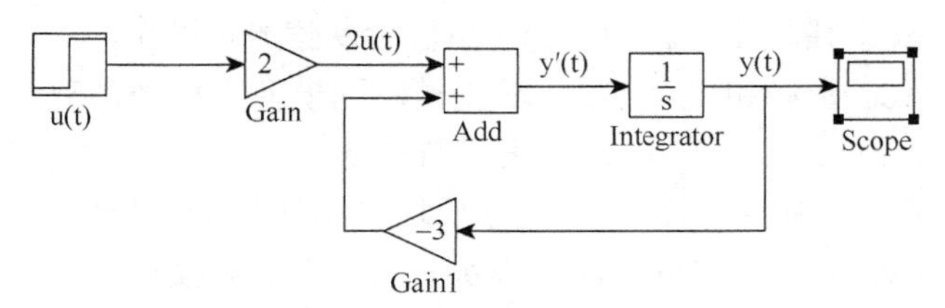

图 23-19　例 23.4 仿真模型

（4）双击 Gain 模块，分别按照图 23-19 所示设置 Gain 为 2 和–3。

（5）设置仿真参数，在对话框中选择 Solver 选项，将 Simulation time 中的 Start time 时间设置为 0，Stop time 停止时间设置为 20s（或在模型窗口处设置为 20.0 ）。算法采用默认 ode45 四/五阶龙格-库塔法。

（6）双击示波器，选择菜单栏的图标进行参数设置，在参数设置窗口选择 Data history 页，选中 Save data to workspace 复选框，使送入示波器的数据同时被保存在Matlab工作空间的默认名为ScopeData的结构矩阵中。

（7）点模型窗口的▶按钮，开始仿真。双击示波器图标，查看仿真结果，可右键点击图形窗口选择菜单中的Autoscale或点击示波器图形窗口工具栏中的按钮。如图23-20所示。

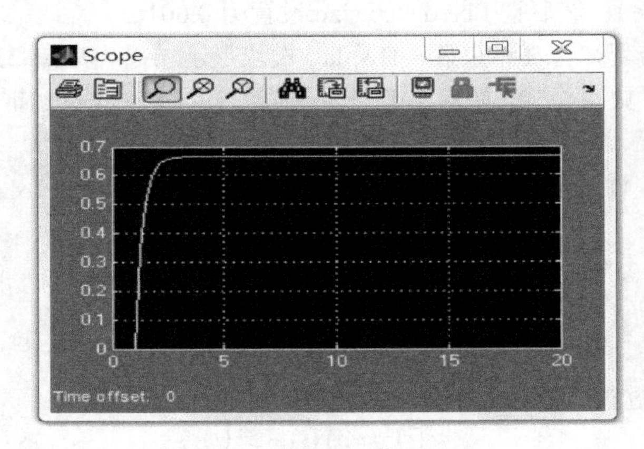

图23-20　例23.4仿真结果

2）通过积分器构造微分方程模型把原微分方程变为

$$y'''(t)=-y''(t)-3y(t)+x''(t)+x(t)$$

$y'''(t)$经积分作用得$y''(t)$，$y''(t)$经积分作用得$y'(t)$，$y'(t)$再经积分模块作用就得$y(t)$，而$y''(t)$、$y'(t)$和$y(t)$经代数求和运算即产生$y'''(t)$，因此，建立系统模型并仿真。仿真过程如下：

（1）新建一个模型编辑窗口。

（2）从Sources模块中，添加Step（单位阶跃信号）模块，在Math Operations模块添加一个Add求和和三个Gain增益模块到模型窗口中，双击求和模块在符号列表List of signs设置为++++，右击增益模块选择Format菜单中的Flip Block命令进行180°旋转。在Continuous连续模块中添加三个积分模块Integrator和2个微分模块Derivative，在Sinks输出模块中添加Scope模块。

（3）将模块按图23-21进行连接。

（4）双击Gain模块，分别按照图23-21所示设置Gain为–1和–3。

（5）设置仿真参数，在对话框中选择Solver选项，将Simulation time中的Start time时间设置为0，Stop time停止时间设置为20s（或在模型窗口处设置为 20.0 ）。算法采用默认ode45四/五阶龙格-库塔法。

（6）双击示波器，选择菜单栏的图标进行参数设置，在参数设置窗口选择Data history页，选中Save data to workspace复选框，使送入示波器的数据同时被保存在 Matlab 工作空间的默认名为 ScopeData 的结构矩阵中。

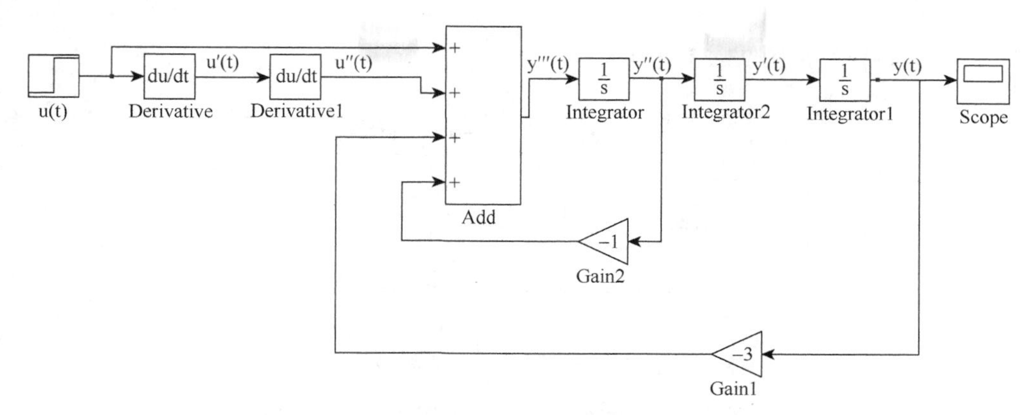

图 23-21 题（2）仿真模型

（7）点模型窗口的 ▶ 按钮，开始仿真。双击示波器图标，查看仿真结果，可右键点击图形窗口选择菜单中的 Autoscale 或点击示波器图形窗口工具栏中的 按钮，如图 23-22 所示。

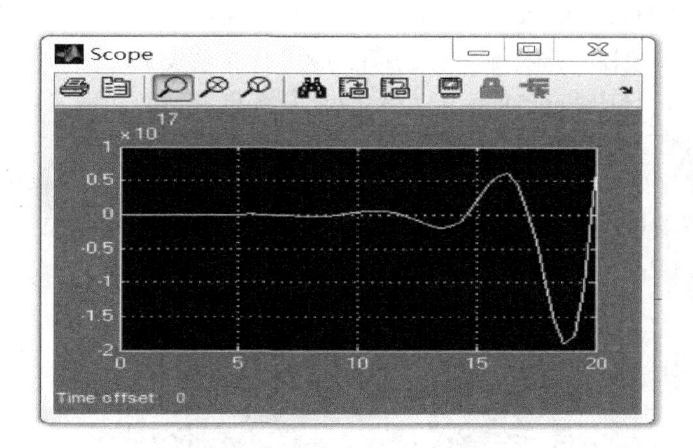

图 23-22 题（2）仿真结果

3）通过积分器构造微分方程模型把原微分方程变为

$$y''(t) = -2y'(t) - y(t)$$

方法同上，仿真过程如下：

（1）新建一个模型编辑窗口。

（2）在 Math Operations 模块添加一个 Add 求和和两个 Gain 增益模块到模型窗口中，右击增益模块选择 Format 菜单中的 Flip Block 命令进行 180°旋转。在

Continuous 连续模块中添加两个积分模块 Integrator，在 Sinks 输出模块中添加 Scope 模块。

（3）将模块按图 23-23 进行连接。

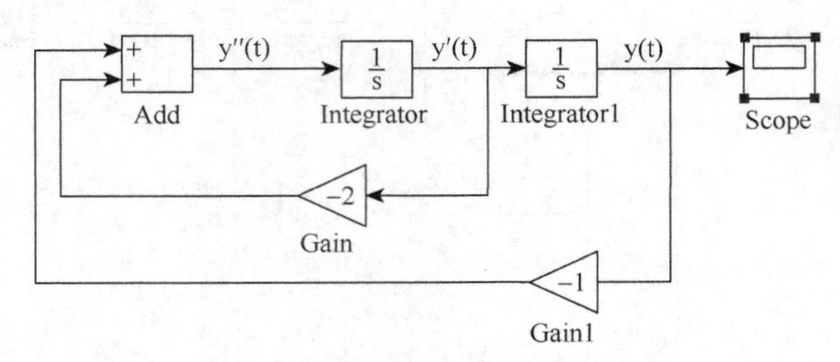

图 23-23　题（3）仿真模型

（4）双击 Gain 模块，分别按照图 23-23 所示设置 Gain 为−2 和−1。

（5）单击模型窗口菜单栏选项中的“Simulation”，选择下拉菜单中的 Configuration Parameters 选项，打开仿真参数设置对话框，选择 Solver 选项卡，设置起始时间（Start time）和停止时间（Stop time）为 0s 和 20s（或在模型窗口 20.0 处设置为 20），算法采用默认 ode45 四/五阶龙格−库塔法。由于初始状态为 $y(0)=1$，$y'(0)=2$，选择 Data Import/Export 选项卡，选中初始状态 Initial state 设置为[2；1]。

（6）双击示波器，选择菜单栏的图标进行参数设置，在参数设置窗口选择 Data history 页，选中 Save data to workspace 复选框，使送入示波器的数据同时被保存在 Matlab 工作空间的默认名为 ScopeData 的结构矩阵中。

（7）点模型窗口的 ▸ 按钮，开始仿真。双击示波器图标，查看仿真结果，可右键点击图形窗口选择菜单中的 Autoscale 或点击示波器图形窗口工具栏中的按钮，如图 23-24 所示。

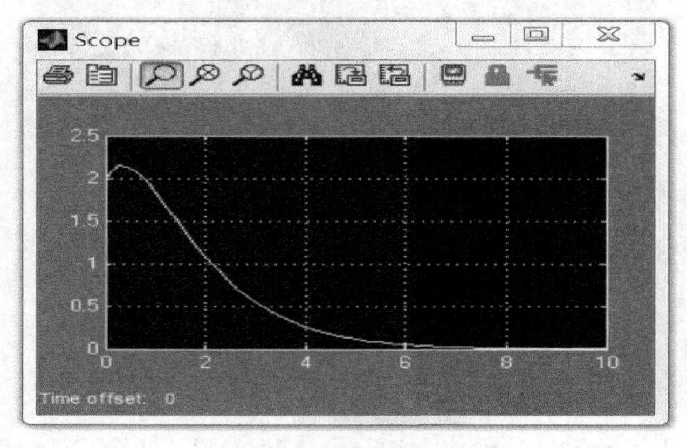

图 23-24　题（3）仿真结果

23.4　S 函数及应用

23.4.1　S 函数

S 函数是指用特定语言来描述非图形化功能模块，即 System Function（系统函数）的简称，是 Matlab 语言为了用户扩展功能的接口。可以采用 Matlab 语言、C 语言、C++、Fortran 等语言来编写 S 函数，当使用这些语言编写 S 函数时，需要编译器生成动态链接库（DLL）文件，或者在 Simulink 中进行调用，本节只介绍 Matlab 语言编写 S 函数。S 函数还可以用来描述和实现连续系统、离散系统以及混合系统等模型。

S 函数常用的使用步骤如下：

（1）新建 S 函数文件，通常使用 Simulink 提供的 S 函数模板和例子，根据实际需求进行相应的修改即可。

（2）在 Simulink 模型窗口添加 S-Function 模块（在 User-Defined Function 用户自定义模块中添加），并进行相关参数的设置。

（3）在 Simulink 模型窗口中按照定义好的功能连接输入输出窗口，见例 23.5。

（4）设置仿真参数和系统参数，单击模型窗口的 ▶ 按钮，仿真开始。

（5）最后通过示波器等输出模块查看输出图形，或在命令窗口输入相应的函数名及参数值，查看结果。

【例 23.5】　使用 S 函数实现模块 $y=2u+3$。

解　基本步骤如下：

（1）新建 S 函数文件，从 Simulink 提供的 S 函数模板中选择 sfuntmpl.m 文件。

该文件在安装目录下 C:\Program Files\Matlab\R2010b\toolbox\simulink\blocks。简化和修改的程序保存为 sfunzxb.m，具体如下：

```
function [sys,x0,str,ts,simStateCompliance] =
sfunzxb(t,x,u,flag)
switch flag,
  case 0,
    [sys,x0,str,ts,simStateCompliance]=mdlInitializeSizes;
  case 1,
    sys=mdlDerivatives(t,x,u);
  case 2,
    sys=mdlUpdate(t,x,u);
  case 3,
```

```
    sys=mdlOutputs(t,x,u);
  case 4,
    sys=mdlGetTimeOfNextVarHit(t,x,u);
  case 9,
    sys=mdlTerminate(t,x,u);
  otherwise
    DAStudio.error('Simulink:blocks:unhandledFlag',
num2str(flag));
end

function
[sys,x0,str,ts,simStateCompliance]=mdlInitializeSizes
sizes = simsizes;
sizes.NumContStates  = 0;
sizes.NumDiscStates  = 0;
sizes.NumOutputs = 1;  %修改部分，设置输出变量的个数，根据题意改为1
sizes.NumInputs=1;  %修改部分，设置输入变量的个数，根据题意改为1
sizes.DirFeedthrough = 1;
sizes.NumSampleTimes = 1;   % at least one sample time is needed
sys = simsizes(sizes);
x0  = [];
str = [];
ts  = [0 0];
simStateCompliance = 'UnknownSimState';

function sys=mdlDerivatives(t,x,u)
sys = [];

function sys=mdlUpdate(t,x,u)
sys = [];

function sys=mdlOutputs(t,x,u)
sys = 2*u+3;   %修改部分，根据题目要求，实现该模块

function sys=mdlGetTimeOfNextVarHit(t,x,u)
```

```
sampleTime = 1;%Example, set the next hit to be one second later.
sys = t + sampleTime;
function sys=mdlTerminate(t,x,u)
sys = [];
```

（2）在 Simulink 模型窗口添加 S-Function 模块（在 User-Defined Function 用户自定义模块中添加），双击 S-Function 将 S-Function name 文本框中的 system 改为 sfunzxb，点击右边复选框中的 edit 按钮，然后在弹出的对话框中选择“Browse”浏览按钮，查找和修改 sfunzxb.m 文件是否有误，最后保存和运行。

（3）在 Simulink 模型窗口中按照定义好的功能连接输入输出窗口，见图 23-25。在 Sources 模块中选择 Sine Wave 模块，在 Signal Routing 模块中选择 Mux 信号合成模块，在 Sinks 模块中选择 Scope 模块，参数均为默认值。

Simulink 仿真模型如下：

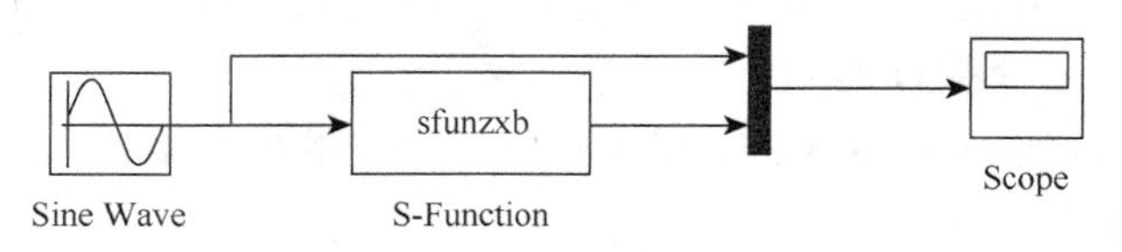

图 23-25 S 函数仿真模型

（4）设置仿真参数和系统参数，均为默认值，单击模型窗口的 ▶ 按钮，仿真开始。

（5）最后通过示波器等输出模块查看输出图形，见图 23-26。

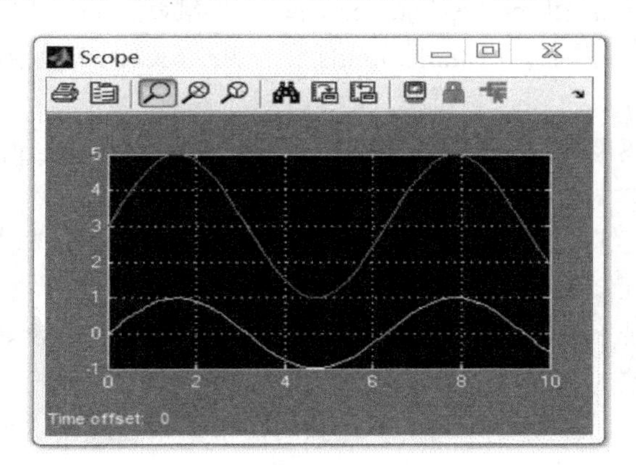

图 23-26 例 26.5 仿真结果

23.4.2 S 函数的应用

本节将重点介绍用 S 函数描述状态方程，不管是线性系统还是非线性系统，

状态方程模型可简化为

$$u \rightarrow \boxed{\quad \mathrm{x} \quad} \rightarrow y$$

其中，u 表示输入，x 表示状态方程，y 表示输出。

注意：对于一个系统来说，当选择的状态变量不同时，会产生不同的状态方程，因此，状态方程形式不唯一，见例 25.2。一个典型的线性系统的状态方程描述形式如下：

状态方程：$\mathrm{x} = \boldsymbol{A}x + \boldsymbol{B}u$

输出方程：$y = \boldsymbol{C}x + \boldsymbol{D}u$

其中，$\boldsymbol{A}$、$\boldsymbol{B}$、$\boldsymbol{C}$、$\boldsymbol{D}$ 分别表示状态矩阵、输入矩阵、输出矩阵和前馈矩阵。

S 函数的仿真步骤如下：

（1）初始化

首先初始化结构体（Simstruct），设置输入输出端口数（mdlInitializeConditions），设置采样时间（mdlInitializeSizes）以及分配存储空间（mdlInitializeSample）等。

（2）计算下一个采样时间点

采用 mdlGetTimeofNextVarhit 函数计算下一步的仿真步长。

（3）计算输出

通过 mdlOutputs 函数计算所有输出端口的输出值。

（4）更新状态

通过 mdlUpdate 函数对每个仿真步长进行状态更新。

（5）数值积分求解

通过 mdlOutputs 和 mdlDerivatives 函数对连续状态进行数值积分求解，如果存在非采样过零点，需要调用 mdlOutputs 和 mdlZeroCrossings 函数来检查过零点。

（6）结束仿真

可以在仿真模型窗口中查看输出结果，也可以通过 Matlab 命令窗口输入相应的参数值。

Matlab 提供了编写 S 函数的各种模型文件，包括完整的框架结构，用户可以根据实际需求进行修补，在编写 M 文件时，可以模仿 S 函数模板文 sfunmp1.m，该文件在安装目录下 C：\Program Files\Matlab\R2010b\toolbox\simulink\blocks。该文件包含一个完整的 S 函数，其中包括一个主函数和若干个子函数，每个子函数对应一个 flag 变量，当主函数调用子函数时，将结果返回给主函数，在 Matlab 命令窗口中输入：

```
>>edit sfuntmp1
```

也可以在安装目录下查找或搜索 sfuntmp1.m 文件，双击该文件即可打开（注意：调试时需要更改路径）。

该文件简化后如下：

```
function [sys,x0,str,ts,simStateCompliance] =
sfuntmpl(t,x,u,flag)
switch flag,
  case 0,
    [sys,x0,str,ts,simStateCompliance]=mdlInitializeSizes;
  case 1,
    sys=mdlDerivatives(t,x,u);
  case 2,
    sys=mdlUpdate(t,x,u);
  case 3,
    sys=mdlOutputs(t,x,u);
  case 4,
    sys=mdlGetTimeOfNextVarHit(t,x,u);
  case 9,
    sys=mdlTerminate(t,x,u);
  otherwise
    DAStudio.error('Simulink:blocks:unhandledFlag',
num2str(flag));
end
function
[sys,x0,str,ts,simStateCompliance]=mdlInitializeSizes
sizes = simsizes;
sizes.NumContStates  = 0;
sizes.NumDiscStates  = 0;
sizes.NumOutputs     = 0;
sizes.NumInputs      = 0;
sizes.DirFeedthrough = 1;
sizes.NumSampleTimes = 1;   % at least one sample time is needed
sys = simsizes(sizes);
x0  = [];
str = [];
ts  = [0 0];
function sys=mdlDerivatives(t,x,u)
```

```
sys = [];
function sys=mdlUpdate(t,x,u)
sys = [];
function sys=mdlOutputs(t,x,u)
sys = [];
mdlGetTimeOfNextVarHit
function sys=mdlGetTimeOfNextVarHit(t,x,u)
sampleTime = 1;
sys = t + sampleTime;
function sys=mdlTerminate(t,x,u)
sys = [];
```

为了更好地理解，下面举例说明。

【例 23.6】 使用 S 函数求例 23.2 中的二阶微分方程 $x''(t)+3x'(t)+2x(t)=2u(t)$，其中，$u(t)$ 为单位阶跃函数，初始状态为 0。

解　首先使用 S 函数对二阶微分方程的状态形式（例 23.2 方法三）编写，参考程序如下：

```
function [sys,x0,str,ts] = sfunwffc(t,x,u,flag)
%s 函数求解微分方程
%t 表示当前时刻，从仿真模型开始的运行时间。
%x 表示模块的状态向量，包括连续状态向量和离散状态向量
%u 表示模块的输入向量
%flag 表示选择不同操作的变量
%sys 是系统参数
%x0 表示系统初始状态，若无，则取[]
%str 表示系统阶字串，通常设置为[]
%ts 表示采样时间矩阵，对连续采样时间，ts 设置为[0,0]
%2015 年 8 月编
A=[0,1;-2,-3];%初始化状态方程中的系数矩阵
B=[0;2];
C=[1,0];
D=[0;0];
switch flag,
  case 0,%模块初始化
      [sys,x0,str,ts]=mdlInitializeSizes;%调用初始化模型函数，
```

```
%并返回。
  case 1,%计算模块导数
      sys=mdlDerivatives(t,x,u,A,B,C,D);%调用连续状态函数，返回
%连续状态导数。
  case 2,%更新模块离散状态
      sys=mdlUpdate(t,x,u,A,B,C,D);
  case 3,%计算模块输出
      sys=mdlOutputs(t,x,u,A,B,C,D);%计算输出信号，返回其输出
  case 4,%计算下一个采样时点
      sys=mdlGetTimeOfNextVarHit(t,x,u,A,B,C,D);
  case 9,
    sys=[];%根据状态方程即差分方程部分，进行修改
  otherwise
    error('Unhandled Flag=',num2str(flag));
end

function [sys,x0,str,ts]=mdlInitializeSizes
sizes=simsizes;                    %取系统默认参数
sizes.NumContStates=2;              %设置 2 个连续状态变量
sizes.NumDiscStates=0;              %设置离散状态变量数为 0
sizes.NumOutputs=2;                 %设置系统输出变量数为 2
sizes.NumInputs=1;                  %设置系统输入变量数为 1
sizes.DirFeedthrough=1;             %设置输出量中含有输入量
sizes.NumSampleTimes=1;             %采样周期为 1，设置必须大于等于 1
sys=simsizes(sizes);                %设置系统参数
x0=[0;0];                          %设置初始状态为零状态
str=[];                            %设置系统为空矩阵
ts=[0,0];                          %初始化采样时间矩阵

function sys=mdlUpdate(t,x,u,A,B,C,D)
sys = [];

function sys=mdlDerivatives(t,x,u,A,B,C,D)
sys=A*x+B*u;                       %设置状态方程中的微分部分
```

```
function sys=mdlGetTimeOfNextVarHit(t,x,u,A,B,C,D)
sampleTime=1;%下一步仿真时间在 1s 后
sys=t+sampleTime;

function sys=mdlOutputs(t,x,u,A,B,C,D)
sys=C*x+D*u;                     %设置系统输出方程
```

注意：保存的函数文件名为 sfunwffc.m（与 function 函数的函数名一致）。

然后建立仿真模型，如图 23-27 所示。

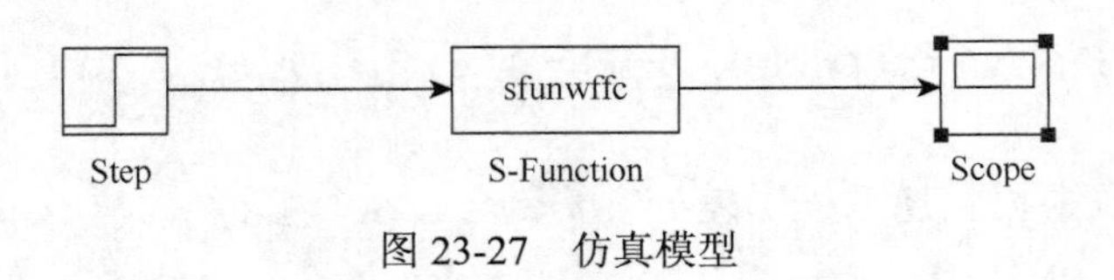

图 23-27　仿真模型

步骤如下：

（1）从 Sources 模块中选择 Step 单位阶跃模块，从 User-Defined Function 用户自定义模块中选择 S-Function 模块，从 Sinks 模块中选择示波器模块。

（2）双击 S-Function 模块，在 S-function name 文本框中输入文件名，即 sfunwffc，由于状态方程的系数矩阵等参数在函数文件中已经赋值，因此，可以不用在文本框中输入参数。

（3）设置系统参数的停止时间 Stop time 为 20s，其余为默认值。

最后启动仿真，得到的结果与例 23.2 输出的波形相同。

第24章　系统建模仿真的评估

24.1　概　　述

对仿真模型的有效评估是仿真工作的一个重要内容，包括模型的确认和模型的验证两个部分。

模型的确认工作是考察系统概念模型（数学模型）与被仿真的实际系统之间的关系，通过比较在相同外界条件（如相同激励和运行条件）下概念模型与实际系统之间的一致性来评价模型的可信度和可用性。系统的概念模型是对实际系统的一种抽象描述，为了数学分析和模型实现的方便，概念模型往往是在一定条件下根据建模目的而对实际系统的简化，所以概念模型只能在一定程度上近似地、局部地反映所研究的实际系统。

模型的验证工作即仿真软件验证，是考察系统概念模型及其计算机实现（称之为计算机模型）的关系，即判断概念模型与计算机程序之间的一致性。计算机模型是概念模型在计算机上的程序实现，对同一概念模型，其计算机模型可以采用不同的计算机语言、不同的程序设计方法来实现，但这些模型运行的结果在相同计算精度下必须是一致的，否则，这些计算机模型中一定会存在错误。

仿真软件验证可分为软件模型追踪分析、软件度量分析、代码分析和正确性证明四个部分。软件模型追踪分析是根据概念模型结构框架跟踪计算机模型的模块单元、输入输出以及实现算法的合理性，以验证概念模型是否被准确地转换为计算机模型，计算机模型是否满足仿真目标应用。软件度量分析负责对模型开发和应用中有关的可以量化的特性进行评价，如软件的可靠性、可维护性、可验证性、互操作性等多方面。代码分析是对软件代码的详细评估，包括软件逻辑、数据结构、模块接口、用户界面等的评估。正确性证明是采用断定检验的方法来证明程序的正确性。

系统仿真结果的有效性直接关系到仿真结果的应用价值。有效性可以理解为仿真结果与被仿真的实际物理系统行为之间的差别程度，即“精度”。根据不同类型的建模，仿真精度会受到不同类型的建模误差的限制；另外一些仿真误差来源于数值计算的精度限制以及仿真本身具有的一些特性，如离散误差、量化误差、截断误差、仿真和计算误差等。在计算能力允许的情况下，可以增加仿真系统模型的复杂程度以求更加接近真实物理系统，以系统编程复杂度和相应计算量来换取较小的建模误差。

在模型简化的过程中，简化前后模型保持数学上的等价性，从理论上讲，这样的系统简化不应该导致模型精度损失；但两个数学上等价的模型在数值计算的复杂性和计算精度上是存在差别的，结构简单的等价模型并非在数值计算上就一定简单，精度就一定高，因为计算复杂性和精度依赖与仿真所选取的数值算法，这在仿真建模中需要注意。

对模型的评估一般分为主观评估和统计检验两类，主观评估方法一般是对模型进行定性的分析，统计检验方法则是依靠统计学工具对模型进行定量分析和比较。对系统模型的评估主要包括以下几个方面。

（1）主观有效性评估。请熟悉实际系统的专家对仿真模型的合理性及其输出结果进行评价，如果存在实际系统的测试数据，请熟悉实际系统的专家判定仿真结果和实际结果之间的一致性。

（2）事件有效性检验。将仿真结果中出现的事件与实际系统中发生的事件作对比，看是否相同或接近。预测有效性检验，把仿真的预测结果与实际系统输出进行比较，看他们是否相同或接近。

（3）动画法。将仿真结果以动画形式表现出来，凭借评估者的实际经验和直觉来判断模型的正确性。Simulink 的仿真结果往往以动画形式表现出来。理论比较法，如果概念模型存在理论分析结果，可以将仿真结果与理论计算结果进行比较，以判断模型的正确性。

（4）模型比较法。将模型的仿真结果与已被普遍认可的经典模型的结果进行比较，根据其偏差来评价模型的有效性。

（5）曲线法。对比模型仿真结果曲线以及实际系统测试曲线或理论分析曲线，从它们的吻合程度上判断模型的正确性。

（6）参数有效性检验。改变模型中内部参数或输入信号，观察对仿真结果的影响，并判断这种影响关系是否与实际系统测试结果保持一致，或是与基本物理概念相互矛盾，从而判断模型的正确性。

（7）极端条件检测法。在极端条件或对系统不同参数、输入等进行特殊组合的条件下，看仿真结果是否合理。

（8）局部模型和子模型测试法。移去系统中某些部分，或将系统分解为若干子系统模型，通过对局部系统或子系统的检验来得出对总模型的有效性认识。历史数据法，利用从实际系统测试中得出的历史数据中的一部分来进行建模，然后用另外一部分历史数据来检验模型的正确性。

（9）统计检验方法。使用数理统计学方法来对模型进行检验和评估，如置信区间评估、假设检验、方差分析、统计回归分析和谱分析等。

24.2 随机分布的辨识和参数估计

随机分布辨识的目的是对仿真输出的数据样本的分布特征进行分析，识别数据样本的分布属于什么样的概率分布。参数估计的目的是通过数据样本估计出概率分布的统计参数，如均值、方差和矩等，并给出指定置信概率下估计结果所在的范围。

24.2.1　概率密度函数对比——直方图估计法

数据样本的频率直方图是一种近似求解样本概率密度函数的图解方法，也常用于随机数分布的验证中。

假设仿真中得出了 n 个样本数据为 $X=\{x_1, x_2, \cdots, x_n\}$，其取值区间范围为

$$[a,b]=[\min X,\max X] \tag{24-1}$$

为了得到样本分布的频率直方图，首先将区间$[a, b]$划分为 m 个等间隔的分组区间，分割点 t_i 为

$$a=t_0<t_1<\cdots<t_m=b \tag{24-2}$$

分割宽度为

$$\varDelta=t_{i+1}-t_i=\frac{b-a}{m}, i=0,1,\cdots,m-1 \tag{24-3}$$

然后统计样本数据落在区间$[t_i, t_{i+1}]$中的个数 r_i（称为频数），再计算出对应的频率 $f_i=r_i/n$，则当样本总数 n 充分大时，频率 f_i 趋近于随机变量 ξ 在该区间的概率，即

$$f_i \approx P(t_i \leqslant \xi < t_{i+1}) \tag{24-4}$$

设随机变量 ξ 的概率密度函数 $f_\xi(x)$，有

$$f_i \approx P(t_i \leqslant \xi < t_{i+1})=\int_{t_i}^{t_{i+1}} f_\xi(x)\mathrm{d}x \approx f_\xi(x)\cdot\varDelta \tag{24-5}$$

就可以用样本频数来估计其概率密度函数，即

$$f_\xi(x)\approx\frac{f_i}{\varDelta}=\frac{r_i}{n\varDelta}, x\in[t_i,t_{i+1}), i=0,1,\cdots,m-1 \tag{24-6}$$

根据上式绘制的直方图，与已知分布的概率密度函数对比即可直观地辨别样本所服从的分布类型。当样本数量 $n\to\infty$，$\varDelta\to 0$ 时，样本频率直方图趋近于概率密度函数。

但是，仿真得出的样本数是有限的，这样直方图法中如何选择分割区间的宽度就显得格外重要。如果区间选的太宽，直方图就会显得粗糙；反之，如果分割区间过细，则直方图的平滑度就不够好。样本数量较多，可选择较小的分割区间，在实践中发现，选择直方图分割区间数近似于样本数据个数的平方值时得出的直方图较好，即

$$m=\left\lfloor\sqrt{n}\right\rfloor \tag{24-7}$$

$$\Delta = \frac{b-a}{m} \tag{24-8}$$

Matlab 中绘制直方图的命令为 hist，在 Simulink 中也提供了相似功能的直方图计算模块 histgram。

24.2.2　概率分布的假设检验和参数估计

1. 几个基本参数的含义和计算问题

1）分位点：概率密度函数 $p(x)$ 的 α 分位点 x_α，定义为满足

$$P\{x > x_\alpha\} = \int_{x_\alpha}^{\infty} f(x)\mathrm{d}x = \alpha \tag{24-9}$$

的 x_α 的值。

由于

$$\int_{x_\alpha}^{\infty} f(x)\mathrm{d}x = \alpha = 1 - \int_{-\infty}^{x_\alpha} f(x) = 1 - F(x_\alpha) \tag{24-10}$$

可得出分位点为

$$x_\alpha = F^{-1}(1-\alpha) \tag{24-11}$$

其中，$F^{-1}(x)$为给定概率分布函数 $F(x)$的反函数，也称逆分布函数。因此，分位点的含义是，服从相应分布的随机变量大于该分位点 x_α 的概率为 α。

分位点一般可以通过查阅相应的概率分布表得到。Matlab 统计工具箱给出了常用累计分布函数及其逆分布函数的通用计算指令 cdf 和 icdf，同时也给出了特定分布的分布函数和逆分布函数的命令，如正态分布 normcdf 和 morminv，χ^2 分布的 chi2cdf 和 chi2inv，t 分布的 tcdf 和 tinv，以及 F 分布 fcdf 和 finv 等。

2）参数估计的置信概率（置信度）、显著性水平和置信区间

设总体随机变量 X 的参数为 θ（如均值为 μ，方差为 σ^2），根据 X 的样本值$\{x_1, x_2, \cdots, x_n\}$对参数 θ 作出估计。如果对于预先给定的很小的概率 α，能够找到一个区间$[\theta_1, \theta_2]$，使估计值 $\hat{\theta}$ 在该区间的概率为 $1-\alpha$，既满足

$$P(\theta_1 < \hat{\theta} < \theta_2) = 1-\alpha \tag{24-12}$$

则区间$[\theta_1, \theta_2]$称为参数 θ 的置信区间，概率 $1-\alpha$ 称为参数 θ 的置信概率或置信度，概率 α 称为显著性水平，而 $\hat{\theta} \leqslant \theta_1$ 和 $\hat{\theta} \geqslant \theta_2$ 分别为左否定域和右否定域。

如果估计值 $\hat{\theta}$ 的概率分布函数 $F_\theta(x)$ 能够找到，则可根据给定的置信概率 $1-\alpha$ 确定相应的置信区间（θ_1, θ_2），也就是求方程的解：

$$\int_{\theta_1}^{\theta_2} f_\theta(x)\mathrm{d}x = F_\theta(\theta_2) - F_\theta(\theta_1) = 1-\alpha \tag{24-13}$$

该方程可以有多组解，也就是说对应于给定置信概率的置信区间可以有多种。实际

中一般这样选择置信区间：使随机变量落入左右否定域的概率相等，都等于 $\alpha/2$，即

$$F_\theta(\theta_1)=\alpha/2, F_\theta(\theta_2)=1-\alpha/2 \tag{24-14}$$

满足式（24-14）的区间（θ_1, θ_2）作为置信区间，解出：

$$\begin{aligned}\theta_1 &= F_\theta^{-1}(\alpha/2)=\theta_{1-\alpha/2}\\ \theta_2 &= F_\theta^{-1}(1-\alpha/2)=\theta_{\alpha/2}\end{aligned} \tag{24-15}$$

也就是说，置信区间（θ_1, θ_2）由相应分布的分位点决定。

3）正态总体统计量的几个分布定理

定理一 设总体随机变量 ξ 服从正态分布 $N(\mu,\sigma^2)$，则 n 个样本的平均值 $\bar{x}=\frac{1}{n}\sum_{i=1}^{n}x_i$ 服从正态分布 $N(\mu,\sigma^2)$，归一化统计量 $\frac{\bar{x}-\mu}{\sigma/\sqrt{n}}$ 服从标准正态分布 $N(0,1)$。

定理二 设总体随机变量 ξ 服从正态分布 $N(\mu,\sigma^2)$，则 n 个样本的平均值 $\bar{x}=\frac{1}{n}\sum_{i=1}^{n}x_i$ 与样本方差 $s^2=\frac{1}{n}\sum_{i=1}^{n}(x_i-\bar{x})^2$ 相互独立，且统计量 ns^2/σ^2 服从自由度为 $n-1$ 的 χ^2 分布。

定理三 设总体随机变量 ξ 服从正态分布 $N(\mu,\sigma^2)$，则 n 个样本的统计量 $\frac{\bar{x}-\mu}{s/\sqrt{n-1}}$ 服从自由度为 $n-1$ 的 t 分布。

2. 正态分布的参数区间估计

1）期望 μ 的区间估计问题

根据定理三，正态总体的 n 个样本的统计量为

$$t=\frac{\bar{x}-\mu}{s/\sqrt{n-1}} \tag{24-16}$$

服从自由度为 $n-1$ 的 t 分布。给定置信概率 $1-\alpha$ 时，根据式（24-15）求出统计量 t 的置信区间。

$$t_{1-\alpha/2}<\frac{\bar{x}-\mu}{s/\sqrt{n-1}}<t_{\alpha/2} \tag{24-17}$$

注意，t 分布的分位点对称性 $t_{1-\alpha/2}=-t_{\alpha/2}$，整理上式得到期望 μ 的置信区间为

$$\bar{x}-\frac{s}{\sqrt{n-1}}t_{\alpha/2}<\mu<\bar{x}+\frac{s}{\sqrt{n-1}}t_{\alpha/2} \tag{24-18}$$

2）方差 σ^2 的区间估计问题

根据定理二，正态总体的 n 个样本的统计量。

$$\chi^2=\frac{ns^2}{\sigma^2} \tag{24-19}$$

服从自由度为 $n-1$ 的 χ^2 分布，在给定置信概率 $1-\alpha$ 时，根据式（24-15）求出统计量 χ^2 的置信区间为

$$\chi^2_{1-\alpha/2} < \frac{ns^2}{\sigma^2} < \chi^2_{\alpha/2} \tag{24-20}$$

即

$$\frac{ns^2}{\chi^2_{1-\alpha/2}} < \sigma^2 < \frac{ns^2}{\chi^2_{\alpha/2}} \tag{24-21}$$

3. 其他分布的参数区间估计问题求解

非正态分布的参数区间估计问题比较复杂，Matlab 统计工具箱给出了常用分布的参数区间估计数值计算指令，它们的使用语法类似于 normfit 指令，包括：betafit、binofit、expfit、gamfit、poissfit、unifit 和 weibfit 等。

4. 概率分布参数的假设检验

假设检验方法是，首先假设总体随机变量具有某种统计特征（例如服从某种概率分布或具有某种参数)，然后根据试验得出的该总体的多个样本值来检验这个假设是否正确，从而作出接受或拒绝的判断。

由于样本的随机性，假设检验总是可能出现错误判断，为此，引入一个产生错误判断的概率 α 来定量描述假设检验出错的可能性。概率 α 称为显著性水平，例如，取 α=5%表示假设检验所做出的判断有 5%的可能性是错误的，即有 95%的把握接受或拒绝该假设。

1）正态分布总体的均值假设检验问题

将式（24-17）改写为

$$\mu - \frac{s}{\sqrt{n-1}} t_{\alpha/2} < \bar{x} < \mu + \frac{s}{\sqrt{n-1}} t_{\alpha/2} \tag{24-22}$$

上式含义为样本统计平均值 $\bar{x}$ 落在区间 $(\mu - \frac{s}{\sqrt{n-1}} t_{\alpha/2}, \mu + \frac{s}{\sqrt{n-1}} t_{\alpha/2})$ 的概率为 $1-\alpha$，落在否定域 $(-\infty, \mu - \frac{s}{\sqrt{n-1}} t_{\alpha/2})$ 及 $(\mu + \frac{s}{\sqrt{n-1}} t_{\alpha/2}, \infty)$ 的概率为 α。那么，如果某次试验得出的样本均值满足式（24-22），就可以有 $1-\alpha$ 的把握确认总体随机变量的期望是 μ；反之，如果某次试验得出的样本均值落入否定域，就可以拒绝“总体随机变量的期望为 μ”的这一假设，而发生错误判断的概率为 α。这样，得到了正态分布总体 $\xi \sim N(\mu, \sigma^2)$ 的均值 μ 的假设检验步骤：

（1）根据试验得出总体的样本 $\{x_1, x_2, \cdots, x_n\}$，计算出均值 $\bar{x}$。

（2）提出假设 H：$\mu=\mu_0$，即假设未知参数 μ 等于某一个给定值 μ_0。

（3）构造出统计量$t=\dfrac{\bar{x}-\mu_0}{s/\sqrt{n-1}}$，并确定其分布。由定理三可知，统计量 t 服从自由度为 $n-1$ 的 t 分布。

（4）根据问题，给出或选取显著性水平 α（一般取 0.05、0.02 或 0.01），然后由统计量的逆分布函数计算出临界值（即分位点$t_{\alpha/2}$），从而确定统计量的否定域（$-\infty$，$-t_{\alpha/2}$）及（$t_{\alpha/2}$，∞）。

（5）将样本均值$\bar{x}$代入统计量$t=\dfrac{\bar{x}-\mu_0}{s/\sqrt{n-1}}$中计算 t 的数值，并与置信限进行比较。如果 t 落入否定域，则拒绝假设，否则，接受假设。

2）正态分布总体的方差假设检验问题

与均值假设检验类似，方差的假设检验过程为：

（1）根据试验得出总体的样本$\{x_1, x_2, \cdots, x_n\}$，计算出样本方差 s^2。

（2）提出假设 H：$\sigma^2=\sigma_0^2$，即假设未知参数σ^2等于某一给定值σ_0^2。

（3）构造出统计量$\chi^2=ns^2/\sigma_0^2$，根据定理二，统计量 χ^2 服从自由度为 $n-1$ 的χ^2分布。

（4）选取显著性水平 α（一般取 0.05、0.02 或 0.01），然后由统计量的逆分布函数计算出临界值，从而确定统计量的否定域（0, $\chi^2_{1-\alpha/2}$）及（$\chi^2_{\alpha/2}$, ∞）。

（5）将样本方差 s^2 代入式$\chi^2=ns^2/\sigma_0^2$计算出 χ^2 的数值，并与置信限比较，如果χ^2落入否定域，则拒绝假设，否则，接受假设。

5. 概率分布律的假设检验

概率分布律的假设检验目的是：根据试验得出的总体随机变量的若干数据样本，在给定显著性水平或执行概率下，判断总体随机变量所服从的概率分布。概率分布律的假设检验与直方图方法都是检验随机数的分布规律的，但直方图方法虽然简单直观，却不能给出所得出的概率分布结论的置信概率。

概率分布律的假设检验方法有多种，基本思想是通过数据样本计算出近似的分布曲线（或密度函数曲线），然后与假设的理论分布曲线（或密度函数曲线）进行比较，将两者之间的差别作为一个随机变量。如果该随机变量的分布是已知的，那么给定显著性水平，就可以通过该分布上相应的分位点确定否定域，从而对假设做出接受或拒绝的判断。

1）皮尔逊（K. Pearson）χ^2 检验法——概率密度函数对比法

皮尔逊χ^2检验法将样本的经验频率和建设的理论概率密度函数进行对比，以两者的加权平方差之和作为统计量，在给定显著性水平的条件下进行假设检验。设 n 次独立试验观测到的数据样本$\{x_1, x_2, \cdots, x_n\}$，为了得到样本的经验分布，类似于直方图法，可根据样本的分布将其划分为 n 个区间，如[$-\infty$，a_1]，

$[a_1, a_2]$，…，$[a_{n-1}, \infty]$，这些区间可以不是等间隔的，然后计算出样本在这些区间的频数 m_i，$i=1, 2, \cdots, n$，并根据假设的理论概率分布函数 F_0（x）计算出这些区间的概率值 p_i。

$$p_i = P(a_{i-1} < x < a_i) = F_0(a_i) - F_0(a_{i-1}) \qquad (24\text{-}23)$$

其中，$a_0=-\infty$，$a_n=\infty$，$i=1, 2, \cdots, n$。皮尔逊证明统计量为

$$\chi^2 = \sum_{i=1}^{n} \frac{(m_i - np_i)^2}{np_i} \qquad (24\text{-}24)$$

当样本数 $n \to \infty$时，渐进服从自由度为 $n-r-1$ 的 χ^2 分布。其中，如果假设的理论概率分布函数 F_0（x）曲线是确定的，则 $r=0$；如果已知 F_0（x）的形式，但其中一些或全部参数未知，则 r 是假设的理论概率分布函数 F_0（x）中未知参数的个数。对于 F_0（x）中的未知参数，需要通过最大似然法从样本中定出这些参数的估值，然后作为 F_0（x）中的参数，再计算出理论概率 p_i。

给定显著性水平 α，可由 χ^2 分布的逆概率分布函数计算出相应的分位点。

$$\chi_\alpha^2 = F_{\chi^2}^{-1}(1-\alpha) \qquad (24\text{-}25)$$

由实验数据样本$\{x_1, x_2, \cdots, x_n\}$根据式（24-24）计算出统计量 χ^2 的值，如果 $\chi^2 > \chi_\alpha^2$，则拒绝假设，否则，就可以认为总体随机变量服从假设的分布律 F_0（x）。实际中，要求样本数充分大，而且在任意分割区间的频数 $m_i>5$。若某些区间的频数太小，可将相邻区间合并。

2）K-S 检验——概率分布函数对比法

K-S 检验亦称为 Kolmogorov-Smirnov 检验，是一种累计频率检验法，它将样本的经验分布与假设的理论分布曲线对比，以两者之间的最大差别作为统计量，在给定显著性水平条件下的假设检验方法。

设总体随机变量 X 的概率分布函数 F（x），$\{x_1, x_2, \cdots, x_n\}$是 X 的 n 个样本值，根据这些样本值可以得到经验分布函数，设为 $F_n^*(x)$。当 $n \to \infty$时，$F_n^*(x)$将以概率 1 趋近于 F（x）。Kolmogorov 证明了如果把经验分布函数和假设的理论分布函数之间的最大差别作为统计量，即

$$\sqrt{n}D_n = \sqrt{n} \max_{-\infty<x<\infty} |F_n^*(x) - F(x)| \qquad (24\text{-}26)$$

则统计量的分布函数 $K_n(u) = P(\sqrt{n}D_n < u)$ 渐进于：

$$\lim_{n\to\infty} K_n(u) = K(u) = 1 - 2\sum_{k=1}^{\infty}(-1)^{k-1}\exp(-2k^2u^2),\ u > 0 \qquad (24\text{-}27)$$

给定显著性水平 α，可求出对应的分位点 u_α，使 K（u_α）$=1-\alpha$。计算统计量 $\sqrt{n}D_n$，若 $\sqrt{n}D_n > u_\alpha$，则拒绝假设，反之接受。

一般来说，$\sqrt{n}D_n$ 的分布与样本数 n 无关，给定显著性水平，则 K_n（u）上的

分位点是确定值。K-S 检验也常以 D_n 作为统计量，如果以 D_n 作为统计量，则等价的分位点为

$$d_\alpha = u_\alpha / \sqrt{n} \tag{24-28}$$

当 $n>40$ 时，可以使用上式来计算统计量 D_n 分布的分位点。如果样本数量较少，那么 $K_n(u)$ 和它的极限函数 $K(u)$ 差别较大，这时 D_n 分布的分位点可通过查 Kolmogorov-Smirnov 临界值表得出。也可以通过 Matlab 统计工具箱中 kstest 指令得出，如求 $n=7$ 时的 $d_{0.05}$ 的指令为

```
>>n=7;alpha=0.05;
>>[H,P,KSSTAT,d_alpha]=kstest(rand(n,1),[],alpha);
>>d_alpha
d_alpha=
     0.4834
```

Matlab 统计工具箱提供的 K-S 检验的指令 kstest 基本用法为

```
[H,P,KSSTAT,CV]=kstest(X,cdf,alpha);
%X 是被检验的随机数向量
%cdf 是 N 行 2 列的理论概率分布函数矩阵[x,p]，x 为 cdf 函数的自变量列向
%量，p 为对应的累计概率分布向量
%一般 x 最好与被检验的随机数向量 X 相同；否则函数将使用插值方法求出对应
%于 X 的理论累计概率值
%alpha 为给定的显著性水平
%H 是检验结果，H=1 表示否定假设
%P 是 K-S 检验的 p 值：即随机试验结果大于样本统计量的概率
%KSSTAT 是 K-S 检验的统计量计算结果
%CV 是对应 alpha 的分位点（Kolmogorov-Smirnov 临界值）
```

3）正态分布的假设检验问题

K-S 检验也可用于对样本是否服从正态分布的检验问题，但 K-S 检验需要确知假设的理论分布及其参数。对于未知参数（均值和方差）的正态分布，虽然可以通过估计方法得出假设的理论分布曲线，再用 K-S 检验，但这显然不是最有效的方法。

对于正态分布的假设检验问题，特别是在分布参数未知的情况下，Jarque-Bera 和 Lilliefors 分别给出了两种更有效的检验方法，Matlab 统计工具箱中相应的指令为 jbtest 和 lillietest，用法为

```
>>[H,P,JBSTAT,CV]=jbtest(X,alpha);
>>[H,P,LSTAT,CV]=lillietest(X,alpha);
%X 是被检验的随机数向量
%alpha 为给定的显著性水平
%H 是检验结果，H=1 表示否定假设
%P 是检验的 p 值:即随机试验结果大于样本统计量的概率
%JBSTAT、LSTAT 是检验的统计量计算结果
%CV 是对应 alpha 的分位点（临界值）
```

4）两个分布是否相同的假设检验问题

K-S 检验可以用于两组随机样本分布是否相同的假设检验问题中。设样本总数分别为 n_1 和 n_2 的两组随机样本的经验分布函数分别为 $F_{n1}^*(x)$ 和 $G_{n2}^*(x)$，将两者之差的最大值作为统计量，即

$$D_{n1,n2}=\sqrt{n}\max_{-\infty<x<\infty}|F_{n1}^*(x)-G_{n2}^*(x)| \tag{24-29}$$

Smirnov 证明：设 $n=\dfrac{n_1 n_2}{n_1+n_2}$，则 $\sqrt{n}D_{n1,n2}$ 的分布函数 $K_n(u)=P(\sqrt{n}D_{n1,n2}<u)$ 满足式（24-27）；因此，只要给定显著性水平 α，可求出对应的分位点 u_α，然后计算统计量 $\sqrt{n}D_{n1,n2}$，若 $\sqrt{n}D_{n1,n2}<u_\alpha$，则认为两组数据服从相同（参数的）分布，否则认为两组数据具有不同的分布。

Matlab 统计工具箱给出了 K-S 检验两个分布是否相同的指令 kstest2，它以 $D_{n1,n2}$ 作为统计量，用法为

```
>>[H,P,KSSTAT]=kstest2(X1,X2,alpha);
%X1，X2 是两组数据样本，样本数可以不同
%alpha 为给定的显著性水平
%H 是检验结果，H=1 表示两个样本分布不同
%P 是检验的 p 值:即随机试验结果大于样本统计量的概率
%KSSTAT 是 K-S 检验的统计量结果
```

24.3　蒙特卡罗仿真的精度分析

24.3.1　蒙特卡罗仿真次数和精度的关系

蒙特卡罗仿真方法本质上是在计算机上进行的随机试验和结果统计分析的过程。试验次数越多，得到的数据样本就越多，根据这些样本得出的统计结果精度和可信度就越高。

设系统中某事件 A 在一个随机试验中可能发生，也可能不发生，并将其发生概率 P（A）作为需要通过仿真来估计得参数，那么可以通过多次独立随机试验，统计这些试验中事件 A 发生的频率，当试验次数足够多时，就可以用频率来近似估计事件发生的概率。

对数据的准确度衡量可以用绝对精度和相对精度两种指标。设数据的准确值（真值）为 x_0，通过仿真得出的估计值为 $\hat{x}$，$\hat{x}$ 一般是一个服从某种分布的随机变量。如果有 $1-\alpha$ 的概率确认估计值 $\hat{x}$ 在某一区间$[x_0-\varDelta, x_0+\varDelta]$，那么就将概率 $1-\alpha$ 称为置信概率或置信度，即对结果的可信度，而将区间$[x_0-\varDelta, x_0+\varDelta]$称为置信区间，将置信区间长度的一半 $\varDelta$ 定义为绝对精度，将绝对精度与真值之比 $\varDelta/x_0$ 称为相对精度。

在进行仿真时，往往需要根据对仿真结果的精度和置信度要求来仿真试验的次数，因为不合理的仿真试验次数会导致结果精度过低，或导致过高的计算资源消耗。在使用蒙特卡罗方法进行仿真中的一个重要问题是：给定对仿真结果的置信度和绝对精度或相对精度的要求，来确定所需要的仿真次数。

1. 由置信度和绝对精度确定仿真次数

每次蒙特卡罗仿真试验可以看成一次独立的伯努利试验。例如，通信中传输一个数据符号，可能传输时正确的，也可能是错误的；每次电话拨号，可能被接通也可能占线；通过随机试验法求圆周率或圆面积时，每次投下的点可能在圆周内，也可能在圆周外；等等。设一次独立的伯努利试验中事件 A 的概率为 p，那么 n 次独立的伯努利试验的事件发生次数 k 服从二项分布，其可能的取值为 $0, 1, \cdots, n$, n 次独立试验中事件 A 出现的次数恰为 k 次的概率为

$$P_k(n,p)=\binom{n}{k}p^k(1-p)^{n-k}=\frac{n!}{k!(n-k)!}p^k(1-p)^{n-k} \tag{24-30}$$

如果以频率 p/n 作为概率 p 的估计，设允许绝对误差为 δ，则要求：

$$|\frac{k}{n}-p|<\delta \tag{24-31}$$

或

$$np-n\delta<k<np+n\delta \tag{24-32}$$

其概率可计算为

$$p_\delta=P(np-n\delta)<k<np+n\delta=\sum_{k=\lceil np-n\delta\rceil}^{\lfloor np+n\delta\rfloor}P_k(n,p) \tag{24-33}$$

因此，给定置信度 p_δ 以及绝对精度 δ，可以根据上式计算出需要进行仿真的最少次数 n。但是，该计算较为复杂，尤其是当需要试验的次数 n 较大时，式中

的组合计算难以进行，这种情况下可通过近似方法计算。

根据大数定理，当试验次数 $n\to\infty$，试验中事件发生次数 k 服从均值为 np，方差为 np（$1-p$）的正态分布，即

$$P(|\frac{k}{n}-p|<\delta)\approx\frac{1}{\sqrt{2\pi}}\int_a^b \exp(-x^2/2)\mathrm{d}x=\phi(b)-\phi(a)=2\phi(b) \tag{24-34}$$

其中，

$$a=\frac{-n\delta}{\sqrt{np(1-p)}},\ b=\frac{n\delta}{\sqrt{np(1-p)}} \tag{24-35}$$

$\phi(x)=\frac{1}{\sqrt{2\pi}}\int_0^x \exp(-t^2/2)\mathrm{d}t=\frac{1}{2}\mathrm{erf}(x/\sqrt{2})$ 是拉普拉斯函数。这样，给定置信度 $1-\alpha$ 和绝对精度 δ，以及事件的概率 p，就可求解方程：

$$\mathrm{erf}(\frac{n\delta}{\sqrt{2np(1-p)}})=1-\alpha \tag{24-36}$$

得出最少仿真次数 n。如果事件的概率值 p 未知，可用估计频率替代。

【例 24.1】　已知某通信系统的设计传输错误概率为 10^{-3}，为了至少有 95% 的把握使仿真的传输错误概率与错误概率真值之差落在 2×10^{-4} 范围内，至少需要进行多少次仿真（即需要传输多少个独立的信号）？

求解式（24-36）的最少的仿真次数为

$$n=\frac{2p(1-p)}{\delta^2}(\mathrm{erfinv}(1-\alpha))^2 \tag{24-37}$$

其中，erfinv 为误差函数 erf 的反函数。代入题目中参数得出最少的仿真次数为 95 940 次，发现错码数约为 95 个，此时的置信区间为 $10^{-3}\pm2\times10^{-4}$。

除了利用正态分布来近似分析之外，还可以采用更精确的方法：泊松定理指出，在随机试验中事件的发生概率很小，而试验次数很多的情况下，试验中事件发生的次数 k 近似服从参数为 $\lambda=np$ 的泊松分布，即

$$P_k(n,p)\approx\frac{(np)^k}{k!}\exp(-np) \tag{24-38}$$

因此，

$$P(|\frac{k}{n}-p|<\delta)\approx\sum_{k=\lceil np-n\delta\rceil}^{\lfloor np+n\delta\rfloor}\frac{(np)^k}{k!}\exp(-np)=F(np+n\delta)-\mathrm{F}(np-n\delta) \tag{24-39}$$

其中，$F(x)$ 是参数为 λ 的泊松概率分布函数：

$$F(x)=P(k<x)=\sum_{i=0}^{\lfloor x\rfloor}\frac{\lambda^i}{i!}\exp(-\lambda) \tag{24-40}$$

显然，以泊松分布进行计算得出的置信度较高，但用正态分布进行计算得出的结果精度也能满足要求。

2. 由置信度和相对精度确定仿真次数

在前一个问题中，如果给定仿真的相对精度要求 $r=\delta/p$，则 $\delta=pr$，将之代入式（24-37）得到相对精度下的最小仿真次数：

$$n=\frac{2(1-p)}{pr^2}(\text{erfinv}(1-\alpha))^2 \tag{24-41}$$

若给定仿真次数的置信度，仿真结果的相对精度也可以计算出来，

$$r=\sqrt{\frac{2(1-p)}{pn}}(\text{erfinv}(1-\alpha)) \tag{24-42}$$

注意，当概率 p 很小（如对通信传输误码率的仿真情况）时，式（24-42）近似为：

$$r=\sqrt{\frac{2}{pn}}(\text{erfinv}(1-\alpha)) \tag{24-43}$$

其中，pn 的物理意义是 n 次试验中事件出现的平均次数。在统计误码率时，出现的误码数越多，则统计结果的相对精度就越高。对应于相对精度的置信区间 $[p(1-r),\ p(1+r)]$。

如果要求实验结果的相对精度提高，要使试验中观察到事件发生的次数呈平方数量级增加。在事件发生概率较小的情况下，将导致总试验次数过分增多，这种情况下蒙特卡罗法的效率将严重下降。

在误码率仿真实验中，可以根据仿真的相对精度要求设置仿真中事件出现的次数，当事件出现的次数达到一定值时，就可以进行统计了。

24.3.2　蒙特卡罗仿真次数的序贯算法

设一次伯努利试验中事件 A 发生的概率为 p，随机变量 X 的取值根据试验中事件 A 发生与否确 1 或 0，那么，其均值和方差为

$$\begin{aligned}E(X)&=p\\ \text{Var}(X)&=p(1-p)\end{aligned} \tag{24-44}$$

如果将 n 次独立伯努利试验视为一次蒙特卡罗试验，并将其中事件 A 的发生频率作为试验结果，则试验结果是一个随机变量 $Y=\sum_{i=1}^{n}X_i/n$，其均值和方差为

$$\begin{aligned}E(Y)&=p\\ \text{Var}(Y)&=Var(X)/n=p(1-p)/n\end{aligned} \tag{24-45}$$

通常一次蒙特卡罗试验所得的试验结果样本 Y 的方差可以计算出来，或由试验样本估计出来。当一次蒙特卡罗试验中含有独立伯努利试验次数足够大时，根

据大数定理，其输出的实验结果样本 Y 可以服从正态分布。

设 N 次蒙特卡罗试验所得出的试验结果样本是$\{y_1, y_2, \cdots, y_n\}$，根据这 n 个样本对随机变量 Y 的均值估计问题是一个关于正态分布的期望区间估计问题，由式（24-18）可知，给定置信度 $1-\alpha$ 的置信区间为

$$\bar{y}+\frac{s}{\sqrt{n-1}}t_{\alpha/2} \tag{24-46}$$

其中，$\bar{y}=\sum_{i=1}^{n}y_i/n$ 是样本均值；$s=\sqrt{\frac{1}{n}\sum_{i=1}^{n}(y_i-\bar{y})^2}$ 是样本标准差；$t_{\alpha/2}$ 为自由度等于 $n-1$ 的 t 分布的 $\alpha/2$ 分位点。由绝对精度和相对精度的定义，样本均值的绝对精度是仿真次数和置信度的函数。

$$\delta(n,\alpha)=\frac{s}{\sqrt{n-1}}t_{\alpha/2} \tag{24-47}$$

相对精度为

$$r(n,\alpha)=\frac{\delta(n,\alpha)}{|\bar{y}|} \tag{24-48}$$

为了得到要求的仿真精度，需要在仿真之前确定所需的最少仿真次数 n。然后，绝对精度和相对精度的计算需要知道样本 Y 的样本均值和样本标准差，一般情况下这在仿真之前无法确定，因此最少仿真次数并不能在仿真之前确定。所以，一种现实的办法是首先一个基本的仿真次数 n_0，执行完毕后检验所得到的样本分布并计算仿真结果的精度，看是否达到要求，如果不满足要求，则继续执行下一次仿真并再次检验和计算仿真结果的精度，直到精度达到要求。因此这个被称为蒙特卡罗仿真次数的序贯算法具体步骤为：

第一步，确定基本运行次数 n_0，最大运行次数 $n_{\max}$，要求的绝对精度 δ 相对精度 r 和置信度 $1-\alpha$。

第二步，置仿真次数计数器 $n=n_0$。执行蒙特卡罗仿真 n_0 次，得到试验样本$\{y_1, y_2, \cdots, y_n\}$。

第三步，判断所得的实验样本是否接近正态分布（如采用前述的概率分布检验方法）。如果样本不是正态分布的，转第四步；如果判断样本是接近正态分布的，则计算为

$$A_n=\sum_{i=1}^{n}y_i,\ B_n=\sum_{i=1}^{n}y_i^2 \tag{24-49}$$

然后转第五步。

第四步，再执行一次仿真，得到一个新的试验样本 y_{n+1}，并使仿真次数计数器加 1，$n=n+1$，判断若 $n>n_{max}$ 则认为算法失效并终止仿真，否则转至第三步。

第五步，计算当前的样本均值、样本方差、绝对精度和相对精度，并与给定

的精度要求进行比较，计算为

$$\overline{y}(n) = A_n / n \tag{24-50}$$

$$s(n) = \sqrt{\frac{B_n - n[\overline{y}(n)]^2}{n}} \tag{24-51}$$

如果满足精度要求，即 $0<\delta(n,\alpha)\leqslant\delta$ 且 $0<r(n,\alpha)\leqslant r$，或当前仿真次数 $n>n_{max}$，则终止仿真，并输出计算结果的置信区间 $\overline{y}(n)\pm\delta(n,\alpha)$。否则，执行步骤六。

第六步，执行仿真一次，得到新的试验样本 y_{n+1}，然后计算，

$$A_{n+1} = A_n + y_{n+1},\ \ B_{n+1} = B_n + y_{n+1}^2 \tag{24-52}$$

并增加仿真计数器 $n=n+1$，转到第五步。

24.4　仿真结果的数据处理

在仿真或实际试验中，往往需要改变系统的条件参数（如激励信号、改变信道信噪比等），然后测试得出一系列结果（如解调波形失真度、信噪比改善度、误码率等），从而研究系统条件参数与结果之间的关系。这样就可以将测试的结果看作是条件参数的函数。由于无法对所有的条件参数都进行试验，所以得到的测试样本数据结果也就是以输入条件参数为自变量的函数上的一些离散值点；为了在这些样本数据的基础上估计出不在样本点位置上的其他条件参数处的函数值，就需要进行数据的插值处理，以得到通过这些样本点的一条连续的函数曲线。

在试验中得出的数据样本往往既具有确定的规律性，又含有随机性波动。这些随机波动可能是由多种因素引起的，如测量误差、噪声以及系统中的其他未知因素等。如果条件允许，可以通过大量的重复试验得到多个样本，再进行平均以减少随机波动。但实际测试和仿真中往往限于费用和计算机的处理能力而只能得到有限的数据样本，因此有必要通过有限的数据样本找出具有确定规律的数学模型、经验公式或公式参数，这称为拟合。

插值和拟合都是根据离散的数据点得到连续函数曲线的过程。不同之处是插值得到的曲线是经过样本点的，拟合得到的曲线并不能保证每个样本点都在曲线上，它是以保证曲线与样本点之间的整体拟合误差最小化为优化目标的。

24.4.1　插值

设函数 $y=f(x)$ 未知，但已知该函数在若干离散点 $x_1, x_2, \cdots, x_n$ 处的值 $y_1, y_2, \cdots, y_n$，则由这些样本点（x_i，y_i），$i=1, 2, \cdots, n$ 获得该函数在其他点上的值的方法称为插值方法。如果插值点在给定离散点取值范围内，称为内插，否则称为外插。

计算插值的算法很多，如线性插值（linear）、最近点插值（nearest）、三次样

条插值（spline）、三次 Hermite 插值（pchip）、FFT 滤波插值等。线性插值方式以相邻样本之间的连线作为近似曲线，最近点插值则直接用最邻近的样值作为插值结果，三次样条插值以样条曲线作为近似，三次 Hermite 插值以三次曲线作为近似，FFT 滤波插值通过对样值进行 FFT 变换和反变换来得出均匀间隔的离散点样值。一般而言，对于函数曲线是光滑曲线的情况，三次样条插值得到的结果较为理想，对于通信信号波形，可以通过 FFT 滤波插值来获得指定采样率的等间隔采样结果。

Matlab 给出了一维函数插值指令为 interpl 和 interpft，interpl 用法为

```
>>yi=interpl(x,Y,xi,method);
>>yi=interpl(x,Y,xi,method,'extrap');
>>yi=interpl(x,Y,xi,method,extrapval);
%x 是样本点的自变量向量
%Y 为对应于样本点 x 的取值向量
%xi 是需要进行插值计算的自变量位置向量
%yi 是对应于 xi 处的插值结果
%method 是所选择的插值算法，可以是'nearest'、'linear'、'spline'、
%'pchip'
%'extrap'用于外插情况
%extrapval 指定外插时所得到的结果，一般指定 0 或者 NaN
```

interpft 指令专门用于 FFT 滤波插值算法，用法为

```
>>y=interpft(x,n);
%x 是一个信号周期内的采样值序列，n 是指定在周期内的新的采样点数
%y 是 n 点输出序列
```

24.4.2　拟合

1. 多项式拟合

多项式拟合的目标是找出一组多项式系数 a_i，i=1, 2, ⋯, n+1，使 n 阶多项式

$$g(x)=\sum_{i=1}^{n+1}a_i x^{n+1-i} \tag{24-53}$$

能够较好地拟合样本数据。多项式拟合指令为 polyfit，

```
>>p=polyfit(x,y,n);
%x,y 是样本数据构成的向量
```

```
%n 是指定的拟合多项式的阶数
%返回 p 为多项式系数向量
```

2. 最小二乘法曲线拟合

如果已知拟合函数的形式，但对函数中的一个或多个参数未知，则可以采用最小二乘法求出这些未知参数，从而实现拟合。设试验得出的一组样本数据为 $x_1, x_2, \cdots, x_n$ 和 $y_1, y_2, \cdots, y_n$，且已知这些数据满足某函数原型 $\hat{y} = f(a,x)$，其中 $a=$（$a_1, a_2, \cdots, a_k$）是函数中待定的 k 个参数组成的向量，最小二乘法拟合的目标是求出函数中的一组待定系数的值，使目标函数 J 最小，即

$$\min_a J(a_1,a_2,\cdots,a_k) = \min_a \sum_{i=1}^{n}(y_i - \hat{y}_i)^2 = \min_a \sum_{i=1}^{n}(y_i - f(a,x_i))^2 \quad (24\text{-}54)$$

这是一个多元函数 J（$a_1, a_2, \cdots, a_k$）的极小值点 $(a_1^*,a_2^*,\cdots,a_k^*)$ 问题。为此，对各个系数求偏导并令其为零，得到一组方程：

$$\frac{\partial J}{\partial a_i} = 2(y_i - f(a,x_i))\frac{\partial f(a,x_i)}{\partial a_i},\ i=1,2,\cdots,k \quad (24\text{-}55)$$

对方程进行数值求解可得出极小值点 $(a_1^*,a_2^*,\cdots,a_k^*)$ 及相应的极小值 J_{min}。

Matlab 在最优化工具箱中提供了 lsqcurvefit 指令来解决最小二乘法曲线拟合问题，其常用方式：

```
>>[a,Jmin]=lsqcurvefit(fun,a0,xdata,ydata);
%fun 为函数名，可用'funname'或@funname 形式
%a0 为给出的系数向量的初始猜测值
%(xdata,ydata)组成试验得出的 n 个样本点
%a 为优化输出结果：函数的参数向量
%Jmin 为对应于 a 的最小目标值
```

其中，需要对函数原型 $f(a, x)$ 编写 Matlab 函数，要求编写的函数能够实现对 x 的向量输入形式的运算，其形式为

```
function yhat=funname(a,x)
%x 为 n 行 1 列的向量
%a 为函数的参数向量...
```

对于多元函数，拟合所得出的函数系数值随初始系数猜测值不同可能不同，拟合结果也不是唯一的。Matlab 统计工具箱提供了一个最小二乘法曲线拟合函数 nlinfit，其功能与最优化工具箱中提供的 lsqcurvefit 指令基本相同，但能够给出所解出系数在指定置信度（95%）下的置信区间。利用 nlinfit 计算结果，可以继续用 nlparci 指令来进行置信区间的估计。

第 25 章　Matlab 与 Labview 混合编程

25.1　Labview 概述

Labview 是美国国家仪器（National Instrument，NI）公司开发的一种图形化编程语言(通常称之为 G 语言)，其全称为 Laboratory Virtual Instrument Engineering Workbench，即实验室虚拟仪器集成环境。

与文本编程语言不通，Labview 采用图标来构建程序代码，用连线表示数据流向，从而决定程序的执行顺序。运用 Labview 编程时，基本上不用编写程序代码，而是用图标、连线构成程序框图。Labview 使用的是 G 语言图形符号，编程者不用花费过多的时间去了解编程语法等基础知识，即使是编程经验不足的人也都能很快学会 Labview 的基本操作。

Labview 是依托虚拟仪器技术的发展而诞生的，虚拟仪器技术是基于计算机的仪器及测量技术。与传统的仪器技术不同，虚拟仪器技术是指在包含数据采集设备的计算机平台上，根据需求可以高效地构建不同的测量系统。对大多数的用户而言，其主要的工作变成了软件设计。虚拟仪器技术突破了传统仪器技术的限制，可以将许多信号处理的方法方便地应用到测量中，并且为自动测量和网络化测量创造了条件。

Labview 和虚拟仪器有着紧密的联系，在 Labview 中开发的程序也被称为虚拟仪器，所有的虚拟仪器都包含前面板和程序框图两部分。Labview 代码直观、简单易用，但在功能完整性和应用性上不亚于任何一种高级语言。Labview 定义了数据类型、结构类型和模块调用规则等一般编程语言的基本要素，使用者完全可以用它来设计专业的、功能强大的程序。Labview 不仅仅提供了 GPIB、VXI、RS-232 和 RS-485 协议的硬件及数据采集卡通信的全部功能，还内置了支持 TCP/IP、ActiveX 等软件标准的库函数。利用它结合 NI 公司的其他硬件，用户可以很方便地建立自己的虚拟仪器。Labview 软件可以广泛地应用于各种台式、移动、工业级计算机和嵌入式系统中，以其强大的图形化编程界面为工程师和科学家提供直观的编程语言。

25.2　Labview 与 Matlab 混合编程

Matlab 具有强大的计算、仿真、绘图等功能，它提供了丰富的工具箱，但是它在界面开发、仪器连接控制和网络通信等方面都远不如 Labview。因此将两者结合起来编程，可以充分利用两者语言的优势，方便地解决各个领域的仪器连接和数学分析等问题。

25.2.1 Labview MathScript

MathScript 是 Labview 8 版本以后推出的面向数学的文本语言，它是可以用于编写函数和脚本的文本语言。由于它带有交互式的窗口和可编程的接口，因此这些函数和脚本可在 Labview MathScript 窗口或 MathScript 节点中使用。

MathScript 与 Matlab 的语法相似，按照 Matlab 语法编写的脚本通常可在 Labview MathScript 中运行。通过 MathScript，熟悉文本编程的用户可以在 Labview 中编写并执行 Matlab 式的文本代码（.m 文件），并能与图形化编程无缝结合。MathScript 包含了 600 多个数学分析与信号处理函数，并有丰富的图形功能，表 25-1 列出了 MathScript 的特性。

表 25-1 MathScript 特征列表

特性	描述
强大的文本数学编程能力	MathScript 内置了 600 多个数学分析与信号处理函数。这些函数覆盖的领域包括线性代数、曲线拟合、数字滤波、微分方程、概率与统计等
面向数学的数据类型	MathScript 采用矩阵和数组作为基本的数据类型，并内置了相应的操作符
兼容性	MathScript 采用的语法与 Matlab、COMSOL Script 等软件所使用的.m 脚本文件完全兼容，因此用户可以直接使用网络上或书本上大量现成的基于.m 文件的算法程序
可扩展性	用户可以定义自己的函数来扩展 MathScript 的功能
属于 Labview 的一部分	MathScript 并不需要再安装第三方软件，通过 MathScript 节点可以简单地与图形编程相结合

使用 MathScript 的方法：

（1）使用 Labview MathScript 窗口。通过交互式窗口，可以像使用 Matlab 一样执行命令，编译运行.m 脚本文件、查看运行结果等。

（2）在图形程序框图中使用 MathScript 节点。

25.2.2 Labview MathScript 窗口

在 Labview 的工具菜单中单击 MathScript 窗口选项，就可以打开 Labview MathScript 窗口。

1. LabviewMathScript 窗口结构

LabviewMathScript 窗口由输出窗口、命令窗口和变量、脚本、历史选项卡组成，各个窗口的功能分别如下。

输出窗口：显示在命令窗口输入的命令及 MathScript 根据命令生成的输出。

命令窗口：指定 Labview 执行的 MathScript 命令。按“Shift+Enter”键可输入多行命令。也可用“↑”或“↓”键显示命令窗口中的命令历史项，以便再次编辑或执行命令。

变量选项卡：显示所有用户定义的变量并预览选定的变量。

脚本选项卡：显示在脚本编辑器上创建的脚本。

历史选项卡：显示已执行命令的历史记录。

2. Labview MathScript 窗口的主要菜单及功能

Labview MathScript 窗口菜单包括“文件”“编辑”“查看”“操作”“工具”“窗口”“帮助”等。在这里主要对文件菜单和操作菜单进行介绍。

1）文件菜单

新建 VI：新建一个 VI。

新建：显示“新建”对话框，在 Labview 中为生成程序创建不同的组件。“新建”对话框也可用于创建基于模板的组件。

打开：显示标准的文件对话框，用于打开文件。用“Shift”键或“Ctrl”键可选多个文件。如打开模板文件（.vit 或.ctt)，保存该文件时将沿用其模板的后缀名。在“新建”对话框中选择一个模板用于创建新的 VI、控件或全局变量。

关闭：关闭 Labview MathScript 窗口。

关闭全部：关闭多有打开的文件以及 Labview MathScript 窗口，将出现一个对话框确认是否保存改动。

另存为：以新的文件名保存当前脚本的一个副本，可以单击脚本编辑器中的“另存为”按钮保存脚本。

新脚本编辑器：在另一个窗口中打开一个脚本编辑器，也可以单击脚本编辑器中的“另存为”按钮保存脚本。

新建项目：新建一个项目。

打开项目：显示标准的文件对话框，用于打开项目文件。

Labview MathScript 属性：打开“Labview MathScript 属性”对话框，以便对 Labview MathScript 窗口和 MathScript 引擎进行设置。

近期项目：打开近期打开过的项目文件（.lvproj）。

近期文件：打开近期打开过的文件。

推出：关闭 Labview MathScript 窗口。

2）操作菜单

操作菜单包括以下六个选项。

运行脚本：执行脚本编辑器中的所有命令，单击脚本页中的“运行脚本”也可运行脚本。

加载脚本：加载现有脚本至脚本编辑器，单击脚本页中的加载按钮可以加载脚本。

加载数据：加载现有数据文件至 Labview MathScript 窗口。数据文件中包含了变量的数值。在变量页上右键单击变量列表，并在快捷菜单中选择“载入数据”可载入数据文件。

保存数据：将变量列表中的变量保存至数据文件。在变量页上右键单击变量列表，并在快捷菜单中选择“保存数据”可将数据保存至数据文件。

链接远程前面板：链接并控制运行于远程计算机上的前面板。

调试应用程序或共享库：显示调试应用程序或共享库对话框，用于调试独立应用程序或共享库（已启用应用程序生成器进行调试状态）。

3. 文件菜单中的对话框

1）“文件”菜单中的“新建”对话框

点击“文件”下拉菜单的“新建”，可显示出“新建”对话框，该对话框用于在 Labview 中创建不同的组件，最后形成应用程序。“新建”对话框也可以用于创建基于模板的组件，该对话框包括以下几个部分。

VI：创建一个空白 VI。

多态 VI：创建一个空的多态 VI。

基于模板：通过模板创建 VI。从新建列表中，选择 VI→“基于模板”，从中选定一个模板，此时说明区域中将显示该模板的程序框图及说明。在“框架”选项中，可以打开一个含有组件及通用应用程序设置的 VI；在“模拟仿真”选项中，可以打开一个含有可模拟从设备采集数据的组件的 VI；在“使用指南（入门）”选项中，可以打开一个含有 Labview 入门指南中的练习所需的组件的 VI；在“仪器 I/O（GPIB）”选项中，可打开一个含有与外部设备（通过端口与计算机相连）进行通信的组件的 VI，如一个串行或 GPIB 接口；在“用户”选项中，可打开一个含有用户通过模板创建组件的 VI。

项目：创建一个空项目，用于管理 VI、支持文件、应用程序和硬件配置。

基于向导的项目：通过交互的方式创建基于目标应用程序具体信息的项目。

其他文件：创建用于生成其他 Labview 对象的工具。

2）文件菜单中的“Labview MathScript 属性”对话框

Labview MathScript 窗口中，选择“文件”下拉菜单的“Labview MathScript 属性”，打开属性对话框，该对话框用于配置 Labview MathScript 窗口和 MathScript 引擎。属性对话框包括两部分内容：“MathScript：窗口选项”和“MathScript：搜索路径”。

（1）MathScript：窗口选项

输出属性是设置 Labview MathScript 窗口的输出窗口首选项，该选项包含以下四个选项。

输出缓冲区大小：指定 Labview 在输出窗口中最多可显示字符的数量。

输出自动换行：指定在输出窗口中是否启动自动换行。

回声符：指定在输出窗口中每条新条目目前出现的字符。

字体属性：设置 Labview MathScript 窗口的输出窗口和命令窗口字体首选项。

历史属性是设置 Labview MathScript 窗口的历史选项卡的首选项，该选项包含以下三个选项。

历史文件名：指定退出 Labview MathScript 窗口时，Labview 用于保存命令历史列表的文件。默认状态下，Labview 将命令历史列表保存至默认数据目录下的 history.txt 文件中。

历史缓冲区：指定 Labview 在命令历史列表中最多可显示条目的数量。

忽略相同连续条目：指定是否显示或隐藏命令历史列表中相同的连续命令。

格式是设置数字在 Labview MathScript 窗口的默认显示格式，该列表包含以下四个选项。

short：以缩减的定点格式显示 5 位数字，如 short 格式的 100*pi 为 314.15927。

long：以缩减的定点格式显示 15 位数字，如 long 格式的 100*pi 为 314.159265358979326。

short e：以定点格式用指数表示法显示 5 位数字，如 short e 格式的 100*pi 为 3.14159E+2。

long e：以指数表示法显示 15 位浮点格式的数字，如 long e 格式的 100*pi 为 3.141592653589793E+2。

MathScript 的 format 函数用于修改 Labview MathScript 窗口当前实例的数字显示格式。重启 Labview 后，显示格式将重置为默认值。

显示 HTML 帮助：调用 Labview MathScript 窗口的 Help 命令时，Labview 将在 HTML 帮助窗口中显示帮助，该复选框默认为选中。

（2）MathScript：搜索路径

.m 文件搜索路径：设置 MathScript 的默认搜索路径列表。Labview 从上至下搜索路径列表，查找由用户定义并需要在 MathScript 中执行的函数或脚本，默认为 Labview Data 目录。

工作目录：MathScript 中保存和加载文件的默认目录。.m 文件搜索路径列表中的第一个目录就是工作目录，默认为 Labview Data 目录。

（3）文件菜单中的新脚本编辑器

在文件菜单选择“新脚本编辑器”命令，可以打开脚本编辑器窗口；也可以在脚本选项卡中直接打开编辑脚本。脚本编辑器用于显示、编辑和执行在 Labview MathScript 中创建的脚本。也可以将脚本编辑器中的脚本粘贴到 MathScript 节点中。右键单击脚本选项卡中的空白处，从弹出的快捷菜单中选择“在编辑器中打开”命令，即可在可调整大小的独立窗口中显示当前脚本，脚本编辑器包括以下四个部分。

加载：加载现有脚本至脚本编辑器。

另存为：在脚本编辑器中保存脚本。

运行脚本：执行脚本编辑器中的所有命令。

新脚本：清除脚本编辑器中的脚本。

4. Labview MathScript 窗口的使用

在 Labview MathScript 窗口的命令中，逐条输入 Matlab 脚本.m 文件或在右侧脚本选项卡中输入 Matlab 脚本.m 文件。

25.3 在 Labview 中调用 Matlab/Simulink

Simulink 是 Matlab 最重要的组件之一，是一种可视化仿真工具。Simulink 是基于 Matlab 的框图设计环境，用于实现动态系统建模、仿真和分析的一个软件包，它提供了一个动态系统建模、仿真和综合分析的集成环境。

NI Labview 仿真接口工具包 Simulink Interference Toolkit，为 Labview 调用 Maltab/Simulink 提供了方便的工具。用户可以利用 Labview 丰富的界面作为 Simulink 的输入、输出，同时可以利用 Labview 采集程序或其他测量程序连接 Simulink，实现动态系统建模和仿真，使用户可以把精力从编程转向模型的构造。NI Labview 仿真接口工具包与 Simulink 紧密集成，可以直接访问 Matlab 大量的工具包来进行算法的研发、仿真的分析和可视化、批处理脚本的创建、建模环境的定制以及信息参数和测试数据的定义。

Labview 仿真接口工具包 Simulink Interference Toolkit 是连接 Maltab/Simulink 的核心组件，是 Labview 调用 Maltab/Simulink 的专用工具包，Labview 仿真接口工具包包含以下五个组件。

Model：一个以图形化形式、源代码形式或者编译过的形式仿真结构图。该模型包括数据的输入输出接口、控制参数和可见信号。例如，正弦波模型包括调整振幅和频率的参数，可以使用模型信号来查看正弦波的值。

Host VI：包括前面板和程序框图，可使用前面板来控制模型参数。例如，用户可以使用一个控件来改变正弦波的振幅，并可以使用前面板指示器去观测模型信号的值，可以用波形图来观测已经改变过振幅的正弦波。

SIT Server：使用 TCP/IP 在 Host VI 和模型之间传输数据的服务器。首先必须在运行仿真之前启动 SIT Server。启动时自动运行 Matlab 的应用软件并仿真。在默认情况下，SIT Server 在端口 6011 上运行的。启动 Matlab 后，在命令窗口显示以下信息：

```
>>Starting the SIT Server on Port 6011
>>SIT Server started
```

此消息表明，SIT Server 正在运行。

Host Computer：运行 Windows NT/2000/XP 等操作系统的计算机。

Execution Host：运行 Matlab 软件、SIT Server 和仿真的计算机。执行主机可以是主计算机或者和主计算机在同一个 TCP/IP 网络的任何一个 Windows 计算机。

Labview 前面板的图形化编程，为用户提供了一种方便、快捷的系统仿真结果界面。Labview 仿真接口工具包有助于用户创建自定义用户界面，并应用 Simulink 环境中创建的模型。仿真接口工具包链接管理器（Simulink Interference Toolkit Connection Manager）通过基本配置工具，将自定义 Labview 用户界面链接于模型，降低了对用户编程知识的要求。自定义用户界面有助于用户在个人计算机上轻松仿真、分析并验证控制模型。Labview 仿真接口工具包仿真模块的自定义用户界面，通常是指 Host VI。创建针对仿真模块的自定义用户界面包括以下四个步骤：

（1）Labview 仿真接口工具包将信号探针（Signal Prober）图标，添加到 Simulink 环境。将信号探针置于模型的顶层，当模型在 Simulink 环境中运行时，便能实现 Labview 与模型的通信。

（2）通过在 Labview 前面板上添加输入控件和显示控件，创建 Labview 用户界面。

（3）通过仿真接口工具包链接管理器，指定 Labview 用户界面和模型之间的链接。

（4）在 Labview 用户界面上选择运行，开始 Simulink 环境下的仿真。

在 Host VI 已建立并且 SIT Server 已配置好以后，就可进行 Host VI 与 SIT Server 之间的通信了。用户可以用 Host VI 前面板控制更改参数值，Host VI 通过 SIT Server 发送这一请求到模型，并改变相应的参数值。模型执行使用新的参数值更新相应的信号，该模型再发送新的信号值到 SIT Server，新的值又传递 Host VI。Host VI 使用这些新值更新前面板参数。

默认情况下，Labview 仿真接口工具包配置 SIT Server 启动时自动启动 Matlab 的应用软件。用户也可以配置 SIT Server 启动一个不同的端口。

25.4　Labview 利用 ActiveX 技术与 Matlab 混合编程

25.4.1　ActiveX 技术简介

Microsoft ActiveX 通常被译为“微软倡导的网络化多媒体对象技术”，ActiveX 插件技术是国际上通用的基于 Windows 平台的软件技术。这项技术可以重用代码，并能将多个程序连接在一起实现复杂的功能。ActiveX 是微软公司提供的一组使用组件对象模型（Component Object Model，COM）使用软件部件在网络环境中进行交互的技术集，它实际上是一套建立在组件对象模型 COM 和对象链接与嵌入（Object Linked and Embeded，OLE）基础上跨越编程语言的软件开发方法与规范。

ActiveX 自动化是 AcitveX 最重要的之一。类似于网络，ActiveX 采用客户机/服务器模式进行不同应用程序的链接，调用其他应用程序的对象时，这个应用程序被作为客户端；创建的应用程序对象被其他应用程序调用时，这个创建的应用程序被作为服务器。客户端和服务器相互独立存在，但能够通过调用服务器端提供的 ActiveX 对象实现信息共享。例如，自动化客户端可以访问该对象的属性和方法。属性是设置或检索对象的属性，同样，方法是在对象上执行的函数的操作，其他应用程序可以调用方法。

ActiveX 的最常见的用途是通过 ActiveX 控件获得属性和方法等，它是存在于 ActiveX 容器中的可嵌入组件。任何支持 ActiveX 容器的程序都允许用户在其中放置 ActiveX 控件。例如，在 Word 中可以嵌入 Excel 表格，这时 Word 就是一个 ActiveX 容器。

ActiveX 控件是由软件提供商开发的可重用的软件组件，ActiveX 控件以前也称为 OLE 控件或 OCX 控件，它是一些软件组件或对象，可以将其嵌入到应用程序中。所有的 ActiveX 控件都是属性和方法的组合体，一组属性和方法就构成了通常所说的接口。

ActiveX 是一种事件驱动的技术。许多的 ActiveX 控件除了与其关联的属性和方法之外，还定义了一套事件。要在应用程序中使用 ActiveX 事件，必须先注册该事件并在事件发生时处理事件。现在已经存在一系列经过定义的标准的 ActiveX 控件事件如单击、双击、移动鼠标事件等。

25.4.2　Labview 的 ActiveX 接口

ActiveX 容器用于在 VI 的前面板上嵌入 ActiveX 对象。Windows 应用程序可通过此方式在前面版上显示并与 Labview 空间交互。可以在 ActiveX 容器中放置两种类型的 ActiveX 对象，即可插入现有的 ActiveX 控件和文档或自行创建新的 ActiveX 控件和文档。

Labview 通过 ActiveX 容器来支持 ActiveX 控件。一般情况下，任何 ActiveX 控件都可嵌入到 Labview 中，然后使用其属性和方法，这样 Labview 就可以通过编程来链接控件。

下面介绍使用 ActiveX 容器放置两种类型的 ActiveX 对象的过程。

1. 创建新控件或新文档

在 ActiveX 容器中创建新控件或新文档的步骤：

1）在前面板窗口上放置 ActiveX 容器，ActiveX 容器位于控件选板→新式→容器→ActiveX 容器。

2）右键单击 ActiveX 容器，从快捷菜单中选择插入 ActiveX 对象，显示“选择 ActiveX 对象”对话框。该对话框用于创建新的 ActiveX 控件、文档，也用于插入新的或现有的 ActiveX 控件、文档。

“选择 ActiveX 对象”对话框包含以下三个部分。

下拉菜单，改变对话框中列表框里显示的对象。该菜单有以下三个选项。

（1）创建控件：显示计算机上可用的控件。

（2）创建文档：显示计算机上可用的文档。

（3）从文件中创建对象：显示浏览按钮，使用该按钮可快速找到一个文件，并从该文件中创建一个插入的对象。

验证服务器，只显示计算机注册表中的服务器。如果未勾选该复选框，则 Labview 不验证服务器。在对话框的列表框中，只显示注册表中有的服务器。

链接至文件。从下拉菜单中选择从文件中创建对象，将会出现该复选框。如果勾选该复选框，则在更新 ActiveX 对象时，即可更新文档或控件。如果未勾选该复选框，则 Labview 将插入静态文档或控件。

3）在选择 ActiveX 对象对话框的下拉菜单中选择创建控件或创建文档。

若选择创建控件，则从列表中选择计算机上已经注册的 ActiveX 控件，例如，选择日历控件，然后单击“确定”按钮。ActiveX 控件将出现在前面板的 ActiveX 容器中。

如果选择创建文档，则从列表中选择计算机上已经注册的文档类型，例如，选择 Microsoft Excel 工作表。单击“确定”按钮，工作表将出现在前面板的 ActiveX 容器中。双击工作表，在 Microsoft Excel 启动之后即可输入文字。

4）在程序框图中的 ActiveX 容器上单击鼠标右键，选择“创建属性和方法”，Labview 就可以通过编程来连接控件了。

2. 在 ActiveX 容器中插入现有控件

在 ActiveX 容器中插入现有控件可按以下步骤进行：

1）在前面板窗口放置 ActiveX 容器。

2）右键单击 ActiveX 容器，从快捷菜单中选择“插入 ActiveX 对象”，打开“选择 ActiveX 对象”对话框。

3）在对话框中，从顶部的下拉菜单中选择“在文件中创建对象”。

4）单击“浏览”按钮，找到要插入的控件或文档。可选择计算机上的任何对象。如需在更新 ActiveX 对象的同时更新控件或文档，可勾选“链接至文件”复选框。如未勾选链接至文件复选框，则 Labview 将插入静态的文档或控件。在对话框下方的列表里选择 ActiveX 对象，将 Microsoft Slide Control，Version 5.0（SP2）插入容器。

5）单击“确定”按钮，ActiveX 控件或文档将出现在 ActiveX 容器中。

6）右击 Slider 控件，在滑块子菜单中选择 Slider→Properties。

7）打开“Slider 属性”对话框，选择 Appearance 选项卡，可在该选项卡中修改 Slider 控件的方向、运作方式、运作频率以及控件的鼠标指针形式。

25.4.3　在 Labview 中利用 ActiveX 与 Matlab 连接

在运行 Labview 时，有时因为 Matlab 界面可见，会干扰前台的工作，甚至造成程序的崩溃。另外，VI 程序运行结束后 Matlab 不会自动关闭。

为了解决上述问题，在 Labview 中使用“引用”作为某个对象的唯一标识符，对象可以是文件、设备、网络连接等。由于引用是指某一对象的临时指针，因此它仅在对象被打开时有效，一旦对象被关闭，Labview 就会自动断开连接。为了获得对 Matlab 更多的控制，可以在框图程序中使用 Labview 提供的相关子 VI 创建和获取自动化对象，然后在代码中调用对象拥有的“方法”和“属性”，当不再需要对象时，可以随时释放。

使用 Matlab ActiveX 自动化对象通常是指利用 Matlab 提供的 Matlab Application Type Library 中的 DIMAPP ActiveX 自动化对象，它可以灵活地对 Matlab 进行控制。Matlab ActiveX 自动化对象提供了 8 种方法和一个属性。

1）BSTR Execute（[in] BSTR Command）方法：此方法调用 Matlab 执行一个合法的 Matlab 命令，并将结果以字符串的形式输出。其输入参数 Command 为字符串类型变量，表示一个合法的 Matlab 命令。

2）void GetFullMatrix（[in] BSTR Workspace，[in，out] SAFEARRAY（double）*pr，[in，out]SAFEARRAY（double）*pi）方法：此方法使用 GetFullMatrix 方法，

从指定的 Matlab 工作空间中获取一维或二维数组，其中 Name 为数组名，Workspace 标识包含数组的工作空间，其默认值是 base。Pr 包含了所取得数组的实部，pi 包含了所提取数组的虚部，它们在 Labview 中为变体（Variant 数据类型）。

3）void PutFullMatrix（[in] BSTR Name，[in] BSTR Workspacem，[in，out]SAFEARRAY（double）*pr，[in，out]SAFEARRAY（double）*pi）方法：此方法向指定的Matlab工作空间中设置一维或二维数组。如果传递的数据为实数型，则 pi 也必须传递，不过其内容可以为空。

4）BSTR GetCharArray（[in]BSTR Name，[in]BSTR Workspace）：此方法从指定的 Matlab 工作空间中获取字符数组。

5）void PutCharArray（[in]BSTR Name，[in]BSTR Workspace，[in]BSTR CharArray）：此方法指定的工作空间中的变量写入一个字符数组。

6）void MinimizeCommandWindow（）：此方法使 Matlab 窗口最小化。

7）void MaxmizeCommandWindow（）：此方法使 Matlab 窗口最大化。

8）void Quit（）：用于 Matlab 退出。

一个“属性”是指属性 Visible，当 Visible=1 时，Matlab 窗口显示在桌面上；当 Visible=0 时，隐藏 Matlab 窗口。

参 考 文 献

陈怀琛，吴大正，高西全. 2003. MATLAB 及在电子信息课程中的应用. 北京：电子工业出版社.

达恩 亨塞尔曼，勃鲁司 利特尔费尔. 1998. 精通 Matlab 综合辅导与指南. 李人厚，张平安等译. 西安：西安交通大学出版社.

邓薇. 2010. MATLAB 函数速查（修订版）. 北京：人民邮电出版社.

李贺冰，袁杰萍，孔俊霞. 2006. Simulink 通信仿真教程. 北京：国防工业出版社.

刘卫国. 2006. MATLAB 程序设计与应用. 北京：高等教育出版社.

刘卫国. 2010. MATLAB 程序设计教程. 北京：中国水利水电出版社.

曲丽荣，胡容，范寿康. 2011. Labview、Matlab 及其混合编程技术. 北京：机械工业出版社.

邵佳，董辰辉. 2009. Matlab/Simulink 通信系统建模与仿真实例精讲. 北京：电子工业出版社.

邵玉斌. 2008. Matlab/Simulink 通信系统建模与仿真实例分析. 北京：清华大学出版社.

孙屹，吴磊. 2004. Simulink 通信仿真开发手册. 北京：国防工业出版社.

汤全武. 2008. 信号与系统实验. 北京：高等教育出版社.

汤全武，车进，孙学宏. 2008. 信号与系统. 武汉：华中科技大学出版社.

维纳 K 英格尔，约翰 G 普罗克斯. 2002. 数字信号处理：使用 Matlab. 刘树棠译. 西安：西安交通大学出版社.

维纳 K 英格尔，约翰 G 普罗克斯. 2008. 数字信号处理（MATLAB 版）. 第 2 版. 刘树棠译. 西安：西安交通大学出版社.

徐瑞，黄兆东，阎凤玉. 2008. MATLAB 2007 科学计算与工程分析. 北京：科学出版社.

杨俊，武奇生. 2006. GPS 基本原理及其 Matlab 仿真. 西安：西安电子科技大学出版社.

张德丰. 2009. MATLAB/Simulink 建模与仿真. 北京：电子工业出版社.

张德丰. 2010. MATLAB/Simulink 建模与仿真实例精讲. 北京：机械工业出版社.

周又玲，杜锋，汤全武. 2011. Matlab 在电气信息类专业中的应用. 北京：清华大学出版社.

附录　随机数的产生和常用随机分布

A.1 均匀分布

均匀分布随机数是产生其他分布随机数的基础，任意分布的随机数都可以通过均匀分布的随机数经过变换运算得出。利用递推算法可以产生具有均匀分布随机特征的伪随机数，其中最常用的是线性同余法，其递推公式为

$$x_{n+1}=(\lambda x_n+C)(\bmod M), n=0,1,2,\cdots \tag{A-1}$$

其中，x_0为初值（初始种子），λ为乘子，C为增量，M为模，都是非负整数，且λ、C、x_n均小于模M，x_{n+1}是λx_n+C被M整除后的余数，因此上式也可以写为

$$x_{n+1}=(\lambda x_n+C)-\left\lfloor\frac{\lambda x_n+C}{M}\right\rfloor M, n=0,1,2,\cdots \tag{A-2}$$

其中$\lfloor\bullet\rfloor$表示下取整，当增量C=0时，称为乘同余法。由于x_n是小于M的非负整数，故$u_n=x_n/M$将得到[0, 1]区间上均匀分布的随机数。受计算机中数值表示位数的限制，M的取值不能大于计算机中最大能够表示的整数。常用的三种同余法的参数取值如下：

$$\lambda=7^5, M=2^{31}-1, C=0\text{，}x_0\text{为奇数} \tag{A-3}$$

$$\lambda=5^{15}, M=2^{35}, C=1 \tag{A-4}$$

$$\lambda=314159269, M=2^{31}, C=453806245 \tag{A-5}$$

Matlab中给出了产生[0, 1]区间均匀分布伪随机数的rand函数。对于没有伪随机数产生函数的计算机语言，可以用上述算法来产生均匀分布伪随机数。

对于在区间[0, M]上均匀分布的随机数x，其期望和方差为

$$\mu_x=E[x]=M/2 \tag{A-6}$$

$$\sigma_x^2=E[(x-\mu_x)^2]=M^2/12 \tag{A-7}$$

产生任意制定区间[a, b]上的均匀分布随机数的变换函数为

$$\eta=F^{-1}(\xi)=(b-a)\xi+a \tag{A-8}$$

其中，ξ为区间[0, 1]上均匀分布的随机数。区间[a, b]上均匀分布的随机数的期望和方差为$(a+b)/2$和$(b-a)^2/12$。Matlab统计工具箱中给出了产生指定区间均匀分布连续随机数的unifrnd函数。

A.2 三角分布

设随机向量（ξ_1, ξ_2）的联合概率密度函数为$p(x_1, x_2)$，$\eta=\xi_1+\xi_2$为两个随机变量之和，η的分布函数为

$$F_\eta(y)=\iint\limits_{x_1+x_2<y} p(x_1,x_2)\mathrm{d}x_1\mathrm{d}x_2=\int_{-\infty}^{\infty}(\int_{-\infty}^{\infty}p(x_1,x_2)\mathrm{d}x_2)\mathrm{d}x_1 \tag{A-9}$$

因此，η 的概率密度函数为

$$p_\eta(y)=\frac{\mathrm{d}}{\mathrm{d}y}F_\eta(y)=\int_{-\infty}^{\infty}p(x_1,y-x_1)\mathrm{d}x_1 \tag{A-10}$$

当两个随机变量相互独立时，有

$$p_\eta(y)=\int_{-\infty}^{\infty}p_{\xi1}(x_1)p_{\xi2}(y-x_1)\mathrm{d}x_1=p_{\xi1}(y)*p_{\xi2}(y) \tag{A-11}$$

上式表明，独立随机变量之和的概率密度函数是各随机变量密度函数的卷积。因此，在区间[$-a$, a]上的两个独立均匀分布的随机变量之和服从区间[$-2a$, $2a$]上的三角分布（也称为辛普森分布），其概率密度函数为

$$p_\eta(y)=\begin{cases}\dfrac{2a+y}{4a^2},\ -2a\leqslant y\leqslant 0\\ \dfrac{2a-y}{4a^2},\ 0<y\leqslant 2a\\ 0,\ |y|>2a\end{cases} \tag{A-12}$$

A.3 指数分布

参数为 λ 的指数分布的概率密度函数为

$$p(x)=\lambda\mathrm{e}^{-\lambda x},x\geqslant 0 \tag{A-13}$$

其概率分布函数为

$$F(x)=1-\mathrm{e}^{-\lambda x},x\geqslant 0 \tag{A-14}$$

概率分布函数的反函数为

$$F^{-1}(x)=-\frac{1}{\lambda}\ln(1-x) \tag{A-15}$$

由于 x 和 $1-x$ 都是在[0, 1]区间的均匀分布随机数，为计算简单，用 x 代替 $1-x$，于是得到指数分布的随机数 η 的产生公式：

$$\eta=-\frac{1}{\lambda}\ln\xi \tag{A-16}$$

其中，ξ 为在区间[0, 1]上均匀分布的随机数。指数分布的随机变量期望为 $1/\lambda$，方差为 $1/\lambda^2$，Matlab 统计工具箱给出了指数分布随机数产生函数 exprnd。另外，该工具箱还提供了指数分布的计算指令，如 exppdf、expcdf、expfit、expinv 和 expstat 等。

指数分布常用于排队论中顾客等待时间、服务时间、独立的多个顾客达到时间间隔等随机变量的建模问题。例如，只要顾客等待额外时间间隔的概率独立于已知等待的时间长度，那么顾客的等待时间就服从指数分布，其平均等待时间为 $1/\lambda$。

A.4 正态分布

正态分布也称为高斯分布，可采用函数变换法产生标准正态分布随机数，设 r_1 和 r_2 是两个独立的在区间[0, 1]上均匀分布的随机数，则

$$\begin{aligned} x_1 &= \sqrt{-2\ln r_1}\cos 2\pi r_2 \\ x_2 &= \sqrt{-2\ln r_1}\sin 2\pi r_2 \end{aligned} \qquad \text{(A-17)}$$

这是两个独立同分布的标准高斯随机数，即均值为零，方差为 1，记为 $x_1 \sim N(0, 1)$ 和 $x_2 \sim N(0, 1)$。Matlab 中用 randn 函数产生标准正态分布的随机数。

中心极限定理指出，无穷多个任意分布的独立随机变量之和的分布趋于正态分布。由此，另外一种产生近似高斯随机数的方法是，用 12 个独立同分布于[0，1]区间的均匀分布随机数之和来构成正态分布，其均值为 6，方差为 1。因此得到标准正态分布随机数的方法是

$$y = \sum_{i=1}^{6} x_i - 6 \qquad \text{(A-18)}$$

其中，x_i 是在[0, 1]区间的独立同分布随机数。与函数变换法相比，该方法计算简单，避免了函数运算，但是产生一个正态随机数需要 12 个独立均匀分布的随机数，计算效率较低，而且，这样产生的正态分布随机数的区间是[−6, 6]。

产生均值为 μ 和方差为 σ^2 的正态分布随机数的方法如下。如果随机数 x 是标准正态分布的，则随机数为

$$y = \mu + \sqrt{\sigma^2}\,x \qquad \text{(A-19)}$$

y 服从均值 μ 和方差 σ^2 的正态分布，记为 $y \sim N(\mu, \sigma^2)$。多个独立正态分布随机变量之和也服从正态分布，其均值为各个分布均值之和，方差也为各分布的方差之和。Matlab 统计工具箱给出了产生指定均值和方差正态分布随机数的函数 normrnd；还给出了正态分布的其他指令，如 normpdf、normfit、norminv、normplot、normspec 和 normstat 等。

通信信道中的噪声往往是多种噪声干扰因素叠加的结果。根据中心极限定理，只要其中每种干扰因素对总噪声的贡献很小，而干扰因素又非常多，那么信道噪声就可以建模为高斯分布的。

在通信传输系统的等效低通模型中，零均值高斯噪声的等效低通噪声是复高斯的，它的实部和虚部为服从相同方差的零均值独立正态分布随机变量。零均值复高斯随机变量 Z 定义为

$$Z = X + Y\mathrm{j} \qquad \text{(A-20)}$$

其中，$X \sim N(0, \sigma^2)$，$Y \sim N(0, \sigma^2)$。Z 的均值和方差分别为

$$E(Z) = 0,\ \mathrm{Var}(Z) = 2\sigma^2 \qquad \text{(A-21)}$$

设随机变量 $X \sim N(\mu, \sigma^2)$，定义一个新的随机变量 $R=\exp(X)$，则 R 服从对数正态分布，其概率密度函数为

$$p(r)=\frac{1}{\sigma r\sqrt{2\pi}}\exp(-\frac{(\ln r-\mu)^2}{2\sigma^2}),\ r\geqslant 0 \tag{A-22}$$

对数正态分布随机数可由正态分布的随机数 x 进行函数运算 $r=\exp(x)$ 得到。Matlab 统计工具箱计算对正态分布的指令是 lognpdf、logncdf、logninv、lognrnd 和 lognstat。对数正态分布常用于对无线信道中高大障碍物引起的阴影效应进行建模。对于通信发射机和接收机之间的高地、数目以及高大建筑物引起的信号阴影损耗，以分布（dB）为单位的实际测量值 X_{dB} 服从正态分布 $X_{\mathrm{dB}} \sim N(\mu_{\mathrm{dB}}, \sigma_{\mathrm{dB}}^2)$，其中 μ_{dB} 为以分布为单位的平均路径损耗，σ_{dB}^2 为以分布为单位的路径损耗方差。因此，以倍数表达的信号阴影损耗 $\mathrm{R}=10^{X_{\mathrm{dB}}/10}$ 服从对数正态分布。

A.5 柯西分布

参数 (μ, λ) 的柯西分布随机变量的概率密度函数为

$$p(x)=\frac{1}{\pi}\frac{\lambda}{\lambda^2+(x-\mu)^2} \tag{A-23}$$

其中，参数 $\lambda>0$，$-\infty<x<\infty$。柯西分布是一种特殊的随机分布，其均值和方差均不存在。用反函数法可以由均匀分布随机数产生柯西分布的随机数，如果 θ 是服从区间$[-\pi/2, \pi/2]$上的均匀分布的随机变量，那么随机变量 $\varphi=\mu+\lambda\tan\theta$ 服从参数为 (μ, λ) 的柯西分布。

此外，两个独立标准正态分布随机变量的商也服从柯西分布。设有两个独立的标准正态随机数 x_1、x_2，则随机数 $y=x_1/x_2$ 服从参数为（$\mu=0$，$\lambda=1$）的柯西分布，随机数 $z=\lambda y+\mu=\lambda x_1/x_2+\mu$ 服从参数为 (μ, λ) 的柯西分布。

如果将两个独立的标准正态随机变量视为复平面上的实部和虚部变量，从而构成一个复高斯变量，那么结合以上两种产生柯西分布的方法不难得出，该零均值复高斯变量的辐角是在$[0, 2\pi]$上均匀分布的随机变量。

A.6 χ^2 分布

中心 χ^2 分布的随机变量由若干独立同分布的零均值高斯变量的平方和得出。设有 n 个独立同分布的零均值高斯随机数 $x_i \sim N(\mu, \sigma^2)$，$i=1, 2, \cdots n$，则随机数为

$$y=\sum_{i=1}^{n}x_i^2 \tag{A-24}$$

服从自由度为 n 的中心 χ^2 分布，其概率密度函数为

$$p(x)=\frac{1}{\sigma^n 2^{n/2}\Gamma(n/2)}y^{n/2-1}\exp(\frac{-y}{2\sigma^2}),\ y\geqslant 0 \tag{A-25}$$

其中，$\Gamma(\cdot)$ 为伽马函数，在 Matlab 中可通过命令 gamma（x）得到，其定义为

$$\Gamma(x)=\int_0^{\infty}\mathrm{e}^{-t}t^{x-1}\mathrm{d}t,\ x>0 \tag{A-26}$$

当 x 为正整数时，由 $\Gamma(x)=(x-1)!$，当 x 为正整数加上 1/2 时，其定义为

$$\Gamma(\frac{1}{2})=\sqrt{\pi},\Gamma(\frac{3}{2})=\sqrt{\pi}/2$$
$$\Gamma(m+\frac{1}{2})=\frac{(2m-1)!}{2^m}\sqrt{\pi} \tag{A-27}$$

其中（$2m-1$）$!=1\times3\times5\times\cdots\times(2m-1)$，$m$=1, 2, …。自由度为 n 的中心 χ^2 分布随机变量 Y 的期望和方差为

$$E(Y)=n\sigma^2,\ \mathrm{Var}(Y)=2n\sigma^2 \tag{A-28}$$

Matlab 给出了 σ^2=1 的自由度为 n 的中心 χ^2 分布的计算函数，χ^2 分布的分布函数 chi2cdf，反函数 chi2inv，概率密度函数 chi2pdf，随机数发生函数 chi2rnd 和期望及方差计算函数 chi2stat 等。

当 n=2 时，中心 χ^2 分布的概率密度函数写为

$$p(x)=\frac{1}{2\sigma^2}\exp(\frac{-y}{2\sigma^2}) \tag{A-29}$$

对比指数分布的概率密度函数可知，自由度为 2 的中心 χ^2 分布就是参数为 $\lambda=1/2\sigma^2$ 的指数分布。因此，可将指数分布视为 χ^2 分布的特例，两个独立同分布零均值高斯变量的平方和分布就是指数分布。基于此，指数分布的随机变量也可以通过高斯分布的随机变量变换得出。多个独立的 χ^2 分布随机变量之和仍然服从 χ^2 分布，其自由度为各个 χ^2 分布的自由度之和。

非中心 χ^2 分布的随机变量由若干独立同方差的均值不全为零的高斯变量的平方和得出。设有 n 个独立的高斯随机数 $x_i\sim N(\mu_i,\sigma^2)$，$i$=1, 2, … n，均值为 μ_i，方差相同，并设 $s^2=\sum_{i=1}^{n}m_i^2$，则随机数 $y=\sum_{i=1}^{n}x_i^2$ 服从自由度为 n 的非中心 χ^2 分布，其概率密度函数为

$$p(x)=\frac{1}{2\sigma^2}(\frac{y}{s^2})^{\frac{n-2}{4}}\exp(-\frac{s^2+y}{2\sigma^2})I_{n/2-1}(\sqrt{y}\frac{s}{\sigma^2}),\ y\geqslant0 \tag{A-30}$$

其中 I_a（•）为第一类 a 阶修正贝塞尔函数，Matlab 提供的计算指令为 besseli（a, x）。自由度为 n 的非中心 χ^2 分布随机变量 Y 的期望和方差为

$$E(\mathrm{Y})=n\sigma^2+s^2,\quad \mathrm{Var}(\mathrm{Y})=2n\sigma^4+4\sigma^2s^2 \tag{A-31}$$

Matlab 统计工具箱中给出了指令 ncx2pdf、ncx2cdf、ncx2inv、ncx2rnd 和 ncx2stat 来计算 σ^2=1 的非中心 χ^2 分布。

A.7 瑞利（Rayleigh）分布

自由度为 2 的中心 χ^2 分布（即参数为 $\lambda=1/2\sigma^2$ 的指数分布）随机变量的平方根所得出的新的随机变量服从瑞利分布，即如果随机变量 Y 的概率密度函数为式（A-29），则随机变量 $R=\sqrt{Y}$ 服从瑞利分布，其概率密度函数为

$$p(r)=\frac{r}{\sigma^2}\exp(\frac{-r^2}{2\sigma^2}),\ r\geqslant 0 \tag{A-32}$$

瑞利分布的均值和方差为

$$E(R)=\sqrt{\pi\sigma^2/2},\ \mathrm{Var}(R)=(2-\pi/2)\sigma^2 \tag{A-33}$$

因此，产生瑞利分布随机数的方法是首先产生参数为 $\lambda=1/2\sigma^2$ 的指数分布随机变量（可以由 0～1 之间的均匀随机数 x 通过变换函数 $y=-2\sigma^2\ln x$ 得到，也可以由两个独立的零均值 σ^2 方差的同分布正太随机数求平方和得出），然后对其求平方根即可。

Matlab 统计工具箱给出了瑞利分布相关计算指令，如 raylpdf、raylcdf、raylinv、raylrnd 和 raylstat 等。

零均值复高斯随机变量表示为极坐标形式为式（A-20），$R=\sqrt{X^2+Y^2}$ 为幅度，θ=arctanY/X 为相角。由于 X 和 Y 是独立同分布的零均值高斯随机变量，所以复高斯随机变量的幅度 R 服从瑞利分布，相角 θ 服从[0, 2π]上的均匀分布。

在无线散射信道中，发射机到接收机之间的信号传输都是通过散射来实现的（即无直射波分量），而且散射分量的数目很多，根据中心极限定理，等效低通信号的冲激响应可建模为一个零均值复高斯随机过程，其幅度服从瑞利分布，故无线散射信道也成为瑞利衰落信道。

自由度为 n 的中心 χ^2 分布随机变量的平方根所得出的新的随机变量 R 服从广义瑞利分布，即

$$r=\sqrt{\sum_{i=1}^{n}x_i^2} \tag{A-34}$$

服从自由度为 n 的广义瑞利分布，其中 $x_i\sim N(0,\sigma^2)$，i=1, 2, … n。广义瑞利分布也称为 χ 分布，其概率密度函数为

$$p(r)=\frac{r^{n-1}}{2^{(n-2)/2}\sigma^n\Gamma(n/2)}\exp(\frac{-r^2}{2\sigma^2}),\ r\geqslant 0 \tag{A-35}$$

当 n=1 时，有 $r=\sqrt{x^2}=|x|$，其概率密度函数为

$$p(r)=\frac{\sqrt{2}}{\sqrt{\pi}\sigma}\exp(\frac{-r^2}{2\sigma^2}),\ r\geqslant 0 \tag{A-36}$$

这时称随机变量 r 服从反射正态分布。一个零均值高斯噪声通过绝对值电路的输

出噪声服从反射正态分布；而一个零均值高斯噪声通过平方电路的输出噪声服从自由度为 1 的 χ^2 分布。

A.8 莱斯（Rice）分布

自由度为 2 的非中心 χ^2 分布（参数为 σ^2）随机变量的平方根所得出的新的随机变量服从莱斯分布，其概率密度函数为

$$p(r)=\frac{r}{\sigma^2}\exp(-\frac{r^2+s^2}{2\sigma^2})I_0(\frac{rs}{\sigma^2}),\ r\geqslant 0 \tag{A-37}$$

其中 I_0（•）为第一类 0 阶修正贝塞尔函数，$s^2=\sum_{i=1}^{2}m_i^2$ 是 2 个独立的高斯变量 $x_i\sim N(\mu_i,\sigma^2)$，$i$=1，2 的均值平方和。

具有一条直射路径和多条散射路径的无线信道可以视为一个具有常数衰落的直射路径信道与一个瑞利衰落信道的叠加，其等效低通信道的冲激响应是非零均值复高斯的，即 $Z=(a+b\mathrm{j})+X+Y\mathrm{j}$，其中，$a+b\mathrm{j}$ 为直射路径的常数衰落，$X+Y\mathrm{j}$ 为瑞利衰落信道的响应。Z 的模（幅度）为 $R=\sqrt{(a+X)^2+(b+Y)^2}$ 是两个非零均值同方差高斯变量的平方和，故 R 服从莱斯分布。具有这样特征的无线信道称为莱斯衰落信道。

自由度为 n 的非中心 χ^2 分布（参数为 σ^2）随机变量的平方根得出的新随机变量服从广义莱斯分布，广义莱斯分布的概率密度函数为

$$p(r)=\frac{r}{\sigma^2 s^{(n-2)/2}}\exp(-\frac{r^2+s^2}{2\sigma^2})I_{\frac{n}{2}-1}(\frac{rs}{\sigma^2}),\ r\geqslant 0 \tag{A-38}$$

I_a（•）为第一类 a 阶修正贝塞尔函数。

A.9 Γ（伽马）分布

Γ 分布的概率密度函数为

$$p(x)=\frac{\lambda^r}{\Gamma(r)}x^{r-1}\exp(-\lambda x),\ x\geqslant 0 \tag{A-39}$$

其中 $\lambda>0$，$r>0$，且都为常数。Maltab 统计工具箱给出了 Γ 分布的指令为 gampdf、gamfit、gaminv、gamlike、gamrnd 和 gamstat 等。对比指数分布的概率密度函数可知，当参数 r=1 是，Γ 分布退化为指数分布。对比中心 χ^2 分布的概率密度函数，当 $r=n/2$，$\lambda=1/2\sigma^2$ 时，Γ 分布退化为中心 χ^2 分布。所以中心 χ^2 分布和指数分布可以视为 Γ 分布的特殊形式。

A.10 Beta 分布

Beta 分布也称为 B 分布，是一类区间[0, 1]上的一般概率分布，其概率密度函数为

$$p(x)=\frac{\Gamma(\alpha+\beta)}{\Gamma(\alpha)(\beta)}(1-x)^{\beta-1}x^{\alpha-1},x\in[0,1] \quad (A-40)$$

其中 $\alpha>0$，$\beta>0$。Beta 分布随机变量 X 的数学期望和方差为

$$E(X)=\frac{\alpha}{\alpha+\beta},\ \mathrm{Var}(X)=\frac{\alpha\beta}{(\alpha+\beta)^2(1+\alpha+\beta)} \quad (A-41)$$

当 $\alpha=1$，$\beta=1$ 时，Beta 分布退化为区间[0, 1]上的均匀分布。Maltab 统计工具箱给出了 Beta 分布的指令为 betapdf、betacdf、betafit、betainv、betalike、betarnd 和 betastat 等。

A.11 Erlang 分布

Erlang 分布是通信话务理论（排队论）中的常见分布，设服从相同参数 $\lambda=k\mu$ 的 k 个独立指数分布的随机变量为 $X_1,X_2,\cdots,X_k$，则这些随机变量之和为 $Y=\sum_{i=1}^{k}X_i$ 服从参数为 μ 的 k 阶 Erlang 分布，其概率密度函数为

$$p(x)=\frac{\mu k(\mu ky)^{k-1}}{(k-1)!}\exp(-\mu ky),\ y>0 \quad (A-42)$$

k 阶 Erlang 分布随机变量的均值和方差为

$$E(Y)=\frac{1}{\mu},\ \mathrm{Var}(Y)=\frac{1}{k\mu^2} \quad (A-43)$$

一阶 Erlang 分布退化为指数分布。在排队论中，顾客的到达时间间隔、顾客在服务台接受服务时间等建模为指数分布。如果假定顾客通过 k 个串联的服务台，而在每个服务台的接受服务时间是相互独立的，且服从相同的指数分布（参数为 $\lambda=k\mu$，即平均服务时间同为 $1/k\mu$），那么一个顾客走完这 k 个服务台所需的总时间就服从参数为 μ 的 k 阶 Erlang 分布，因此总停留时间的均值为 $1/\mu$。

A.12 两点分布

在一次随机试验中，事件 A 要么发生、要么不发生，设事件 A 发生的概率为 $p=P(A)$，当事件发生时，随机变量 X 的取值要么为 0，要么为 1，则随机变量 X 服从两点分布。这种只有两种可能的随机事件称为伯努利试验，两点分布又称为伯努利分布。

通信系统中的二进制信源 X 的一次输出符号是在 1、0 中以一定概率随机取值的，建立为两点分布模型。

$$X=\begin{bmatrix}1 & 0\\ p & 1-p\end{bmatrix} \quad (A-44)$$

两点分布随机变量 X 的期望和方差为

$$E(X)=p, \mathrm{Var}(X)=p(1-p) \tag{A-45}$$

两点分布随机变量是离散随机变量，可由在[0, 1]上均匀分布的连续随机变量 Y 进行门限判决得到。

$$x=\begin{cases}1, y\leqslant p \\ 0, y>p\end{cases} \tag{A-46}$$

当每次随机试验的结果与其他各次试验的结果无关，且在一系列试验中事件发生概率 $P(A)$ 保持不变时，称这一系列试验是 n 次重复的独立试验序列，也称为 n 重伯努利试验。对于二进制信源，输出符号的独立性也称为无记忆性。无记忆二进制离散信源输出的 n 个比特组成的序列可以看成 n 重伯努利试验的结果。蒙特卡罗仿真方法也是重复进行若干次的独立随机试验并对其结果进行统计的过程，因此蒙特卡罗仿真中的 n 次试验序列可以看成 n 重伯努利试验。

A.13 二项分布

设独立随机试验序列中事件 A 的概率为 $p(0<p<1)$，在 n 次重复的独立试验序列中事件 A 出现的次数是一个可能取值为 0，1，…，n 的离散随机变量，设以 ξ 表示事件 A 出现的次数恰好为 k 次的概率，记为 $P(\xi=k)=P_k(n, p)$，则

$$P_k(n,p)=\binom{n}{k}p^k(1-p)^{n-k}=\frac{n!}{k!(n-k)!}p^k(1-p)^{n-k} \tag{A-47}$$

称 ξ 服从参数为 n 和 p 的二项分布。二项分布的期望和方差为

$$E(\xi)=np, \mathrm{Var}(\xi)=np(1-p) \tag{A-48}$$

两个服从参数为 n 和 p 的二项分布的独立随机变量之和服从参数为 $2n$ 和 p 的二项分布。Matlab 统计工具箱提供了二项分布的指令 binopdf、binocdf、binofit、binoinv、binornd 和 binostat 等。

考虑二项分布的反问题：设独立随机试验序列中事件 A 的概率为 p（$0<p<1$），在重复的独立试验序列中观察到的事件 A 的出现次数为给定值 r，则所需的额外的重复独立试验次数是一个离散随机变量，以 X 表示，则 X 服从参数为 r 和 p 的负二项分布，负二项分布也称为帕斯卡分布。

总的试验次数为 $x+r$ 次，其中 r 次试验观察到事件 A 发生，另外，x 次试验中时间 $\overline{A}$ 发生，然后在 $x+r$ 次试验中事件 A 发生的概率为

$$P_x(r,p)=p\binom{r+x+1}{r-1}p^{r-1}(1-p)^x=\binom{r+x+1}{r-1}p^r(1-p)^x \tag{A-49}$$

Matlab 统计工具箱中提供了负二项分布的计算指令 nbinpdf、nbinpdf、nbinfit、nbininv、nbinrnd 和 nbinstat 等。

A.14 几何分布

负二项分布中当 $r=1$，即事件 A 首次出现时，额外需要的重复独立试验次数 X 服从参数为 $r=1$ 和 p 的负二项分布，这时总的独立试验次数为 $Y=X+1$，则 Y 服从几何分布。设在事件 A 首次出现的条件下，总的独立试验次数为 y 的概率，记为 $P(Y=y)=P_y(p)$，则

$$P_y(p)=(1-p)^{y-1}p \tag{A-50}$$

几何分布可以看成是负二项分布（帕斯卡分布）的特殊形式。Matlab 统计工具箱中提供了几何分布的计算指令如 geopdf、geocdf、geoinv、geornd 和 geostat 等。

A.15 超几何分布

设一批产品共 M 个，其中次品 K 个，则任意抽出 N（$N\leqslant M$）个样品中含有的次品数是一个在取值区间[0, n]上的离散随机变量，如果用 X 表示，则 X 服从参数为 M、K、N 的超几何分布。次品数为 x 的概率用 $P(X=x)=P_x(M, K, N)$ 表示。

$$P_x(M,K,N)=\frac{\begin{pmatrix}K\\x\end{pmatrix}\begin{pmatrix}M-K\\N-x\end{pmatrix}}{\begin{pmatrix}M\\N\end{pmatrix}},x=0,1,\cdots,N \tag{A-51}$$

Matlab 统计工具箱提供了超几何分布的计算指令如 hygepdf、hygecdf、hygeinv、hygernd 和 hygestat 等。

A.16 泊松分布

如果离散随机变量 ξ 的取值为非负整数值 $k=0$，1，2，…，且取值定于 k 的概率为

$$p_k=P(\xi=k)=\frac{\lambda^k}{k!}\exp(-\lambda) \tag{A-52}$$

则称离散随机变量 ξ 服从泊松分布。泊松分布随机变量的期望和方差为

$$E(\xi)=\lambda, \mathrm{Var}(\xi)=\lambda \tag{A-53}$$

两个分别服从参数 λ_1 和 λ_2 的独立泊松分布随机变量之和也是泊松分布的，其参数为 $\lambda_1+\lambda_2$。

在对二项分布的概率计算中，需要计算组合数，这在独立次数很多的情况下是不方便的。泊松定理指出，当一次试验的事件概率很小 $p\to 0$ 时，独立试验次数很大 $n\to\infty$，而两者乘积 $np=\lambda$ 为有限值时，二项分布 $P_k(n, p)$ 趋近于参数为 λ 的泊松分布，即有 $\lim\limits_{n\to\infty}P_k(n,p)=\dfrac{\lambda^k}{k!}\mathrm{e}^{-\lambda}$。利用泊松分布可以对单次事件概率很小而独

立试验次数很大的二项分布概率进行有效的建模和近似计算。

例如，在排队论中，假设总的顾客数 n 趋近于无穷多，而每个顾客到达（请求服务）的概率 p 趋于无穷小，所有顾客的到达与否服从相同的概率模型，且相互独立。如果将观察一个顾客的到达与否视为一次随机试验，那么在单位时间内观察全部顾客（无穷多）的到达情况就是无穷多次的独立随机试验，这样单位时间上顾客到达数目 k 将服从参数为 λ 的泊松分布，参数 λ 的意义是单位时间上的平均到达顾客数，即顾客达到率。

又如，假设某通信系统由许多子系统组成，如果每个子系统发生故障的概率相同并且很小，且这些子系统发生故障与否是相互独立的随机事件，当任意一个子系统发生故障时整个系统也就产生故障，那么系统在任何时间长度 t 上发生故障的次数服从参数为 λt 的泊松分布，λ 为单位时间上的平均故障数——故障率，参数 λt 为时间段 t 上发生故障的平均次数。

在以上的两个例子中，相继两个顾客到达的时间间隔、相继两次系统故障之间的时间间隔 T 是一个连续随机变量。设在时间段 t 上顾客到达数（或出现故障数）ξ 服从参数为 λt 的泊松分布，即

$$p_k = P(\xi = k) = \frac{(\lambda t)^k}{k!}\exp(-\lambda t) \qquad \text{(A-54)}$$

显然，在时间 $t<T$ 上，顾客到达数（或出现故障数）为零，相继两个顾客到达时间间隔为 t 的事件等价于在该时间内顾客到达数为零这一事件$\{\xi=k=0\}$，根据概率分布函数的定义，时间间隔随机变量 T 的分布函数是：

$$\begin{aligned} F(t) &= P(T \leqslant t) = 1 - P(T > t) \\ &= 1 - P(\xi = 0) = 1 - \mathrm{e}^{-\lambda t} \end{aligned} \qquad \text{(A-55)}$$

因此，相继两个顾客到达（发生故障）的时间间隔服从参数为 λ 的指数分布，平均（到达或故障）时间间隔为 $1/\lambda$。于是可得出指数分布的泊松分布之间的关系：如果相继出现的两个事件之间的时间间隔 T 服从参数为 λ 的指数分布，那么在 t 时间内事件发生的次数 k 服从参数为 λt 的泊松分布。注意，在单位时间 $t=1$ 上事件发生的次数 k 服从参数为 λ 的泊松分布。利用指数分布和泊松分布之间的关系可以由指数分布产生泊松分布的随机数。

若产生的一系列参数同为 λ 的指数分布随机数 t_i，$i=1$，2，…，可认为在时间段 $\sum_{i=1}^{k} t_i$ 上发生了 k 个事件，因此在单位时间段 $t=1$ 上发生的事件 k 满足方程

$$\sum_{i=1}^{k} t_i \leqslant 1 < \sum_{i=1}^{k+1} t_i \qquad \text{(A-56)}$$

利用这个关系可产生参数为 λ 的泊松分布随机数，即不断产生参数为 λ 的指数分布随机数 t_i，$i=1$，2，…，并将它们累加起来，如果累加到 $k+1$ 个的结果大

于 1，则将计数值 k 作为泊松分布的随机数输出。

设随机数 x_i 是均匀分布在区间[0, 1]上的随机数，则 $t_i = -\ln x_i / \lambda$ 将是参数为 λ 的指数分布随机数，代入式（A-56）得到

$$\sum_{i=1}^{k} -\ln x_i / \lambda \leqslant 1 < \sum_{i=1}^{k+1} -\ln x_i / \lambda \tag{A-57}$$

上式计算需要对数和，为了简化计算有

$$\prod_{i=1}^{k} x_i \geqslant \exp(-\lambda) > \prod_{i=1}^{k+1} x_i \tag{A-58}$$

这样，泊松随机数的产生就简化为连乘运算和条件判断，算法如下。

（1）初始化：置计数器 i=0，以及乘积变量 v=1；

（2）计算连乘：产生一个区间[0, 1]上均匀分布的随机数 x_i，并赋值 $v=v\times x_i$；

（3）判断：如果 $v \geqslant \exp(\lambda)$，则令 $i=i+1$，返回上一步；否则，将当前计数值作为泊松随机数输出，然后转第一步。

Matlab 统计工具箱提供的泊松分布计算指令包括 poisspdf、poisscdf、poissfit、poissinv、poissrnd 和 poissstat 等。

A.17 t 分布

设随机变量 X 和 Y 独立，并且 X 服从标准正态分布 $N(0, 1)$，Y 服从自由度为 n 的 χ^2 分布（σ=1），则随机变量

$$t = \frac{X}{\sqrt{Y/n}} \tag{A-59}$$

服从自由度为 n 的 t 分布，其概率密度函数为

$$p_t(x) = \frac{\Gamma(\frac{n+1}{2})}{\sqrt{n\pi}\Gamma(n/2)}(1+\frac{x^2}{n})^{-\frac{n+1}{2}} \tag{A-60}$$

Matlab 统计工具箱提供了 t 分布的计算指令 tpdf、tcdf、tinv、trnd 和 tstat 等。当自由度 $n\to\infty$时，t 分布将趋近于标准正态分布。工程上，当 n>30 时，即可将 t 分布视为标准正态分布。

t 分布还可以推广为非中心 t 分布。Matlab 统计工具箱也提供了非中心 t 分布的计算指令如 nctpdf、nctcdf、nctinv、nctrnd 和 nctstat 等。

A.18 F 分布

设随机变量 X 和 Y 相互独立分别服从自由度为 m 和 n 的 χ^2 分布（σ=1），即 $X\sim\chi^2(m)$，$Y\sim\chi^2(m)$，那么随机变量 $F=\dfrac{X/m}{Y/n}$ 服从自由度为（m, n）的 F 分布，其概

率密度函数为

$$P_F(x)=\frac{\Gamma(\frac{m+n}{2})}{\Gamma(\frac{m}{2})\Gamma(\frac{n}{2})}(\frac{m}{n})^{\frac{m}{2}}x^{\frac{m-2}{2}}(1+\frac{m}{n}x)^{-\frac{m+n}{2}},x\geqslant 0 \tag{A-61}$$

F 分布常用于两个独立 χ^2 分布随机变量相除运算的问题；显然，一个自由度为（m, n）的 F 分布随机变量的倒数也服从 F 分布，但其自由度变为（n, m）。

在瑞利衰落的无线信道中，信号幅度服从瑞利衰落，故信号功率服从自由度为 2 的 χ^2 分布。另外，复高斯噪声的功率分布也服从自由度为 2 的 χ^2 分布，因此在瑞利衰落的无线信道中的信噪比是一个服从自由度为（2, 2）的 F 分布随机变量。Matlab 统计工具箱提供了 F 分布的计算指令如 fpdf、fcdf、finv、frnd 和 fstat 等。F 分布还可以推广为非中心的 F 分布，Matlab 统计工具箱提供非中心 F 分布的计算指令有 ncfpdf、ncfcdf、ncfinv、ncfrnd 和 ncfstat 等。

图 A-1 总结了上述随机分布之间的关系，利用这些关系可以产生需要分布的随机数。同时，根据中心极限定理，所有随机分布都与高斯分布联系在一起。

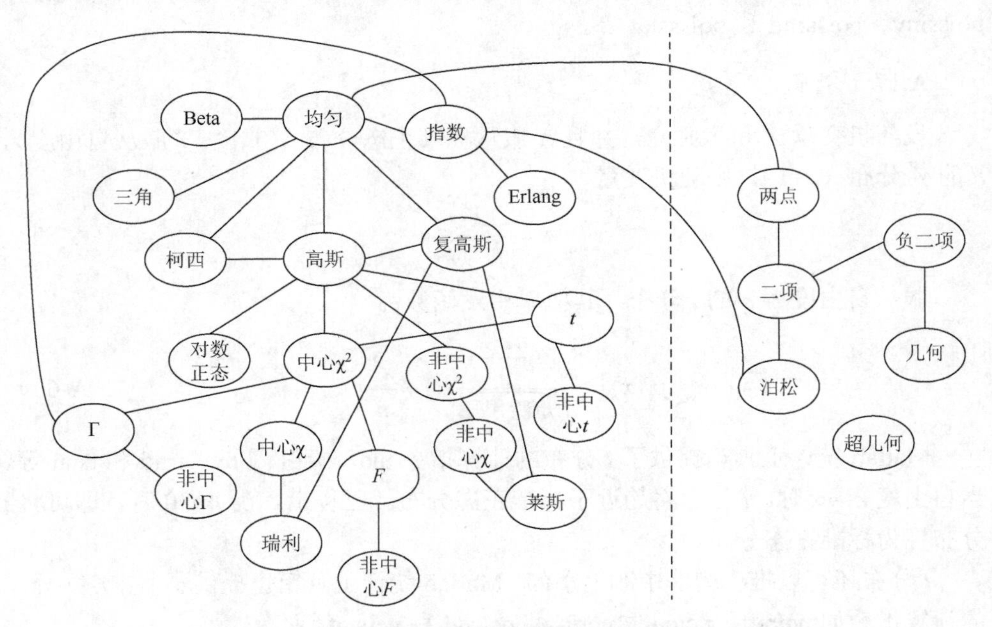

图 A-1　各种随机分布之间的主要关系示意图